U0381616

Current Anesthesia Machine

当代麻醉机

主　编　杨立群　副主编　周仁龙　闻大翔
审　校　俞卫锋　杭燕南　孙大金

原理 Principle　结构 Structure　临床应用 Clinical application

世界图书出版公司
上海·西安·北京·广州

图书在版编目（CIP）数据

当代麻醉机／杨立群主编．—上海：上海世界图书出版公司，2015.6
ISBN 978-7-5100-9662-4

Ⅰ.①当… Ⅱ.①杨… Ⅲ.①麻醉器 Ⅳ.①TH777

中国版本图书馆CIP数据核字（2015）第101518号

责任编辑：沈蔚颖

当代麻醉机

主编 杨立群 副主编 周仁龙 闻大翔
审校 俞卫锋 杭燕南 孙大金

上海世界图书出版公司出版发行
上海市广中路88号
邮政编码 200083
杭州恒力通印务有限公司印刷
如发现印刷质量问题，请与印刷厂联系
质检科电话：0571-88506965
各地新华书店经销

开本：787×1092 1/16 印张：17.75 字数：260 000
2015年6月第1版 2015年6月第1次印刷
ISBN 978-7-5100-9662-4 / T·217
定价：120.00元
http: //www.wpcsh.com.cn
http: //www.wpcsh.com

（左起）周仁龙、杨立群、孙大金、杭燕南、俞卫锋、闻大翔

主　　编　杨立群

副 主 编　周仁龙　闻大翔

审　　校　俞卫锋　杭燕南　孙大金

编　　者（以姓氏首字母为序）

陈锡明　陈怡绮　杭燕南　何　潇　洪　涛　黄　萍

黄　悦　李　兴　王　龙　王珊娟　闻大翔　杨卫红

杨瑜汀　俞卫锋　张马忠　周仁龙

秘　　书　杨瑜汀

序

1947 年李杏芳教授带着 Ohio 小型麻醉机从美国回到上海，在仁济医院开展气管插管全身麻醉。由上海医疗设备厂第一前身在上海市方浜路弄堂工厂参考 Ohio 小型麻醉机和美军剩余物资中的麻醉机仿制，经中山医院吴珏教授和仁济医院李杏芳教授共同研制和临床试用，制成我国首台麻醉机——陶根记麻醉机，至今已有 60 多年。

从 20 世纪 50 年代末开始，上海交通大学医学院附属仁济医院麻醉科致力于麻醉机的临床应用研究，参与了从上海方浜路陶根记弄堂工厂到上海医疗器械四厂和上海医疗设备厂，以及 90 年代初成立的德国 Dräger 与上海医疗器械股份有限公司合资的工厂生产的各种麻醉机的临床试用和产品鉴定。1987 年孙大金教授主持上海市麻醉学会期间，在上海医学会和上海医疗设备厂的支持下主编了《呼吸器与麻醉机》专著。多年来我们参与了全国麻醉机与呼吸机标准的制定，我们还编写了《现代麻醉学》第 3、4 版以及《当代麻醉学》第 1、2 版的麻醉机与呼吸机章节。几十年大量的临床实践和学术研讨，在麻醉机与呼吸机的结构、原理和临床应用方面积累了丰富的经验。

《当代麻醉机》结构、原理和临床应用这本专著是由杨立群、周仁龙和闻大翔三位专家主编，他们传承历史，总结经验，在原有内部资料《麻醉机使用手册》和《呼吸器与麻醉机》的基础上，参考国内外相关文献资料，并咨询麻醉机公司和研制工程师，综合内容编写而成，全面、新颖、实用，将有助于麻醉医师深入了解麻醉机，并在临床实践中安全、正确地使用麻醉机。

热烈祝贺《当代麻醉机》结构、原理和临床应用的专著正式出版！

2015 年春节

前言

麻醉机的问世始于20世纪初叶，发展至今已有100余年历史。麻醉机的主要功能为供氧（确保机体的氧合功能）、通气（排出二氧化碳和维持正常通气功能），以及输送气体和挥发性麻醉剂（实施麻醉）。麻醉机是麻醉医师每天使用的工具，麻醉医师必须熟练掌握麻醉机的操作规程，确保患者麻醉和手术安全。

近年来随着手术数量及全身麻醉所占比例的增加，临床上麻醉机的使用越来越多，同时仪器生产水平的不断提高及国家医疗投入的上升，越来越先进的麻醉机应用于临床。根据近年来文献报道，麻醉机应用中人为错误造成患者的并发症较麻醉机本身的故障高三倍，因此，如何正确合理地使用和维护麻醉机，是确保手术麻醉患者安全的关键，也是值得麻醉医师重视的问题。

我们参考有关专著和文献报道，在内部资料《麻醉机使用手册》基础上结合上海市麻醉质控及麻醉学会讲课材料、上海市医疗护理（麻醉）常规及本科多年来积累的经验，编写了这本专著《当代麻醉机》。本书详细介绍了麻醉机的原理、结构、安全检查、维护、消毒及各部件使用时的注意事项。希望以此提高临床麻醉医师对于麻醉机的认识，完善日常使用中的安全措施，从而使临床麻醉工作上一个新的台阶，保证患者安全舒适地度过麻醉期。

目前国内使用的麻醉机除 Dräger 和 Datex-Ohmeda 两大系列外，以及迈瑞、谊安和上海医疗设备厂等国产麻醉机，还有其他一些国内外的品牌，所以读者在掌握麻醉机一般特点后，还应熟悉手边所用麻醉机特殊的性能和操作方法。

本专著仅用一年的较短时间完成编写工作，这是上海交通大学医学院附属仁济医院麻醉科老中青专家共同努力奋斗的结果，尤其是杭燕南教授的辛勤劳动和无私奉献。同时感谢上海第二军医大学附属东方肝胆外科医院、上海交通大学医学院附属儿童医学中心、复旦大学附属眼耳鼻喉科医院和上海中医药大学附属曙光医院麻醉科的大力支持！感谢 Dräger, Datex-Ohmeda, 高通公司，上海医疗设备厂，迈瑞和谊安麻醉机公司，以及丁德平工程师和沈坚医生提供技术资料，最后感谢德高望重的杭燕南和孙大金教授为本专著写序。

尽管我们参考了许多文献资料，请教了有关专家和技术人员，并进行了深入的研究探讨，付出了最大的努力，但难免会有遗漏和不足之处，敬请批评指正。

上海交通大学医学院附属仁济医院
杨立群　周仁龙　闻大翔
2015年春节

目 录

第一章 麻醉机的发展历史和现状

麻醉机是麻醉医师实施麻醉必须使用的基本设备，具有三大功能：①供氧，确保机体的氧合功能；②通气，排出二氧化碳，维持正常通气功能；③输送气体和挥发性麻醉剂，实施适当的深度麻醉。近百年来，医务工作者为提高麻醉机的质量进行不懈努力和刻苦研究，现代麻醉机为确保手术患者安全作出了巨大贡献。

第一节 欧美麻醉机的发展

1902 年，德国人 Johann-Heinrich Dräger 及他的儿子制成世界上第一台简单的麻醉机，之后不断改进，提出流量计、循环紧闭回路、蒸发器等概念。至 1952 年，呼吸机与麻醉机的结合，Romulus 是第一台装有呼吸机的麻醉机。同年又有 Morch 呼吸机，应用于胸腔手术，是一台容量型呼吸机。随后，欧美等国家又研制出多种型号的麻醉机，同时安装呼吸机，成为现代麻醉机不可缺少的组成部分。20 世纪 60 年代起由于电子工业发展及计算机的应用，麻醉机向现代化进军，麻醉期间的监测仪器整合至麻醉机，其监测内容包括呼吸功能（气道压力、潮气量、通气量和频率等）、吸入氧浓度、呼出二氧化碳浓度，以及吸入全麻醉药浓度等。此外，还有循环功能监测，包括心电图、动脉压、温度等。

现代麻醉机发展过程中，两大重要突破便是将呼吸机和麻醉机整合以及麻醉药输送方式的改革，这为确保患者麻醉安全提供了保证。但在最早进行麻醉的时期，只是考虑将氧气简单地提供给患者以便维持生命，后来发现此方法给患者输送气体的输送量不精确，而且压力不够，所以第一台 Roth-Dräger 麻醉机采用手动皮囊方法，这就是最初意义上的“麻醉呼吸机”。随着麻醉呼吸机的不断成熟，逐渐形成了气动气控、气动电控和电动电控三种类型，当前主要以气动电控和电动电控为主导。气动气控麻醉呼吸机最传统，目前较少使用。1988 年研制第一台电动电控麻醉机 DIVAN，无需高压氧气作为驱动气体，大大节约了高压气体的使用量；还有电动活塞可将气源加压输送给患者，改变了传统麻醉呼吸机在无高压气体情况下不能正常工作的劣势。2012 年阿根廷世界麻醉年会上 Dräger 又发布了以涡轮呼吸机 Turbo Vent2 新一代的麻醉工作站 Perseus A500，宣布麻醉呼吸机进入涡轮式时代。涡轮呼吸机是一种纯压力源的驱动装置，可以提供持续气源，所以以此为基础可研发出更加先进的通气模式，如 Autoflow、BIPAP 等多种能兼容患者自主呼吸的高级通气模式，使麻醉机的实际应用范围扩大。

麻醉药输送方式从 1902 年点滴法开始，1934 年制成全球第一个蒸发器“ether”，如今的革命性电子喷射麻醉药已经发生了重大突破。传统的蒸发器仅能保证麻醉药在输出蒸发器时是实际设置的浓度，但不能保证患者肺内的实际效应浓度是医生所设的浓度，也就是经常出现时间延迟现象。另外，蒸发器只有保证持续有新鲜气体流过才能带出相应量的麻醉药，这样使麻醉药浓度的调节必须依赖于新鲜气体且必须持续输送才能保证整个麻醉效果。目前研发的新型电子喷射式蒸发器借鉴了汽车工业的设计概念，麻醉药和新鲜气体完全分离输送，麻醉药浓度的调节无需依赖新鲜气体的流量。通过对系统内和患者吸入呼出麻醉药浓度的监测和反馈，蒸发器能根据实际的需要或患者实际消耗的麻醉药量来输送麻醉药。在麻醉维持期间，能根据患者实际消耗的麻醉药量间断性地补充麻醉药，以维持设置的麻醉药浓度，在复苏阶段及时关闭蒸发器的麻醉药输出以缩短患者的苏醒时间。

回顾麻醉机的发展历史，各种类型的麻醉机都具有一定特色，但须具备多功能、使用方便、体积适中、安全耐用、又便于保养和维修等临床需求。

一、早期麻醉机前的简要设备

（一）乙醚吸入装置

1846 年，Morton 设计的乙醚吸入器是一具球形玻璃器，两端各有一吸入乙醚吸入口和呼出口，球内放一团纱球。乙醚吸入麻醉得到世界承认以后，19 世纪的麻醉前辈们常常要携带自己制作的、仅仅是放在外衣口袋中的简单工具，甚至使用报纸、毛巾、帽子等家用品作为替代物来完成医疗服务。同年，Squire 用一具化学装置经改良成为一台乙醚吸入器。1847 年 Snow 认为玻璃并非良好的导热体，致使乙醚吸入浓度下降。以后又进行多次动物实验，设计出 4 种吸入器。1867 年 Junker 完成了第一台氯仿吸入器，广泛应用于英国和欧洲。1870 年前后，早期的麻醉工作者向剧场照明行业学习，开始借用剧场盛放照明气体的小型金属钢瓶填充笑气（氧化亚氮）和氧气压缩气体。因为当时没有理想的减压装置，储气钢瓶内的压缩气体还是先释放到一个储气囊内，然后用于吸入麻醉。1877 年 Clover 制成一具金属的乙醚吸入器。1901 年 Hewitt 又将 Clover 吸入器加以改进。1908 年 Ombridanme 设计的吸入器上加上面罩。在 19 世纪初，施行全身麻醉时，是将乙醚、氯仿简单地倒在手巾上进行吸入麻醉，以后创造出简单的麻醉工具，如 Esmarch 口罩，由钢丝网构成，上蒙以数层纱布，用乙醚滴瓶点滴吸入乙醚挥发气。以后 Schimimeldusch 作了改进，将口罩与患者面部接触部分卷边，以防止乙醚流到患者面部及眼引起刺激受到伤害（图 1-1）。此外，还有麻醉医生用

图1–1 1890年左右的金属网乙醚面罩（Schimmelbus mask）和另一改良的乙醚面罩

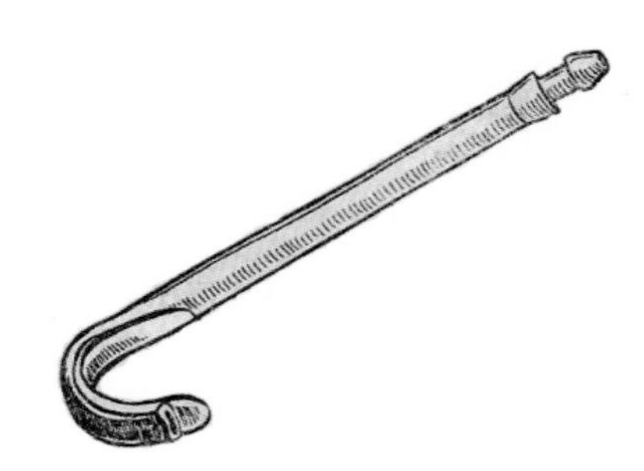

图1–2 口钩吹入法设备

口钩给氧气吹入乙醚的方法，即用一平钩状的金属管（图 1–2），挂于患者口唇的内侧，经此金属管将含全麻醉药的混合气体吹入患者口腔。此法常用于婴幼儿。学龄儿童或成年人，可先安放口腔通气道，而后经通气道侧管，吹送入含全麻醉药的混合气体。但由于开放点滴吸入麻醉的缺点是麻醉药丢失较多，麻醉的深度及呼吸不易控制，而且污染环境。以后出现了简单的可以调节乙醚气体浓度（Cauobehko）的面罩。1910 年设计出 Mckesson 断续流的麻醉机。1915 年 Jackson 试用二氧化碳吸收剂与动物实验，为紧闭法吸入麻醉之雏形。1923 年 Waters 设计来回紧闭式 CO_2 吸收装置，1928 年又出现循环式紧闭吸入麻醉装置，目前已发展成为精密复杂的各种类型的麻醉机。

（二）Flagger's 罐和氧化亚氮吸入装置

Flagger's 罐是直径约 6~8 cm，高 8~12 cm 的金属罐，罐的上端中央孔可借橡皮管与气管内导管相连接，在中央孔的周围另有直径约 1.5~2 cm 的圆孔四五个，以供气体的出入（图 1–3）。每次可在罐内置入乙醚 10~30 ml，患者吸气时将罐内乙醚蒸汽吸入，呼出的气体则由周围小孔溢出。欲迅速加深麻醉时可以将罐上的小圆孔堵塞一部分，甚至还可以轻摇金属罐以助乙醚的挥发。如果需要减浅麻醉时，可以将罐上的小孔完全开放，或将金属罐移除一段时间，麻醉便可减浅。这种麻醉方法管理简单，操作也容易，所应用的麻醉剂常较应用开放滴法时节省数倍。只要每次置入乙醚罐内的量不多，便没有发生过量危险的可能。此种方法的缺点是机械性死腔过大，易引起二氧化碳蓄积。

图1-3　Flagger's罐

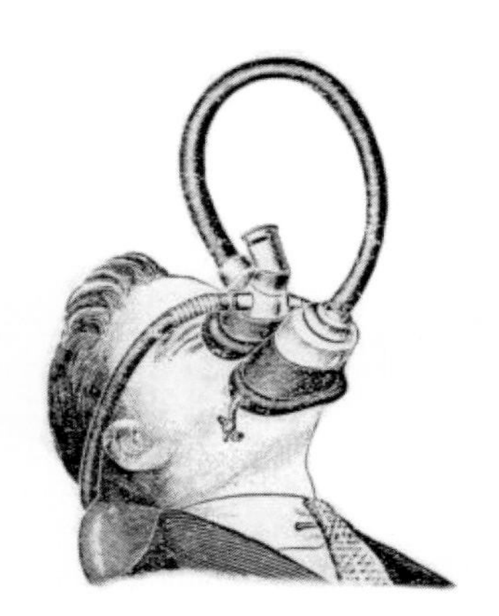

图1-4　氧化亚氮吸入装置

氧化亚氮吸入装置早期用于牙科手术，有鼻罩和口罩二种（图 1-4）。后来改良后用于分娩镇痛，由产妇拿着吸入氧与氧化亚氮，当入睡后自动脱落而停止吸入。

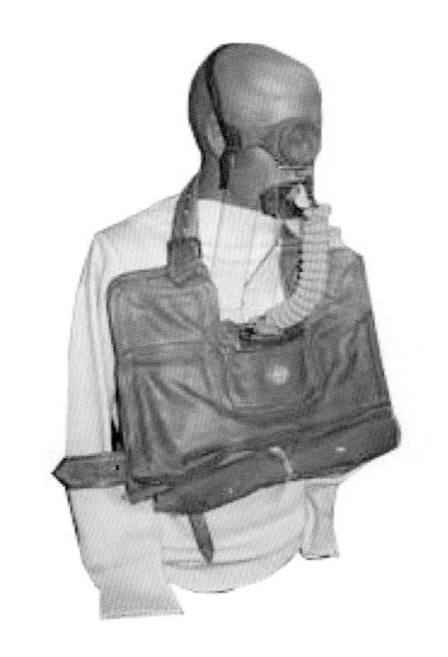

图1-5　早期Davis Escape二氧化碳吸收装置

（三）二氧化碳吸收器

二氧化碳吸收器是探测及军事发展的结果。如采矿、水下探测和潜水艇的发展，逐步发现一个可依赖的生存方式，即将 CO_2 从封闭系统驱除出去。自从 1700 年以来，发明了各种各样的重复呼吸的装置，到 19 世纪，碱石灰被用作吸收剂。Davis Escape 装置被发明出来并在 20 世纪初投入生产，作为救援废弃潜艇的手段。它是个包含氧气和氢氧化钡的马夹和面罩系统（图 1-5）。到 1912 年，Dräger 为德国海军潜艇员大量的生产了重复呼吸器。1923 年，首位麻醉学者 Dr. Ralph Waters 把 CO_2 吸收系统合并到循环紧闭式麻醉中，开始了低流量麻醉的实践，重复利用随着患者重呼吸排出的呼出物及麻醉剂。从那时开始，循环紧闭式麻醉系统和重呼吸成为了最常用的吸入麻醉的手段。

二、美国麻醉机的发展

（一）Ohio 麻醉机

Ohio 医疗器械制造商生产的主要机型有 Ohio685、Ohio785 和 Ohio885，均属于野战麻醉机，Ohio 麻醉机成为美军在越战期间的唯一野战麻醉机（表 1-1）。该机可较好地控制乙醚的用量，但不适宜于吸入新的浓度较高的药剂。1958 年，Ohio785 新型麻醉机已取代 Ohio685 型麻醉机。新机型特点是重量轻（不超过 43 kg）、体积小、结构紧凑、有氧气和氧化亚氮压力控制器、有呼吸通道压力表、有两个二氧化碳吸入罐，能与氧气和氧化亚氮钢瓶大小相匹配，并且可在4~38℃范围内提供麻醉混合药。1959年生产了6台便携式麻醉机样品供部队试用，1960年美陆军卫生装备发展所综合各个军事医疗机构的使用意见提出了修改报告，在便携型上加入了环丙烷装置，1964年完成终期野战测试，1966年通过上级审批，1967年军队与地方正式签订了Ohio785型军用麻醉机的初期生产合同。不久，在恶劣的战场环境中，缺点暴露出来。1972年又开始了新一代Ohio885A型麻醉机研制。1992年底，鉴于Ohio855A型麻醉机的优良特点，包括结构紧凑、坚固、便于长时间储存和易于运输的特点，将其纳入美联邦供应体系，大量生产和装备部队。

表1-1　欧美国家野战麻醉机使用情况

装备时代	机　型	备　注
朝鲜战争	Pig、Forgger、Mcesson	结构简单，简易型麻醉机，可较好地控制乙醚的使用
越南战争	Ohio	
1958年	Ohio685	结构紧凑，不能安全使用氟烷
1967年	Ohio785	加入环丙烷
1977年	Ohio885	可使用异氟烷、恩氟烷
现代	Ohio885A	

（二）Datex-Omeda 麻醉机

美国Datex-Omeda公司是世界著名的麻醉机品牌之一。1900年，芬兰的Instrumentarium公司成立于赫尔辛基，主要产品包括麻醉机和麻醉监护仪、影像设备、手术设备、牙科器械、光学设备以及医院信息管理系统。1998年4月将其下属的德恩公司和美国的Omeda公司合并为一个全新的Datex-Omeda公司，这两家公司在麻醉和危重医学领域都近有100年的悠久历史，成为该领域的先锋。公司在1999年至2002年间研发了一款新的麻醉机系列——Aespire系列麻醉机。Aespire系列麻醉机的设计方案是根据对30多个国家的450多位临床专家、国际麻醉医师联盟和公司各国的产品经理、技术人员所做调研的结论而定，可以满足低流量麻醉、微流量麻醉、紧闭式麻醉的麻醉技术发展方向的需求，也可以满足麻醉医师对麻醉机的需求。目前Datex-Omeda在国内销售的产品主要分两大系列：Aespire系列和Aestiva/5系列（详见第十七章）。正因为Datex-Omeda公司在世界麻醉和危重医学领域的杰出表现，2003年10月9日，通用电气公司（GE公司）宣布完成了对总部设在芬兰的Instrumentarium公司（Datex-Omeda公司的母公司）的并购。GE公司希望通过GE医疗与Instrumentarium公司的整合能加快全球重要的医疗保健技术的发展，提升临床诊断信心、医疗效率并使患者安全保障更加可靠。2004年底，公司相继推出了全新的麻醉工作站——Avance，与Dräger公司的高档机相竞争。

三、德国 Dräger 麻醉机和北美 Dräger 麻醉机的发展

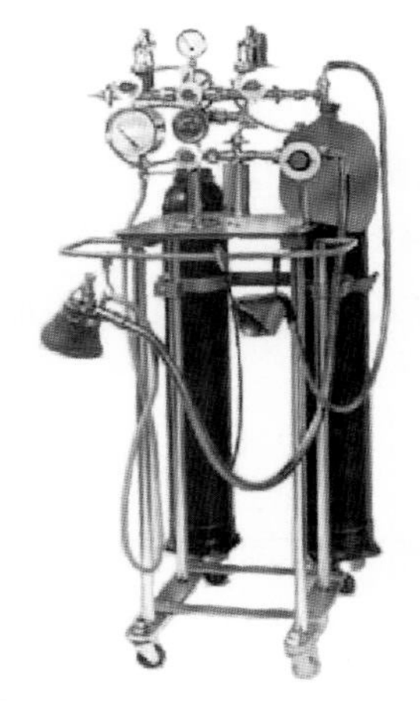

图1-6 Dräger-Roth-Krönig 麻醉机（1911年）

早在 1889 年，由 Johann Heinrich Dräger 和他的儿子 Bernhard Dräger 共同创建 Dräger 公司。同年，父子俩发明了"Lubeca 阀"，从而建立了公司在气体减压阀上的领导地位。1899 年，研发成功氧气减压调节阀和新的气瓶阀，成为第一台麻醉设备 Roth-Dräger 麻醉机诞生的基础，Dräger 和他的公司由此真正迈入医疗和安全领域！1901 年，父子共同制成世界上第一台简单的麻醉机。1902 年，发明了滴注器，接着氧-氯仿麻醉机诞生，之后全球第一台商用"滴入麻醉药"麻醉机应运而生，称之为"Roth-Dräger"，第一次建立了"定量麻醉"的概念，Dräger 公司由此广为所知，被世界赞誉。到 1911 年，世界上第一台具有机械通气功能的麻醉装置 Dräger -Roth-Krönig 麻醉机（图 1-6）研发成功，掀开了机械通气的历史。尽管如此，但这时的机械通气准确度还不够，操作也趋于复杂。1926 年，Model A 麻醉机成为第一台混合氧气、氧化亚氮和乙醚，并重复吸入的麻醉设备。因为其具有独立的吸气和呼气管路、低阻力的云母薄片阀门，面积大，无弹性、二氧化碳吸收罐可部分或全部旁路吸收、具有一次性使用的特点；另外装有手动皮囊用于手动通气，根据需要对呼吸机阀门和压力限制阀进行控制的性能，因此 Model A 为现代麻醉技术的发展奠定了坚实的基础。1934 年，公司发布 Tiegel Dräger 麻醉机和全球第一个麻醉蒸发器"ether"，同时第一次用活性炭吸附患者呼出气中的乙醚。1939 年，随着二战爆发，技术发展中断，Dräger 被迫集中于军工生产，如气体面罩和呼吸机。直到 1946 年，重新发展麻醉机即 Model D 麻醉机，特点是带有控制面板，能控制所有功能部件。1948 年，Model F 麻醉机带回路系统，特点是可用氧气、氧化亚氮和乙醚，还可连接环丙烷和二氧化碳作为附加气体，不用工具就能拆卸呼吸回路，并能高温高压消毒，两个可重复使用的二氧化碳吸收罐可相互切换使用，麻醉过程中也能更换，是世界上第一台使用流量计控制气体流量的气动吸引麻醉机。1952 年，公司发布"Pulmomat"，全球第一台自动容量控制的呼吸机，并在 1959 年生产出第一台电动压缩机驱动的呼吸机"spiromat5000"，实现了对潮气量、呼吸频率以及吸呼比的准确自动控制，初步完成麻醉呼吸机的自动化。1953 年，在麻醉机上首次引入氧化亚氮切断装置，在保证患者安全方面具有里程碑意义。此时乙醚麻醉已经将近有百年历史，自氟烷出现后，乙醚也渐渐退出麻醉历史的舞台。之后 Dräger 迅速发展了高精度的氟烷蒸发器，蒸发器分为手动温度补偿和自动压力补偿。1960 年，氟烷蒸发器被整合到 Octavian 麻醉机，目前又开发出新型电子直接喷射式的蒸发器。

1972 年，Drägerwerk AG 公司从成立于 1968 年的 National Anesthesia and Diving,（N.A.D.）两位股东手中接管公司，公司的名字仍是 NAD，但代表的意思变为 North American Dräger，开始了 Narkomed 系列的发展（图 1-7、图 1-8），1972 年发布第一台北美系列麻醉机，北美 Dräger Narkomed 麻醉机属电控气动型，其操作容易，使用方便。气体混合系统设有自动及

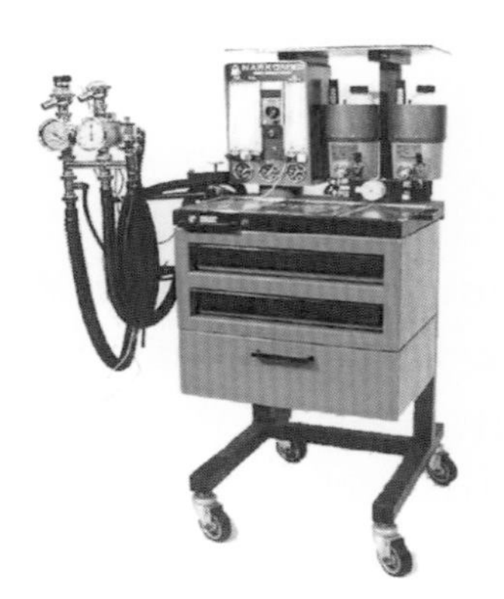

图1-7 Narkomed麻醉机（1972年）

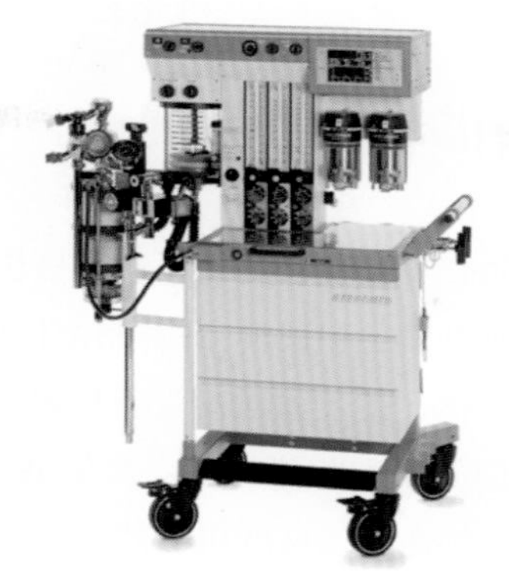

图1-8 Narkomed GS麻醉机（1996年）

半自动调节仪，控制流量、比例、压力等，具有耗氧量低、蒸发器输出吸入麻醉药浓度准确、二氧化碳截断装置齐全、钠石灰罐容积大、备有电、气路报警装置等优点。20世纪90年代初，北美Dräger与德国Dräger合并。

1988年，在华盛顿世界麻醉学术会议上，Dräger发布全球第一台麻醉工作站Cicero（图1-9）。第一次提出"综合性操作"概念：具有中央电源开关、统一的分级报警体系、电动呼吸机和自检功能的麻醉工作站，适用于低流量和微流量麻醉、动态顺应性补偿技术应用于新生儿并配备电子流量计。1996年，Dräger在澳洲悉尼世界麻醉学术会议上发布Julian麻醉工作站（图1-10）。2001年，Primus（图1-11）代替Julian、Cato和Cicero麻醉工作站，Primus迅速成为麻醉工作站新的基准。2002年，推出Zeus麻醉工作站。2012年在阿根廷世界麻醉学术会议上，Dräger发布了Perseus A500新一代麻醉工作站，开创了麻醉工作站的新基准。

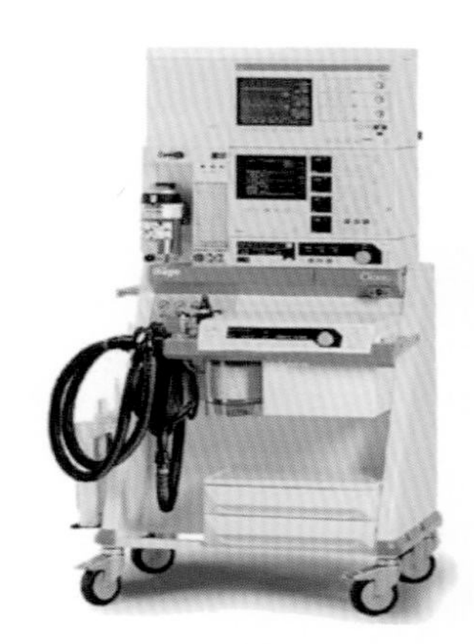

图1-9 Cicero麻醉工作站（1988年）

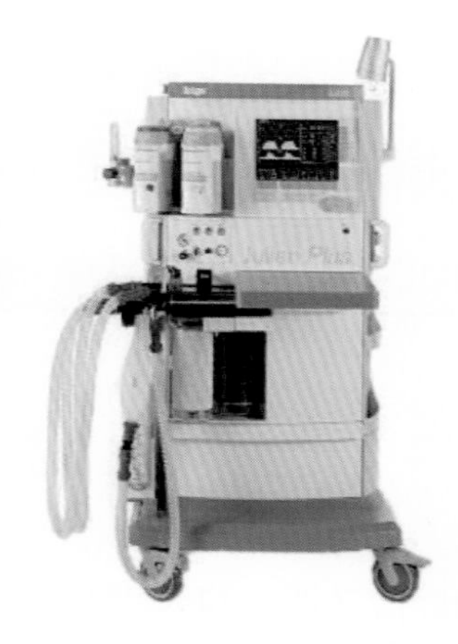

图1-10 Julian麻醉工作站（1996年）

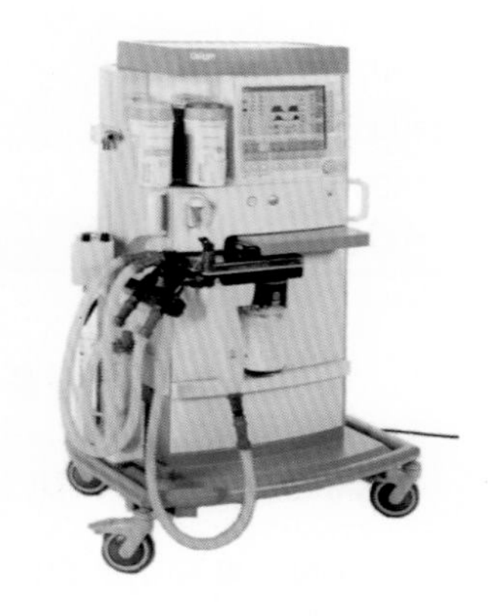

图1-11 Primus麻醉工作站（2001年）

第二节　我国麻醉机的发展

我国麻醉机的起步较晚，但发展速度极快。1951 年 5 月，陶根记医疗器械工场从美军剩余物资中找到麻醉机样品和资料，并仿制由仁济医院李杏芳教授从美国带来 Ohio 小型麻醉机，制成我国首台麻醉机，是上海医疗设备厂第一前身在上海市方浜路弄堂工厂制造，并由中山医院吴珏教授共同研制和临床试用。之后通过不断研究发展，完善了麻醉机各组件的性能，年产麻醉机数量逐年递增，麻醉机功能也趋于完善（表 1–2）。目前我国也有自主研发的中高端定位的现代化麻醉机。

表1–2　1975～1990年上海麻醉机产量表

年份	总产量	空气麻醉机	大型麻醉机	多用麻醉机	小儿麻醉机	氧气麻醉机	野外麻醉机	MHJ–II型立式麻醉机	Salla–808组装机	MHJ–III型组合麻醉机	全能麻醉机	MHJ–5型麻醉机
1975	4 128	2010	1618	200	300	—	—	—	—	—	—	—
1976	2 010	1005	—	301	304	400	—	—	—	—	—	—
1977	3 141	27	—	—	—	3 114	—	—	—	—	—	—
1978	4 003	1001	2200	202	600	—	—	—	—	—	—	—
1979	2 103	201	—	—	—	1 902	—	—	—	—	—	—
1980	1 133	400	595	120	—	—	18	—	—	—	—	—
1981	7	—	—	—	—	—	7	—	—	—	—	—
1982	1	—	—	—	—	—	1	—	—	—	—	—
1983	—	—	—	—	—	—	—	—	—	—	—	—
1984	100	—	—	—	—	—	—	100	—	—	—	—
1985	700	—	—	—	—	—	—	700	—	—	—	—
1986	1 181	—	—	—	—	—	—	502	78	601	—	—
1987	1 181	—	—	—	—	—	—	502	78	601	—	—
1988	1 203	—	—	—	—	—	—	500	—	700	3	—
1989	594	—	—	—	—	—	—	500	47	47	—	—
1990	662	—	—	—	—	—	—	—	62	477	—	123

一、上海医疗设备厂

（一）陶根记麻醉机

陶根记麻醉机是我国首台麻醉机（图 1–12）。该机型的蒸发瓶是利用食品店糖瓶并在其中放一个纱球制成的，麻醉浓度不可调节；流量计采用单氧气麦秆式浮标；回路系统由用汽车内胎裁制成的头戴和以波纹管与其连接的防毒面具构成。经上海医科大学附属妇产科医院妇产科使用，符合麻醉要求。1954 年，陶根记医疗器械工场和中华医疗器械厂共同研制成大型麻醉机。它改为锥阀式蒸发器，可调节麻醉浓度。流量计采用浮标式大小两根氧流量管。回路系统用铜材制成一罐式、双罐式和一罐双向式，头带用模具压制，医用橡胶螺纹管连接。

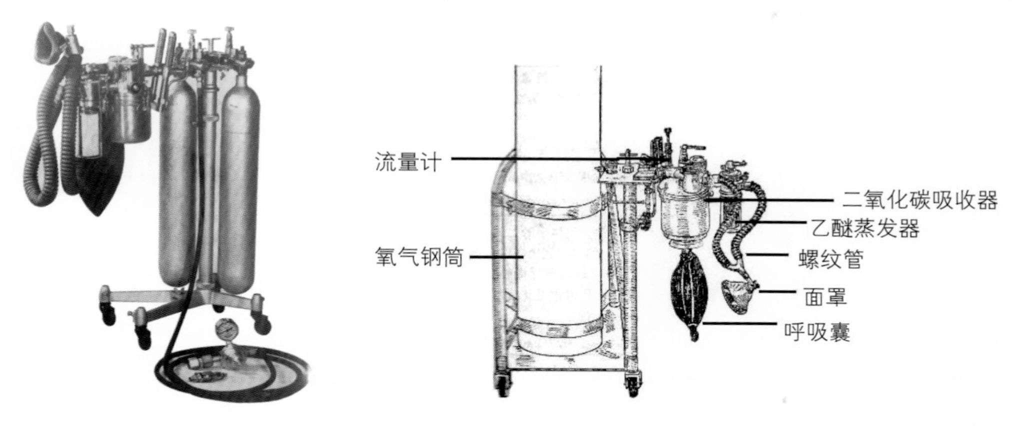

图1-12　陶根记麻醉机

（二）带有正负压呼吸机的麻醉机

自气流循环麻醉机出现后，麻醉机得到了新的发展。麻醉机的开始部分是一个氧或数个（氧化亚氮、二氧化碳、环丙烷及氮）储气筒。每一储气筒的顶部都装有一螺旋开关。使用时先将这一开关依逆时针方向旋转 3/4 转，使储气筒的开关完全开放。由储气筒出来的气体先经过一压力计，在压力计上可读出储气筒内单位面积所受的压力。在压力计上往往附着有一减压活瓣。应用时，一般并无调整此活瓣的必要（图 1-13）。

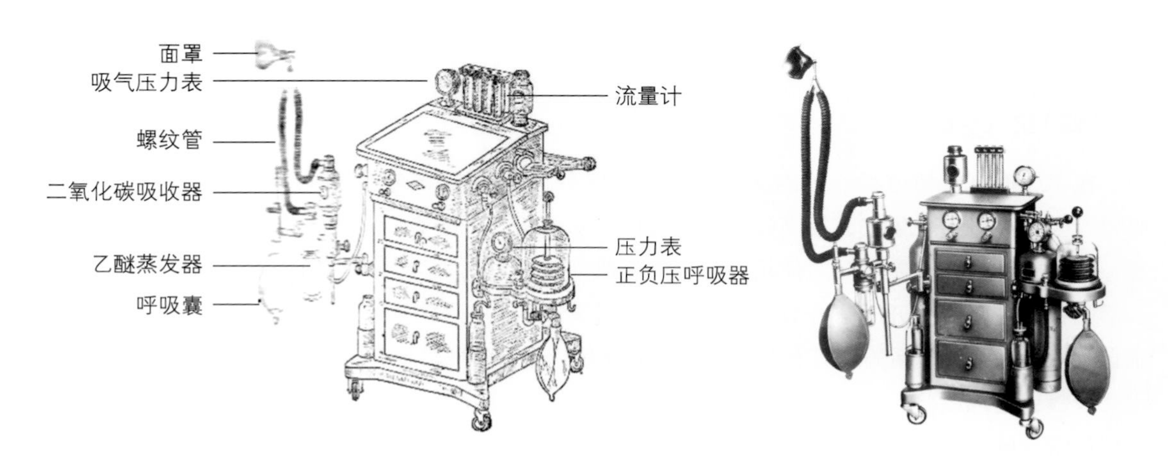

图1-13　带有正负压呼吸机的麻醉机

（三）103 型麻醉机

103 型麻醉机是 20 世纪六七十年代全国广泛使用的麻醉机（图 1–14），为上海医疗设备厂第二前身即上海医疗器械四厂生产。1956 年，陶根记医疗器械工场并入中华医疗器械厂，技术力量加强，研制成 101 型全能麻醉机。该机既能用空气蒸发麻醉药，又能用氧气蒸发麻醉药；既能在病房使用，又能在野外使用。其中 103 型循环紧闭麻醉机产量最高使用最广，蒸发器位于环路内，可用乙醚和氟烷，罐内装有纱芯，有助吸入麻醉药蒸发。

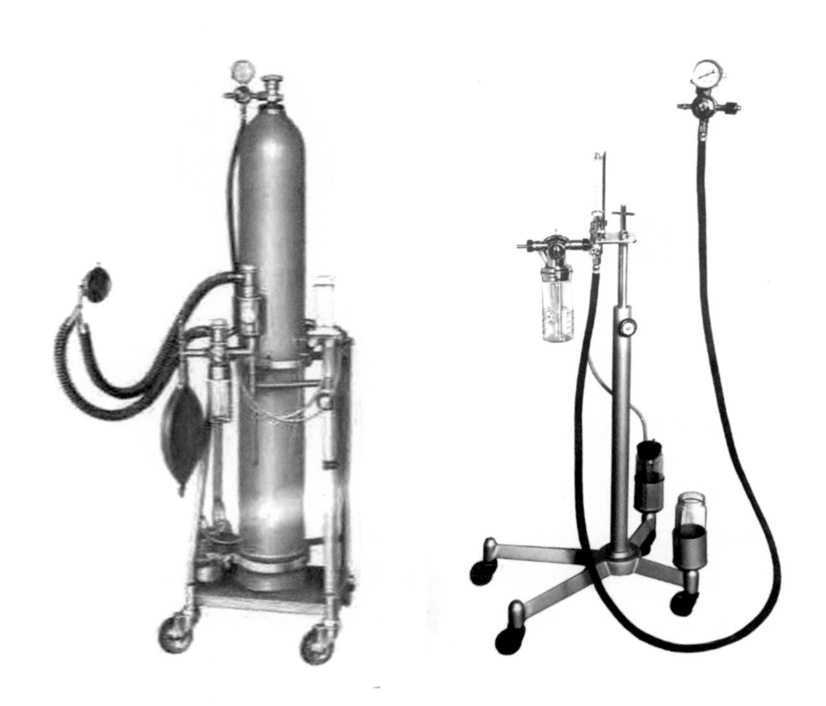

图1–14　上海医疗器械四厂生产的103型麻醉机和小儿麻醉机

（四）空气麻醉机

在 103 型麻醉机之后，国内又研制出空气麻醉机（图 1–15），气源可以直接利用空气，必要时当然可以通入氧气，提高吸气内氧分压，麻醉机上并配有折叠式或能自动弹回的呼吸囊，供进行辅助或控制呼吸时使用。剖析其组成部分，可划分为：①空气和氧的入口处设有一活门，当呼吸囊张开时才开放；缩小或加压时关闭；②挥发性液体全麻醉药挥发器；③控制自蒸发器来的气流活瓣，具有调节开关，同样是当呼吸囊张开时开放，缩小或加压时关闭；④呼吸囊；⑤螺纹管；⑥吸气和呼气活瓣；⑦面罩或气管导管衔接管等串联组成。国产各种类型的空气麻醉机，主要供乙醚吸入全麻用，当然亦有供氟烷用的。主机和附件可装载一小箱内，携带和使用都很方便，适于野战和上山下乡时使用。

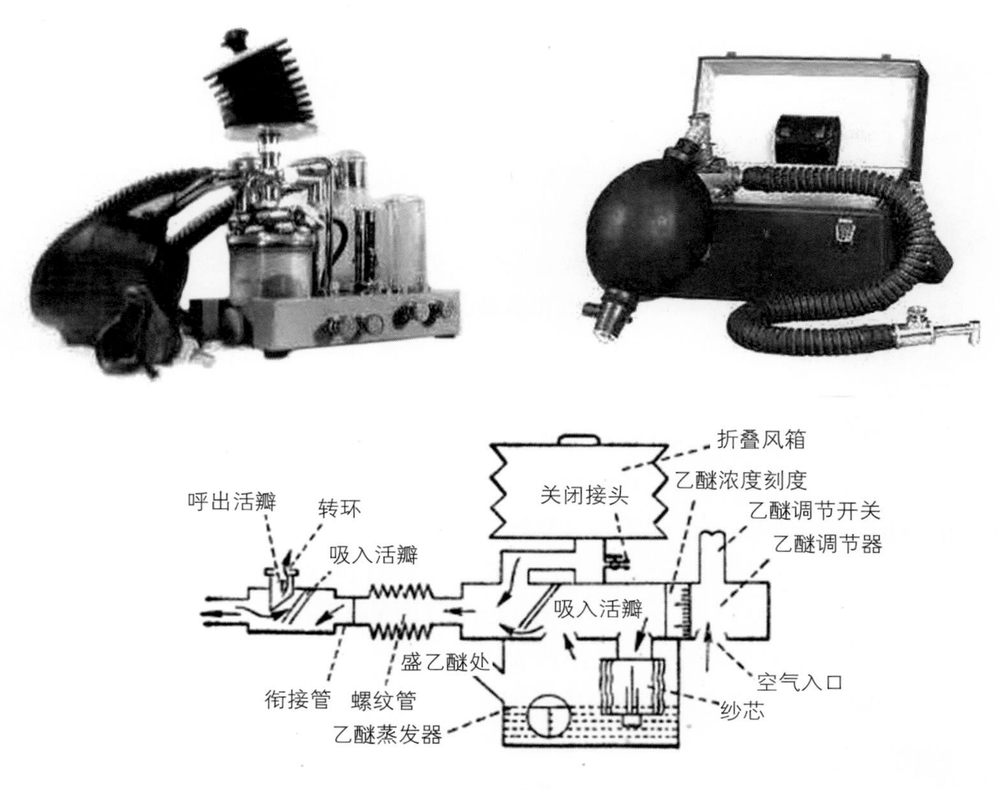

图1-15　空气麻醉机

（五）MHJ 系列麻醉机

1982 年 4 月，研制成 MHJ 型综合麻醉机。它把蒸发器的锥阀改为平面阀，使乙醚、氟烷、恩氟烷等麻醉剂都能使用，并把蒸发器从回路系统内移除，减少呼吸气流对蒸发器麻醉浓度的影响。回路系统的吸入阀门和呼出阀门连在一起制成。还配有监护装置。该机功能较全，造价昂贵，未批量生产，但为以后开发产品打下了基础。1984 年，该厂研制成 MHJ-II 型立式麻醉机。该机改变了传统的内回路麻醉方式，与国际上麻醉气路方式相一致，结构紧凑，安全可靠，使用方便，造价适中，成为各类医院乐意使用的产品。1987 年，麻醉机配有气道压力表、潮气量表、监护器和氧监测装置。1988 年，上海医疗设备厂在引进组装多功能麻醉机的基础上，研制成 MHJ-IA 型多功能麻醉机。1989 年 4 月，上海医疗设备厂研制成 MHJ-IIA 型麻醉机，配置血压计和氧不足报警器，提高了整机性能。1990 年，麻醉机产量 662 台。1990 年 7 月，又研制成 MHJ-IA 型中档麻醉机，增加氧化亚氮与氧气自动配比联动装置。

1. MHJ-I 型麻醉机

国产 MHJ-I 型综合麻醉机（图 1-16）可以用于小儿，也可以用于成人，麻醉机包括气源（氧和氧化亚氮钢筒各 2 只）、氧和氧化亚氮混合装置、乙醚和氟烷蒸发器、二氧化碳吸收器、SC-4 气动呼吸机及监测系统等主要部件，因此已基本符合现代化麻醉机的要求。该款麻醉机管道系统设计合理，操作方便，亦有监护和报警装置。半紧闭法使用氧和氧化亚氮时，

图1-16 MHJ-I型麻醉机

氧浓度正确，二氧化碳吸收器效果良好，活瓣开闭灵活，未见水蒸汽粘着。氟烷蒸发器和SC-4气动呼吸机性能良好，但也有一些不足之处，如呼吸机通过钠石灰罐使用时，氧浓度偏低，潮气量受氧流量影响。气动呼吸机的耗氧较多，各种旋钮指示不明显，快速充氧等开关不够灵活，钠石灰罐位置太低，蒸发器、呼吸机及整机较笨重，不便操作和推动，须作进一步改进，但已将国产麻醉机从20世纪40年代提高到70年代的水平。上海医疗器械四厂试制成功的MHJ-I型综合麻醉机于1983年2月起进行临床应用，1983年8月通过技术鉴定，主要技术指标和性能均能满足临床要求，具有一机多用、安全可靠、操作简便、装拆容易、结构合理和合乎当时国情等特点，为加速我国麻醉机和呼吸机的更新换代作出了新的贡献。

2. MHJ-II 型立式麻醉机

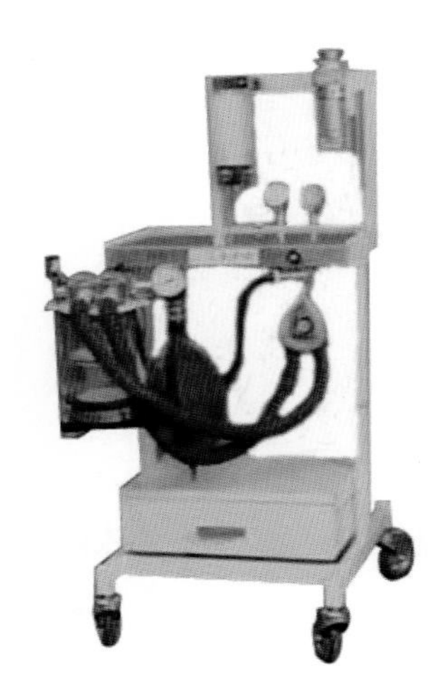

图1-17 MHJ-Ⅱ型麻醉机

国产MHJ-II型立式麻醉机（图1-17）是普及型循环紧闭式麻醉机。由机架、供气部分、呼吸回路部分、ZFG-B Ⅰ蒸发器、SC-M3B麻醉呼吸机、HXJ-2呼吸监护仪及麻醉回路管道附件等组成。MHJ-Ⅱ型多功能麻醉机使用O_2、N_2O两种气源。呼吸回路部分由吸收器主体、吸入阀门、呼出阀门、CO_2吸收器、限压排气阀、开关阀等组成。所有管道接口均采用ISO国际标准。ZFG-B Ⅰ蒸发器是在引进美国Ohmeda公司先进技术的基础上自行设计生产的，可用于回路系统外的持续吸入麻醉，它具有输出浓度保持相对稳定等特点。SC-M3B麻醉呼吸机是一台电控气动、定容、时间切换型的麻醉机。目前已发展为MHJ-IIIB型麻醉机。

（六）Dräger sulla 808 组装麻醉机

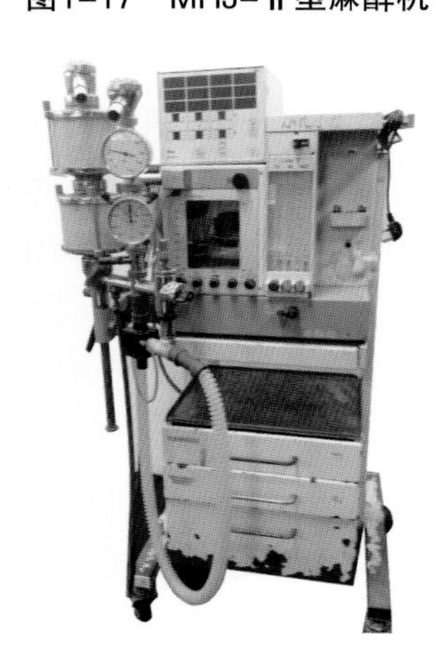

图1-18 Dräger sulla 808 组装麻醉机

20世纪80年代中期，由上海医疗器械四厂组装的德国Dräger sulla 808组装麻醉机（图1-18），其特点为：①麻醉回路中的钠石灰罐分为上下两个，定期可以交换；②蒸发器具有温度和流量补偿；③呼吸机气动皮囊式；④具有机械气道压力表和容量表监测。

（七）Fabius 麻醉机

20世纪90年代初成立的德国Dräger与上海医疗器械

股份有限公司合资的工厂生产各种麻醉机，1995 年 Fabius 麻醉机由上海仁济医院和中山医院临床试用并通过产品鉴定（图 1-19）。

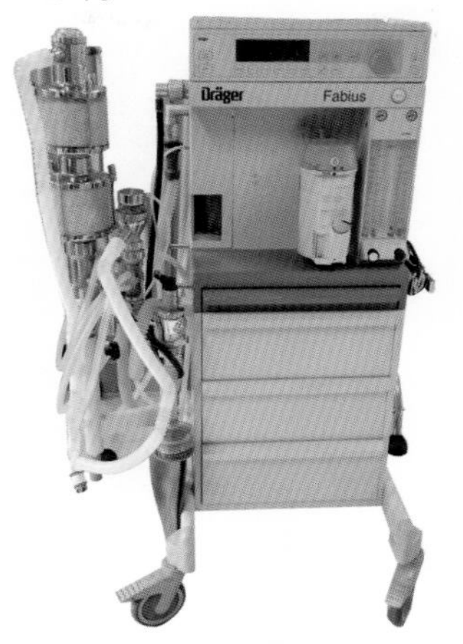

图1-19　Fabius 麻醉机临床试用实况

二、谊安麻醉机

2001 年，北京谊安世纪医疗器械有限公司成立，致力于麻醉机和呼吸机等医疗仪器的研发，问世短短一年，成功开发了 18 个型号的麻醉机系列产品。2002 年，谊安公司推出 Aeon7300A 麻醉机（图 1-20）和 Aeon7400A 麻醉机（图 1-21），同年 10 月，推出 Aeon7500A 麻醉机（图 1-22）。2003 年相继推出 Aeon7200A（图 1-23）和 Aeon7900A 麻醉机。2005 年，公司推出 Aeon7600A 麻醉机，该型麻醉机配备氧气单气源固定式配置，一款七氟烷蒸发器满足野战医疗环境手术需求，这款麻醉机是国内少见的单气源单蒸发器野战麻醉机。2006 年 7 月，Sousar 麻醉机上市，10 月推出 Aeon7900D 麻醉机。2008 年 6 月，谊安

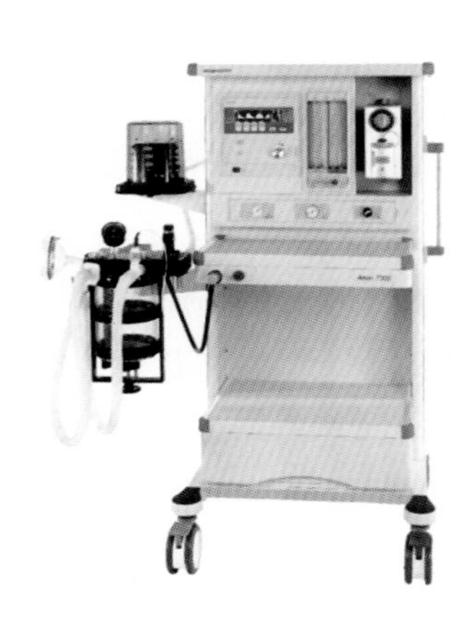

图1-20　Aeon7300A 麻醉机

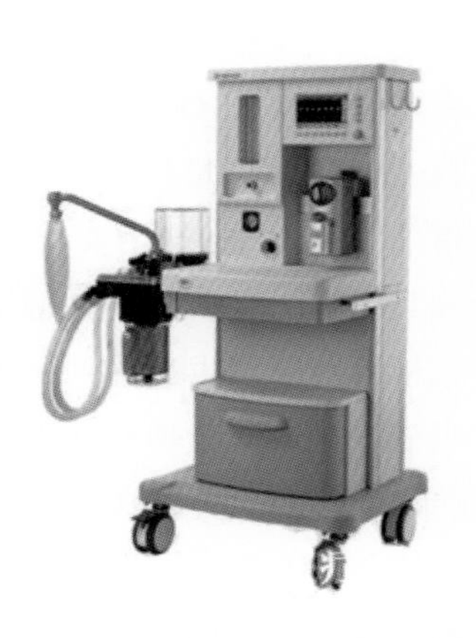

图1-21　Aeon7400A 麻醉机

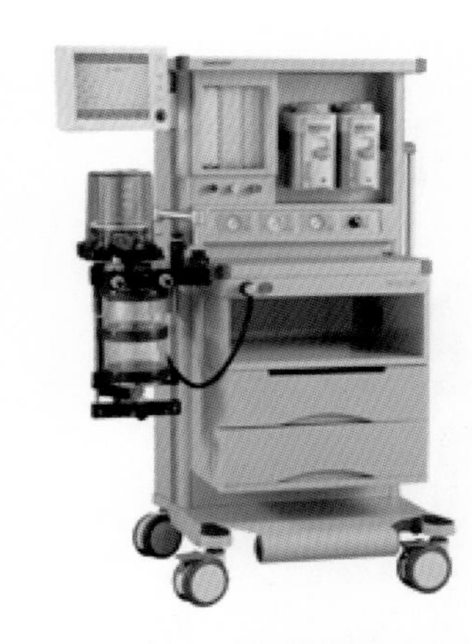

图1-22　Aeon7500A麻醉机

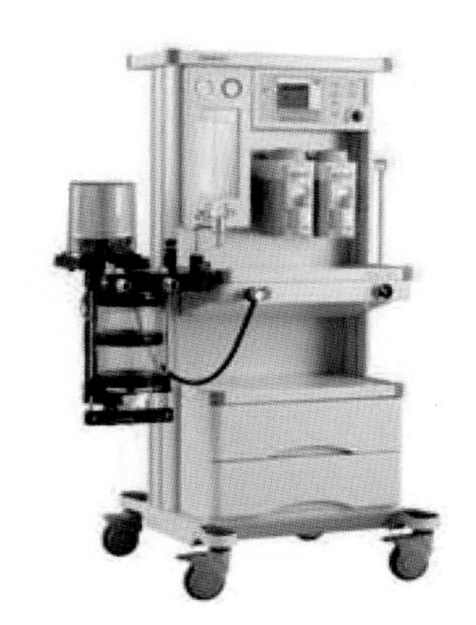

图1-23　Aeon7200A麻醉机

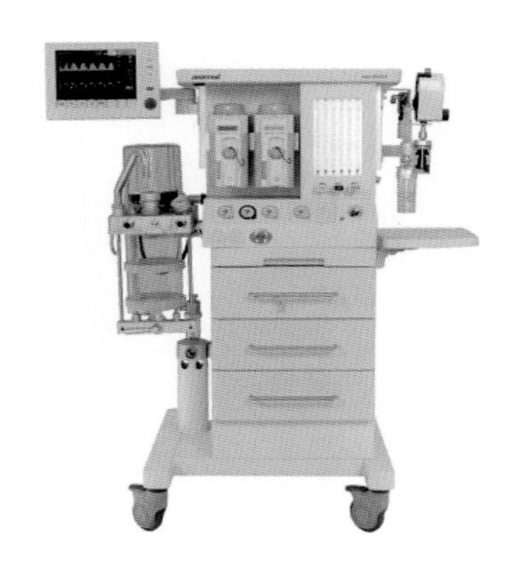

图1-24　Aeon8300A麻醉机

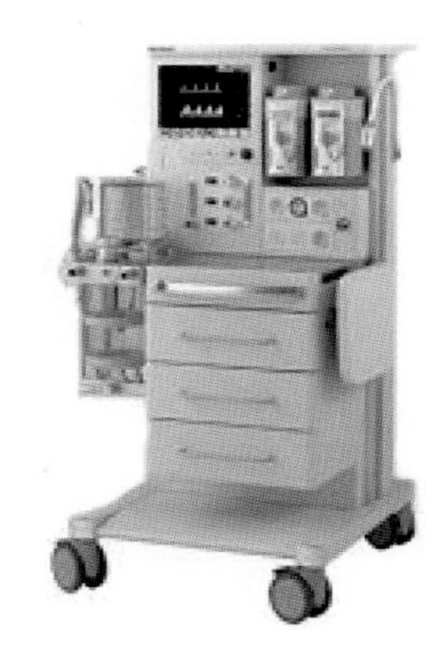

图1-25　Aeon8700A麻醉机

Aeon 系列通过 FDA 认证。之后，又推出 Aeon8300A 麻醉机（图 1-24）和 Aeon8700A 麻醉机（图 1-25）。

三、迈瑞麻醉机

2006 年，深圳迈瑞生物医疗公司涉足国际先进的麻醉机、监护仪设计与制造，推出国内首款电子化、插件式 WATO 系列麻醉机。定位于中高端的 WATO 系列麻醉机，具有多种呼吸控制模式、精确的麻醉药物浓度调控、麻醉监护一体化等特色功能，申请了 6 项发明专利和 2 项外观专利。独特加热的流量传感器、动态潮气量补偿、智能报警等技术功能，使潮气量监测更加准确、麻醉更安全。其最小潮气量达 20 ml，适用于婴儿。

迈瑞 WATO 系列麻醉机代表机型包括 WATO-EX20、WATO-EX35（图 1-26）、WATO-EX55 和 WATO-EX65 麻醉工作站（详见第十七章）。其中最新的 WATO-EX65 功能强大。该机型具备多种机械通气模式，包括容量控制（VCV）、压力控制（PVP）、同步间歇指令（SIMV）、压力支持（PSV），其中 SIMV 和 PSV 通气模式具有流量和压力两种触发方式。同时配备各种类型呼吸环，帮助麻醉医生准确判断患者呼吸状况，给予患者合适的呼吸模式，设置合理的呼吸力学参数设置。另外，完美承载迈瑞监护技术，配备独立的麻醉气体 AG 插件、BIS 插件，麻醉气体和 BIS 联合插件。迈瑞 WATO-EX65 麻醉机具有精确的潮气量输出、$ETCO_2$、麻醉气体和 BIS 的检测，检测值与 Datex-Ohmeda 监护仪具有很高的一致性，可安全地用于临床麻醉。

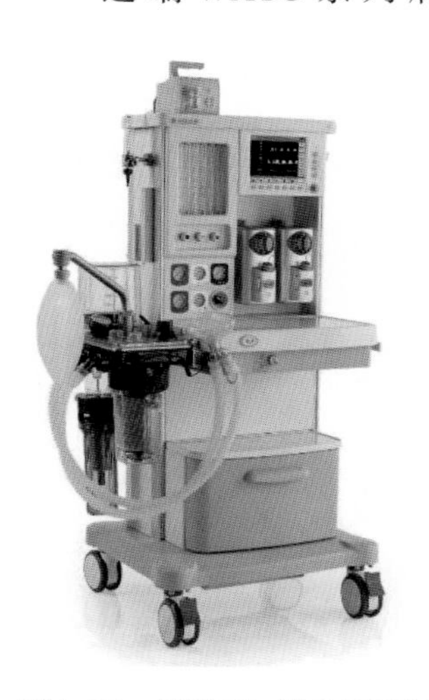

图1-26　WATO-EX35麻醉机

第三节 麻醉机的发展和使用现状

自从20世纪初叶世界上第一台可持续供氧的麻醉机Roth-Dräger问世以来，经历了100多年的历程，麻醉机开始作为一种重要的麻醉设备走入了人们的视野中。从最初单纯靠控制氧气和麻醉剂混合量的麻醉机到现在具备全面监测人体生理特征各项指标的麻醉系统，麻醉技术和麻醉机在这一个多世纪的时间里不停地发展进步。现代麻醉机对麻醉药量进行控制且精度高，麻醉方式多，选择方便，结构型式能适合不同的环境条件，监测仪器具有灵敏、准确、可靠、监护范围广等优点。现今，有关麻醉机分类所提出的观点如下：按照功能和结构可分为全能型麻醉机、普及型麻醉机和轻便型麻醉机；按照流量高低可分为高流量麻醉机（最低流量大多在0.5 L/min以上）和低流量麻醉机（最低流量可达0.02 L/min或0.03 L/min）；按患者年龄可分为成人用麻醉机、小儿用麻醉机和成人小儿兼用麻醉机；按吸入方式可分为空气麻醉机、直流式麻醉机和循环紧闭式麻醉机。麻醉机各主要部件的发展趋势：①紧凑型呼吸回路和全能型电动电控呼吸机；②高精度的电子气体流量显示和控制；③高精度的电子蒸发器；④与麻醉机紧密结合的监测系统和麻醉信息分析系统。

全国各地医院使用麻醉机的品种很多，主要是与社会经济发展的地区差异有关，在发达地区和大城市的医院及医学院校附属医院，仍是以德国和美国的进口麻醉机为主。而边远待发展地区的医院多数使用国产麻醉机。总而言之，应根据实际情况和医院条件选用，但麻醉机质量的好坏，关系到患者的手术成功和生命安全，不管是国产还是进口，安全第一，以满足临床需要为原则，应为广大麻醉工作者提供安全可靠和实用方便的麻醉设备。

今天，麻醉机已发展成世界几大著名品牌，如Dräger、Datex-Ohmeda、英国的Penlon等，尤其是高度自动化和集成化的麻醉工作站是目前最先进的麻醉管理系统，引领麻醉机技术新潮流。国产麻醉机主要应在回统系统的密闭性、蒸发器的精度及麻醉呼吸机的质量（安全性和可靠性）等方面需进一步提高。虽然任重道远，国产麻醉机也在奋起直追，努力赶上世界先进水平。

（黄 萍 王珊娟 杭燕南）

参考文献:

[1] 谢荣 . 麻醉学 [M]. 北京: 人民卫生出版社,1957: 102–109.
[2] 上海市《实用麻醉学》编写组主编 . 实用麻醉学 [M]. 上海: 上海科学技术出版社,1978, 375–382.
[3] 赵俊,刘俊杰,主编 . 现代麻醉学 [M]. 北京: 人民卫生出版社,1987: 406–434.
[4] 杭燕南,孙大金,张小先,等 . 国产 MHJ–1 综合麻醉机的性能和临床应用[J]. 临床麻醉学杂志,1985,1 (2): 44–46.
[5] 朱银南,吴珏,童祥康 . MHJ–1 型综合麻醉机的结构原理和操作规程 [J]. 上海生物医学工程通讯, 1985 (03).
[6] 伍瑞昌,沈全赫 . 美军野战麻醉机的回顾与展望 [J]. 医疗卫生装备,1994,5: 46–47.
[7] 丁冕磊 . 麻醉机分类及其应用发展展望 [J]. 医疗卫生装备 . 2013,34 (6): 99–100.
[8] 王猛,杨宇光 . 迈瑞 WATOEX65 麻醉机用于临床的精确性研究 [J]. 医疗卫生装备,2014,35 (3): 69–84.
[9] Gurudatt C.The basic anaesthesia machine [J], Indian J Anaesth, 2013 , 57 (5): 438–445.
[10] Wawersik J.History of anesthesia in Germany [J].J Clin Anesth, 1991, 3 (3): 235–244.
[11] 孙大金,廖美琳 . 呼吸器与麻醉机 [M]. 中华医学会上海分会 , 1987.

第二章 麻醉机相关物理知识

现代麻醉开始于乙醚麻醉的临床应用，自此，麻醉气体也成为麻醉医生的有力武器。这里简要介绍相关气体定律和流体运动知识，以助于理解有关氧气、二氧化碳、氧化亚氮等气体的特性和麻醉机对于气体的输送。

第一节　气体定律

一、理想气体的状态方程

不考虑相互作用或其他影响因素，只考虑分子间的相互碰撞，将分子体积和分子间的引力忽略不计的气体，称为理想气体。对于一定量的理想气体，它的压强 P、体积 V 和绝对温度 T 之间存在以下关系：

$$PV=\frac{M}{\mu}RT$$

该方程称为理想气体状态方程。式中的常数 R=8.314 J/mol·K，即摩尔气体常数，μ 是摩尔质量，M 为容器内气体的质量，单位 kg，容器体积 V 单位 m^3，压强 P 单位 Pa。若将气体密度 $\rho=M/V$，以上公式可改写为：

$$P=\frac{\rho}{\mu}RT$$

将公式应用于实际气体时，计算结果和实验数值会有一定的差别，温度越低，压强越大，气体密度越大，出现的偏差越大。

二、实际气体的状态方程

理想气体存在于严格的条件下，很多情况如低温、高压等均制约了理想气体状态方程的应用。为此，许多研究者从理论和实验上提出了各种适用实际气体的状态方程。

最常用的是范德瓦尔斯 (Van der Waals) 方程，在理想气体状态方程的基础上，考虑到实际气体分子本身占有一定体积及分子之间存在作用力这两个因素，对理想气体状态方程作适当修改而得到。

根据实验资料，在标准状态下，气体分子本身体积只占气体体积的几千分之一。所以，在通常温度和压强下分子本身体积可以忽略不计。但是，当压强很大时，气体体积减至很小，气体分子本身所占有的体积就不能再忽略不计。所以，气体分子实际活动的空间不等于气体的体积 V，而应减去一个与气体分子本身所占体积有关的修正量 b，即以（$V-b$）代替理想气体状态议程的 V。对 1 mol 气体来说，即 $P(V-b)=RT$。

其次，由于分子之间存在引力，使容器壁附近分子受到一个垂直于器壁，指向容器内部的吸引力，减弱了气体分子施于器壁的压力，上式改为：

$$P=\frac{RT}{V-b}-\Delta P$$

ΔP 表示由于分子间的吸引力而减小的气体的压强，通常称为内压强。

内压强 ΔP 和单位时间内，与单位面积器壁碰撞的分子数成正比；又和每一分子与器壁碰撞时所受内部分子的引力成正比，这两者均与气体的分子数密度 n 成正比，所以 ΔP 与分子数密度 n 的平方成正比。1 mol 气体的分子数是一个恒量，因此 ΔP 应与 1 mol 气体所占有的体积 V 的平方成反比，即 $\Delta P=a/V^2$。a 为比例系数，代入前式，即得范德瓦尔斯方程：

$$\left(P+\frac{a}{V^2}\right)(V-b)=RT$$

修正量 a 和 b 决定于气体的性质，可由实验测定。例如，二氧化碳的 $a=0.366\ \mathrm{J\cdot m^3/mol^2}$，$b=0.0428\times10^{-3}\ \mathrm{m^3/mol}$；水蒸汽的 $a=0.55\ \mathrm{J\cdot m^3/mol^2}$，$b=0.0305\times10^{-3}\ \mathrm{m^3/mol}$。

范德瓦尔斯方程是描述 1 mol 实际气体的状态方程，对于质量为 M，体积为 V 的气体，由于 $\rho=M/V'=\mu/V$，即 $V=\mu V'/M$，代入范德瓦尔斯方程得到下式：

$$\left[P+\frac{M^2}{\mu^2}\cdot\frac{a}{V'^2}\right]\left(V'-\frac{M}{\mu}b\right)=\frac{M}{\mu}RT$$

由此式可以看出，如果 V' 很大，即当压强较低或温度较高时，两个修正量都可忽略不计，得到的就是理想气体状态方程。

氮气压强由 1.013×10^5 Pa 增加到 $10^3\times1.013\times10^5$ Pa（1×10^3 Pa=7.5 mmHg），用范德瓦尔斯方程计算，误差不超过 2%；而用理想气体状态方程计算，误差已超过 100%。由此可见，范德瓦尔斯方程比理想气体状态方程更接近于实际情况，但其本身也有一定误差。

三、安德鲁斯试验

理想气体只有在温度不太低、压强不太高的条件下，才符合实际情况，在 P–V 图上，理想气体的等温线是等轴双曲线，而实际气体的等温线，并非都是等轴双曲线，研究实际气体的等温线，就可了解理想气体偏离实际变化规律的情况，从而对实际气体的性质有进一步的认识。

1869 年安德鲁斯在不同温度下对 CO_2 作了系统的等温压缩实验，借以观察气体的状态变化过程，其结果如图 2–1 所示。不同温度条件实际测得的 CO_2 的等温线。纵坐标是压强，横坐标是体积，即 1kg CO_2 所占体积。从该图可以看出，在较高温度下，例如 48.1℃，等温线是一条双曲线，说明 CO_2 的等温变化过程遵从理想气体的变化规律。但在较低温度下，CO_2 的等温过程和理想气体有显著不同。

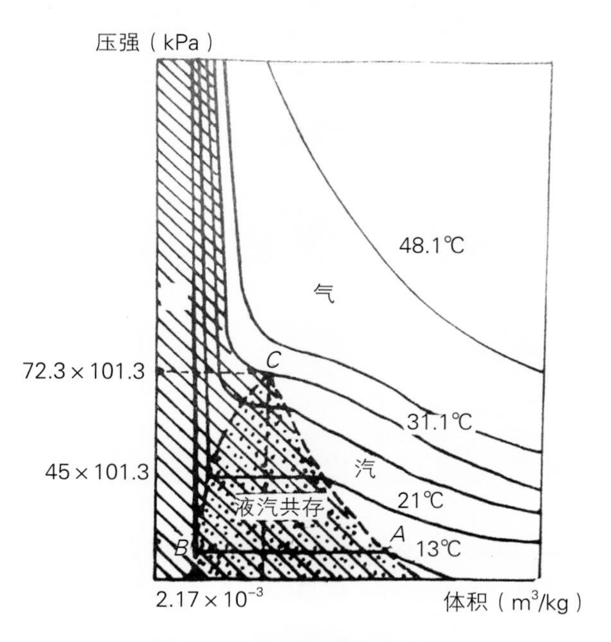

图2–1　CO_2实际等温线

以 13℃等温线为例来说明 CO_2 的等温变化过程。曲线自右向左的变化表示压力逐渐增大的压缩过程。起初，在 A 点右面的部分，曲线与理想气体等温线相似，体积随压力增大而减小。到达 A 点后，曲线平行于横轴，说明压力不变体积却在减小，这表示 CO_2 的液化过程。CO_2 从 A 点开始液化变成液体，所以体积逐渐减小，到 B 点全部变成液体，AB 区域是 CO_2 的汽液共存区域。这时的气体称为饱和蒸汽，相应的压强称为饱和蒸汽压。图中曲线表明一定温度下的饱和蒸汽压与蒸汽的容积无关。到达 B 点以后，由于液体难以压缩，所以等温线直线上升，即随着压强的增大，体积几乎不变。

其他几条温度略高于 13℃的等温线，变化规律和 13℃等温线相似，只是随着温度升高，曲线的平直部分不能缩短，相应的饱和蒸汽压逐渐增大，直到温度升高到 31.1℃ 时，等温线的平直部分缩成一点 C。此后随着温度的升高，等温线不再出现平直部分，说明当温度高于 31.1℃，即使在高压下，CO_2 也不能液化，相应的等温线接近于双曲线。

由此可见，气体依靠压缩而被液化有一个最高温度界限，称为临界温度。31.1℃就是 CO_2 的临界温度。临界温度以 Tc 表示，和它对应的等温线称为临界等温线。临界等温线上的拐点，即 C 点称为临界点或临界状态。临界点的压强和体积分别称为临界压强 Pc 和临界体积 Vc。上述临界状态下的三个物理量总称为气体的临界恒量。物质处于临界状态的特点是，气液两相的一切差别消失，它们具有相同的体积或密度。不同气体有不同的临界恒量，由实验测定。表 2-1 列出了一些气体的临界恒量，表中临界密度 Pc 为临界体积 Vc 的倒数。

表2-1　一些物质的临界恒量

物　　质	分子式	临界温度 / ℃	临界压强（1.013×10^5Pa）	临界密度（$10^3\times$kg/m^3）
氦	He	−267.9	2.26	0.0693
氢	H_2	−239.9	12.8	0.031
氮	N_2	−147.0	33.5	0.11
氧	O_2	−118.4	50.1	0.41
二氧化碳	CO_2	31.1	72.9	0.468
氧化亚氮	N_2O	36.1	51.0	
乙醚	$(C_2H_5)_2O$	193.8	35.0	
水	H_2O	374.2	218.3	0.32

在图 2-1 中，把各等温线上气体开始液化和完全液化的各点连接起来可得曲线 ACB，这条曲线和临界等温线把 P–V 图分成 4 个区域。曲线 ACB 下面的区域为液气共存的区域，临界等温线及曲线 ACB 上 BC 段的左边是液态区域，在这 2 个区域以外的就是气态区域，表示单纯依靠压缩不能使之液化。

安德鲁斯的实验结果可以从范德瓦尔斯方程得到较好的说明。范德瓦尔斯方程是一个关于 V 的三次代数方程，对不同温度 T，用图解法表示 P 和 V 的关系，可得到范德瓦尔斯等温线（图 2-2）。比较图 2-1 和图 2-2 可以看出，在临界温度以上，两者基本相似，都接近等温双曲线。但是，在临界温度以下则存在明显差别，实际气体有一随体积减小压力不变的过程，而范德瓦尔斯等温线却出现一段曲线 $AA'DB'B$。AA' 表示当压缩进入饱和状态后，还可继续

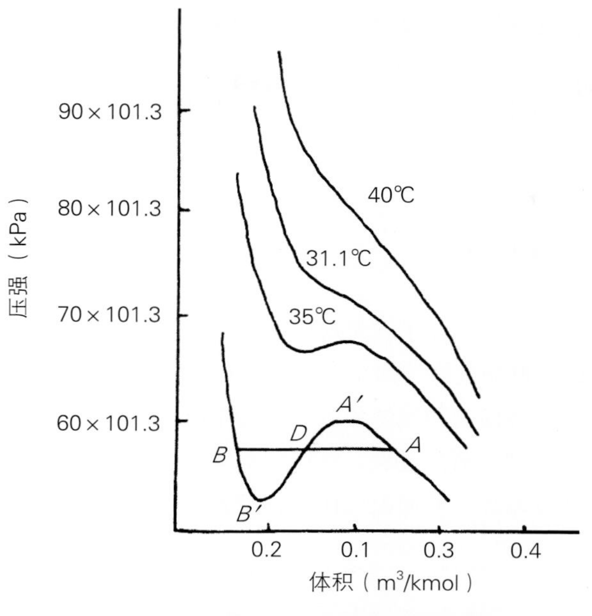

图2-2　范德瓦尔斯等温线

压缩到A'仍不发生液化，这时出现过饱和蒸汽。曲线BB'表示在液体从B处减压膨胀到状态B'的过程中可以仍留在液态暂不汽化的情形，这时出现处于过热状态的过热液体。至于ADB段，实验上不能出现，表明了范德瓦尔斯方程的近似性。

四、混合气体分压强和气体的弥散

混合气体中，各种成分气体都有自己的压强，称为分压强。混合气体的压强等于组成混合气体的各成分的分压强之和，即道尔顿分压定律。分压强的大小与其他成分气体无关，并可从其在混合气体的浓度算出。表2-2给出大气中各种气体的浓度和分压强。气体分压强的大小与气体的流动密切相关，气体总是由压强大的地方向压强小的地方转移。

表2-2　大气中各种气体的浓度和分压强（海平面水平）

气体/0℃	浓度	分压强/kPa
O_2	20.71×10^{-2}	20.93
N_2	78.0×10^{-2}	78.84
H_2O	1.25×10^{-2}	1.26
CO_2	0.04×10^{-2}	0.04
合计	100.0×10^{-2}	101.3

当气体密度不均匀时，气体的分压强会有差异，气体分子从分压强高的地方向分压强低的地方的移动，称为气体的弥散。

不被机体代谢的气体如氧化亚氮、挥发性麻醉剂，使用后会趋向于静态平衡，平衡时，组织内分压与吸入气分压相等。

五、气体在液体中的溶解度

当气体与液面接触时，由于气体分子的无规律运动，部分气体分子会进入液体内部而溶于液体，如氧气、二氧化碳、麻醉气体等都在血和其他体液中有一定溶解。

一定温度和压力条件下，液面上的气体和溶解的气体达到动态平衡，该气体在液体中的浓度称为溶解度。气体溶于液体是放热过程，气体的溶解度通常随着温度的升高而减小。同时溶解度还与压力相关，压强增加，液面上气体密度增大，和液面接触分子增多，气体溶解度随之增加，即亨利定律。

六、分配系数

一定温度下，某一物质在两相中处于动态平衡时，该物质在这两相中的浓度比值称为分配系数。挥发性麻醉药经肺泡进入血液，可把肺泡气和血液看成互相邻接的气液两相，当其在两相中处于动态平衡时，两相中麻醉药的浓度比值就称为该麻醉药的血 / 气分配系数。它是溶解度的又一表示方式。几种常用麻醉药的分配系数列于表 2-3。

表2-3　常用麻醉药的分配系数

麻醉药	水/气	气/气	油/气	油/水	油/油	橡胶/气	血/气	脑/血	肌肉/血	脂肪/血
	（37℃）	（37℃）	（37℃）	（37℃）	（20~25℃）		（37℃）	（37℃）	（37℃）	（37℃）
甲氧氟烷	4.5	13.0	950	211	73.0	630	13	1.4	1.6	38
乙醚	13.1	12.1	65	3.0	5.4	58	12	2	1.3	5
氟烷	0.8	2.4	224	280	97.4	120	0.47	2.9	3.5	60
恩氟烷	0.78	1.9	98.5	126	51.8	74	1.8	1.4	1.7	36
异氟烷	0.61	1.4	99	70.7	162.2	62	1.4	2.6	4	45
地氟烷	0.22		18.7				0.42	1.3	2	27
七氟烷	0.34		55				0.65	1.7	3.1	48
氧化亚氮	0.44	0.47	1.4	3.2	3.0	1.2	0.47	1.1	1.2	2.3
氙气	0.093		1.8				0.115	0.13	0.1	

血/气分配系数与麻醉诱导快慢有关。地氟烷在血中溶解度小，血/气分配系数小，麻醉诱导非常迅速，清醒也快。

油/气分配系数与麻醉强度有关，油/气分配系数越高，麻醉药脂溶性越高，其作用强度越大。甲氧氟烷的油/气分配系数最大，麻醉强度最大。

麻醉机的部分组件，如储气囊和部分管道是橡胶制品，如甲氧氟烷的橡胶/气分配系数很大，在使用时，一部分被麻醉机装置所吸收，会导致浓度降低，诱导时间延长。当麻醉结束后，甲氧氟烷又从上述装置中逐渐释放，使苏醒时间延迟。其他气体相对而言这一现象不明显。

七、常见气体物理性质

见表 2-4。

表2-4　气体物理性质

气体	氧气	氧化亚氮	二氧化碳	氙气	一氧化氮	一氧化碳	氦气
钢瓶中状态	气态	液态	液态	气态	气态	气态	气态
分子量	32	44	44	131	30	28	4
融点（℃）	N	−90.81	−56.6	−112	−164	−205	N
沸点（℃）	−183	−88.5	−78.5	−108	−152	−192	−269
临床温度（℃）	−118.4	36.4	30	16.6	−93	−140	−268
气体相对密度（空气=1）	1.04	1.5	1.52	4.5	1	1	0.14
液体相对密度（空气=1）	N	1.2	0.82	N	1.3	N	N
20℃蒸汽压（bar）	N	50.8	57.3	N	N	N	N
水中溶解度（mg/ml）	N	2.2	2000	644	67	30	1.5
颜色	无色	无色	无色	无色	无色	无色	无色
气味	无味	甜味	无味	无味	辛辣味	无味	无味
其他		气体密度大于空气，易于在狭窄部位及较低位置处蓄积	气体密度大于空气，易于在狭窄部位及较低位置处蓄积	气体密度大于空气，易于在狭窄部位及较低位置处蓄积。由于密度通过流量计时流速更慢，转换系数0.468	目前提供低于1000ppm的N_2	目前仅提供小于0.3%的空气/氦气混合气	使用氧气流量计时要使用正确的转换表

注：N=没有数据

第二节 物态变化

一、汽化

物质由液态变为气态的过程称为汽化。麻醉机使用的挥发性麻醉剂就是从液态汽化后供患者吸入。汽化有蒸发和沸腾两种方式。

(一)蒸发

蒸发是液体表面发生汽化的现象。液体在蒸发时要吸收热量，所以蒸发具有致冷作用。这是因为蒸发是液体分子变成蒸汽分子的过程，在蒸发过程中，只有动能较大的分子才能逸出液面，留下的液体分子平均动能较小，从而使液体温度下降。如液态氧化亚氮迅速从储气筒释放时，储气筒内温度可降至-60℃，若筒内有水，可以凝成冰块，导致减压阀堵塞。而乙醚、异氟烷、氟烷的蒸发引起的温度降低，对输出浓度影响很大是设计蒸发器时必须考虑的。

要保持液体的温度不变必须给液体加热，使单位质量的液体变成同温度蒸汽所需的热量称为该物质的汽化热。不同的液体汽化热不同，同一种液体汽化热随着温度升高而减小。表2-5是几种含氟麻醉液体的汽化参数。

表2-5 几种含氟麻醉液体的汽化参数

含氟液体	分子量	沸点/℃（103.3kPa时）	汽化热（J/ml）	饱和蒸汽压（kPa）（20℃时）
氟烷	197	50.2	209.8（20℃）	32.05
异氟烷	184.5	48.5	259.2（25℃）	33.25
恩氟烷	184.5	56.5	263.3（25℃）	23.28
七氟烷	200.1	58.5		20.92
地氟烷	168	23.5		89.3

蒸发在任何温度下都能发生，但温度越高，蒸发表面面积越大，表面上方通风越好，则蒸发越快。各种麻醉蒸发器的设计都要考虑上述因素。为了加速蒸发通常采取下列方法：①增加蒸发表面面积。在蒸发室内装有用棉线等织物制成的吸收芯，吸收芯的下部浸泡于麻醉液体中，由于毛细管的虹吸作用，整个吸收芯渗透麻醉药液，因此可使蒸发表面面积大大增加。另一种方法是将气体分散成小气泡穿过麻醉药液，当小气泡穿出液面时，表面都携带有药液分子，大量的气泡表面面积也可使蒸发有效面积显著增加。②增加表面气流。在半开放条件下，利用通过麻醉药液表面的气流不断携带麻醉蒸汽进入患者呼吸道。③温度补偿。由于麻

醉药液在蒸发过程中吸收热量导致本身温度降低，温度降低又会引起蒸发量下降。为保证蒸发器输出浓度的稳定，早期有的蒸发器在蒸发室周围用电热板或温水槽直接加热以保持蒸发药液的温度，这种方法的缺点是可能分解破坏麻醉药，现已不用。现在采用的是间接加热方法，利用铜材料制作蒸发器，因为青铜的比热高，并有良好的热传导性能。比热高的物质温度变化缓慢，良好的导热性能可将外界吸收的热量很快传递给麻醉药液，达到温度补偿的目的。

（二）沸腾

在一定温度下，在液体表面和内部同时进行汽化的现象叫沸腾。例如，水的温度升高到100℃时，水的内部产生大量汽泡并由液体内部上升到液面，在液面破裂并放出蒸汽，这就是水的沸腾现象。沸腾只能在一定温度下发生，该温度称为沸点。液体沸腾时，虽然继续吸收热量，但温度并不升高，这时外界供给的热量全部用于液体的汽化。

（三）饱和蒸汽压

在蒸发过程中，由于分子的无规则运动，一方面液体内动能较大的分子可以逸出液面成为蒸汽分子，另一方面蒸汽分子也能不断返回液体，蒸发过程实际是一个动态过程。当容器敞开时，离开液面的分子不断向外扩散或被流动的空气带走，离开液面的分子多，返回液体的分子少，因此敞口容器中的液体可以不断蒸发直到全部汽化为止。

但是，把液体装在密闭容器里，为什么就不能完全蒸发掉呢？这是因为在密闭容器里，从液面蒸发出去的分子将扩散掉。随着蒸发过程的进行，液面上方蒸汽分子的密度不断增大，返回液体的蒸汽分子也不断增多。经过一段时间，最后达到在单位时间进出液面的分子数相等的动态平衡状态。从这时起，液面上蒸汽分子的密度不再增加，液体也不再减少。液体处于动态平衡的蒸汽称为饱和蒸汽，饱和蒸汽的压强称为饱和蒸汽压。

在一定温度下，因为饱和蒸汽密度不变，所以饱和蒸汽压不变。随着温度升高，分子无规则运动能增大，液体中逸出液面的分子数增加，饱和蒸汽密度增大，因而饱和蒸汽压随温度升高而增大。例如，水在20℃、30℃、37℃时的饱和蒸汽压分别为2.33 kPa、4.23 kPa、6.26 kPa。

挥发性麻醉药的汽化特点是沸点低、汽化热小、饱和蒸汽压高、容易汽化（表2-5）。氟烷的沸点比恩氟烷低，饱和蒸汽压比恩氟烷高，所以氟烷比恩氟烷容易汽化，而异氟烷的沸点、饱和蒸汽压和氟烷相近，故两者的汽化特点相似。蒸发器内的麻醉气体浓度，实际上是一定温度下的饱和蒸汽浓度，即在该温度下蒸发器所能蒸发的最大汽化浓度。例如，20℃时蒸发器内异氟烷浓度高达0.32，但是麻醉中需用的仅是0.07~0.015，因此必须用空氧等气体稀释后，才能送入患者呼吸道。

还必须指出，临床上使用的N_2O是加压液化后装入储气筒内的，储气筒下部是液态的N_2O，液面上是N_2O的饱和蒸汽，室温下（20℃时）是51×101.3 kPa。由于饱和蒸汽压随温度改变，在使用过程中，因为蒸发吸收热量，使N_2O温度降低。若N_2O温度从20℃降到-19.5℃，则压强从51×101.3 kPa降至17×101.3 kPa，这并不表明N_2O已经用掉2/3。这时，

若停止使用 N_2O，当温度复又回升到 20℃时，压强又恢复到 51 × 101.3 kPa。换言之，在室温下，压力表显示 51 × 101.3 kPa，就说明储气筒内还有液态 N_2O，其多少可由称量储气筒重量减去储气筒净重算出。当储气筒全部液态 N_2O 蒸发完后，随着气态 N_2O 的释放，减压表则逐渐下降，一直降到 101.3 kPa 为止。在室温下，一个 900 L 的储气筒，从 51 × 101.3 kPa 降至 101.3 kPa，可以放出 164.6L N_2O，若以 8 L/min 的流量输送给患者，可供使用 20 min。

二、液化

物质从气态转变为液态的过程称为液化，也称凝结。液化是汽化的相反过程，随着温度的下降，饱和蒸汽中的蒸汽分子凝结成液体，同时放出热量，使液体温度升高。单位质量的蒸汽在凝结时放出的热量，在数值上等于同温度的汽化热。

使气体液化，也可用加压的方法实现。由上一节的讨论可知，在临界温度以上，无论加多大压强也无法使气体液化。例如，水的临界温度为 374.2℃，这就是说，当温度高于 374.2℃时，只有水汽存在，要液化 374.2℃以上的水汽必须先把它的温度降低到 374.2℃，再增大压强才能使它液化。

由表 2-1 可知，水、二氧化碳、乙醚及氧化亚氮的临界温度都高于室温（20℃），所以在常温下加压就可以液化；氮气、氧气、氢气及氦气的临界温度比室温低得多，所以常温和一般低温下，即使加压也无法液化。随着低温技术的进步，现代所有气体都能在相应的临界温度下液化了。目前，临床上使用的液态氮作冷冻手术，用液态二氧化碳作病理标本的冷冻切得，甚至液态氧都是在临界温度下制成的。

三、湿度

大气的干湿程度叫湿度，用来说明大气中水蒸汽的多少，可用绝对湿度和相对湿度两个物理量表示。单位体积的大气中所含水汽的质量叫绝对湿度。但是要直接测量大气中水汽的密度比较困难，因此通常用大气中水汽的压强来表示绝对湿度。

在许多与大气湿度有关的现象中，如蒸发的快慢等并不只与大气中所含水汽的绝对数量有关，还要看大气的温度，即主要与大气中水汽离饱和状态的远近有关，用相对湿度表示。其定义是，大气的气压（绝对湿度）与同温度下饱和水汽压的百分比。相对湿度越大表示大气离饱和状态越近，当相对湿度为 100% 时，表示大气中的水汽达到饱和了。

一般说来，大气的相对湿度在 60%~70% 范围内，人体水分蒸发正常，感觉舒适。夏天雷雨前人感觉闷热，就是由于大气相对湿度太高，人体热量不易散失的缘故。

肺泡气的相对湿度在 37℃时为 100%，如吸入气的温度低于此值就要从呼吸道吸收湿气，所以正常人呼吸道对吸入气有加温、湿化的作用。因呼吸系统疾病或进行气管切开及气管插管的患者，这种自然调节功能丧失，在使用通气机时必须有良好的湿化装置，即在呼吸回路上配置湿化器。

第三节　流体运动

液体和气体都没有固定的形状，在力的作用下，其一部分相对于另一部分很容易发生运动，这种性质称为流动性。由于这种流动性，把液体和气体合称为流体。

一、连续性方程

流体在运动时，如果在任一固定点速度是不随时间变化的，这种流动称为稳定流动。对于作稳定流动的不可压缩流体来说，在同样的时间内流过两截面的流体体积应该相等。

不可压缩流体作稳定流动时，同一流管内各横截面的流量都相等。截面积大的地方流速小，截面积小的地方流速大，流速 v 和管的横截面积 S 成反比。$S_1v_1=S_2v_2$ 称为连续性方程。

二、伯努利方程

实际上，一般流体在流动时都具有黏滞性，即当流体流动时，层与层之间有阻碍运动的内摩擦力（黏滞力）。气体的黏滞性一般都很小。如果流体的黏滞性和可压缩性都很小，为使问题简单化，可以引入理想流体这一物理模型代替实际流体进行分析。理想流体就是绝对不可压缩又无黏滞性的流体。

理想流体稳定流动时，其压强 P、流速 v 和流体所在处的高度 h 之间的关系可用下式表示：

$$P+\frac{1}{2}\rho v^2+\rho gh=\text{常量}$$

此式称为伯努利方程，其意义是理想流体作稳定流动时，流管内的任一截面处，单位体积流体的动能、重力势能和该点的压强之和都相等。

三、层流

实际流体与理想流体不同，是有黏滞性的流体。在管的中央轴线处流速最大，越靠近管壁，流速越小，与管壁接触处速度为零。这种分层的流动形式叫层流。

（一）黏滞系数

实际流体在层流状态下，相邻流层之间由于流速不同而表现有切向的相互作用力。流速大的流层对流速小的流层施以拉力，流速小的流层对流速大的流层施以阻力，这一对力叫内摩擦力。对某些流体来说，内摩擦力的大小和两个相邻流层之间的接触面积 S 及速度梯度

dv/dx 成正比，即

$$F = \eta S \frac{dv}{dx}$$

式中比例常数 η 叫黏滞系数或黏度，其中气体的黏滞系数则随温度升高而增加。表2–6 列出了几种气体和液体的黏滞系数值。上式常称为牛顿层流关系式。凡是服从这一关系式的流体就叫做牛顿流体，不服从这一关系式的就叫非牛顿流体。

表2–6　几种气体和液体的黏滞系数值

流体	温度（℃）	黏滞系数η（P·as）
空气	20	18.192×10^{-6}
水蒸汽	0	9.04×10^{-6}
	100	12.7×10^{-6}
氧气	0	19.3×10^{-6}
甲烷	20	10.98×10^{-6}
水	0	1.793×10^{-3}
	20	1.002×10^{-3}
	100	0.3×10^{-3}
水银	17.5	1.68×10^{-3}
	20	1.55×10^{-3}
	100	1.0×10^{-3}
蓖麻油	17.5	2300×10^{-3}
	50	1225×10^{-3}
50%甘油水溶液	0	14.6×10^{-3}
	50	1.25×10^{-3}
血浆	37	$1.0\sim1.4\times10^{-3}$
血清	37	$0.9\sim1.2\times10^{-3}$
血液	37	$2.0\sim4.0\times10^{-3}$

（二）泊肃叶公式

实际流体在粗细均匀的水平管中作层流时，要维持管子内的流体作匀速运动，必须有一个外力来抵消内摩擦力。这个外力就是管子两端的压强差。实验证明，在水平细管内作层流的黏滞性流体，它的流量和管子两端的压强差成正比，即

$$Q=\frac{\pi r^4\Delta P}{8\eta l}$$

式中的 r 是管子的半径，l 是管子长度，η 是黏滞系数，上式称为泊肃叶定律，如果设 $R=\frac{8\eta l}{\pi r^4}$，则泊肃叶定律可以成 $Q=\frac{\Delta P}{R}$。R 称为流阻。流阻的大小决定于流体的黏度及管子的长度和半径。值得指出的是，流阻与管半径的四次方成反比，因此管半径的微小变化将引起流阻的显著变化。例如，r 减小一半时，流阻就要增加 16 倍。因此麻醉中气管导管的内径应尽可能大。需要大量输血的患者也宜选用粗针头。

四、湍流

实际流体在流速不大时，流体是分层流动的，各层之间不相混杂，这就是前面讲的层流。泊肃叶公式只对层流才是正确的。当流体在管道里的流速超过一定数值时，流体将不再保持分层流动，流体各部分互相混杂，形成旋涡，流线变得极不规则，称为湍流。

在管道内造成湍流出现的因素除速度 v 外，还有流体的密度 ρ、黏滞系数 η 以及管半径 r。我们可以把这些因素写成

$$R_e=\frac{\rho v r}{\eta}$$

Re，称为雷诺数，它是一个无量纲量。$Re<1\,000$ 时，流体作层流；$Re>1\,500$ 时，流体作湍流。流体由层流转变为湍流时的速度称为临界速度；相应的流量称为临界流量。临界流量与管半径 r 成正比，管径越粗，临界流量越大。表 2-7 列出了空气在不同管径的管道内流动时的临界流量。

表2-7　空气在不同管径内流动时的临界流量

管径（cm）	0.25	0.5	0.75	1.0	1.5	2.0
流量（L/min）	3.5	7.1	10.6	14	21	28

图 2-3 则表示几种成分不同的气体以不同流量流过不同管径的管道时发生的气流的性质。由此可知，在气管和气管插管内的气流性质与混合气体的成分有关。在麻醉及呼吸器使用过程中，流量一般低于临界流量，气流形式以层流为主。如果管道扭曲、内壁粗糙、接头成角、

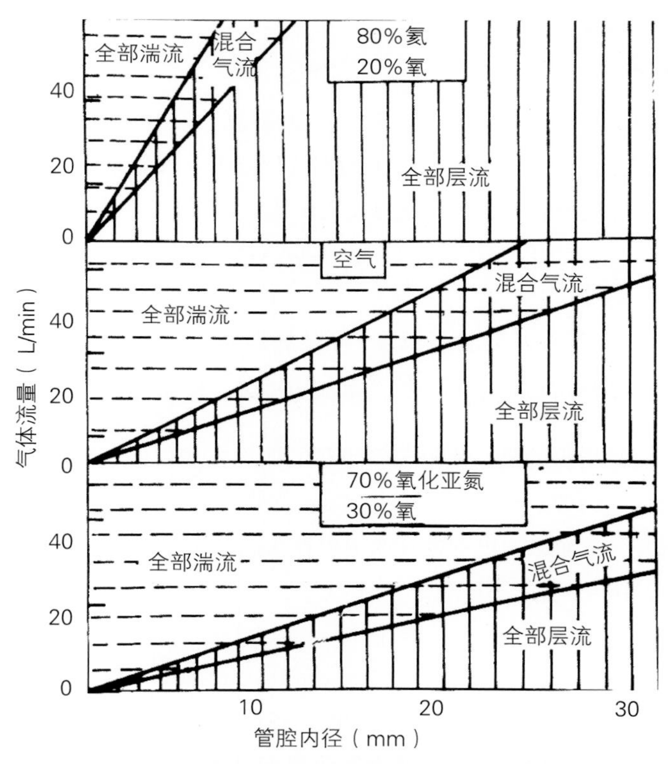

图2-3　几种成分不同的气体气流性质图解

管腔狭窄，就容易造成湍流。因此，气管导管和麻醉通气管道应长度短、内径大、内壁光滑、弯度缓和，以避免产生湍流。

（周仁龙）

参考文献：

［1］戴体俊，刘功俭，姜虹．麻醉学基础［M］．上海：第二军医大学出版社，2013：5-24.

［2］范从源，郑方．麻醉物理学［M］．上海：上海科学技术文献出版社，1996：3-24.

［3］Miller RD. Miller's Anesthesia［M］. 7th ed. Churchill Livingstone，2010：667-718.

［4］Sandberg WS, Urman RD, Ehrenfeld JM. The MGH textbook of anesthetic equipment［M］. Elsevier，2011：10-22，344-351.

［5］孙大金，廖美琳．呼吸器与麻醉机［M］．中华医学会上海分会，1987：6—19.

［6］Apfelbaum, E. M.，Vorob'ev. Regarding the universality of some consequences of the van der Waals equation in the supercritical domain［J］. J Phys Chem B，2013, 117(25): 7750-7755.

［7］Dyverfeldt, P., M. D. Magnetic resonance measurement of turbulent kinetic energy for the estimation of irreversible pressure loss in aortic stenosis［J］. JACC Cardiovasc Imaging，2013，6(1): 64-71.

［8］Wang, C., M. Chen. Spatial distribution of wall shear stress in common carotid artery by color Doppler flow imaging［J］. J Digit Imaging，2013, 26(3): 466-471.

第三章 | 麻醉机的基本结构和原理

根据1997年Caplanj等回顾性统计，在3 791例麻醉意外（死亡和脑损害）中，与麻醉机有关的共72例，其中54例属操作错误，18例为机械故障，操作不当较机械故障高出3倍。呼吸回路问题占39%（70%的死亡或脑损害与此有关），蒸发器21%，呼吸机17%，未减压致高压气体损伤占11%及其他7%。因此，麻醉医师能否正确使用麻醉机，与患者安危有密切关系。为了正确和熟练使用麻醉机，麻醉医师必须了解麻醉机的基本结构和原理。

麻醉机临床使用的主要目的是什么？第一是给患者提供氧气，这是麻醉机最主要的作用。因为涉及到麻醉机相关意外的案例，造成患者伤害的主要原因总是没有有效供氧。第二是给患者提供正压通气。手术患者，特别是使用肌肉松弛药的患者，需要麻醉机提供正压通气以保证足够的氧气进入患者肺部进行气体交换。对于有肺部疾患的患者，如慢性阻塞性疾病和ARDS（急性呼吸窘迫综合征）的患者，单纯正压通气还不够，还要有其他更有效的通气模式，以适应非生理状态的患者肺脏，减少机械通气可能对于患者肺功能的不利影响。同时，所有的麻醉机都必须提供手控正压通气方式。第三个使用目的就是“给患者麻醉药”，主要是输送吸入麻醉药。随着麻醉机和吸入麻醉药的研制和发展，吸入麻醉药的给药手段也越来越精准可控。围绕上述三个目的，本章介绍现代麻醉机的整体基本构造，让麻醉医师对麻醉机有一整体概念，关于麻醉机的具体部件将在专门章节进行讨论。

第一节 麻醉机的基本结构

现代麻醉机的结构越来越复杂。理想的麻醉机不仅可以提供持续稳定的氧气和麻醉气体，也可以提供适合患者的机械通气模式，同时易于操作，不发生故障。当然，理想的麻醉机是不存在的，所以我们需要熟悉目前所面对的“非理想”的麻醉机。

以麻醉机Fabius-GS为例，外部操作部件（图3-1）。但无论麻醉机外观如何改变，其核心结构相似。根据麻醉呼吸机的驱动方式，可分为电动电控和气动电控麻醉机。

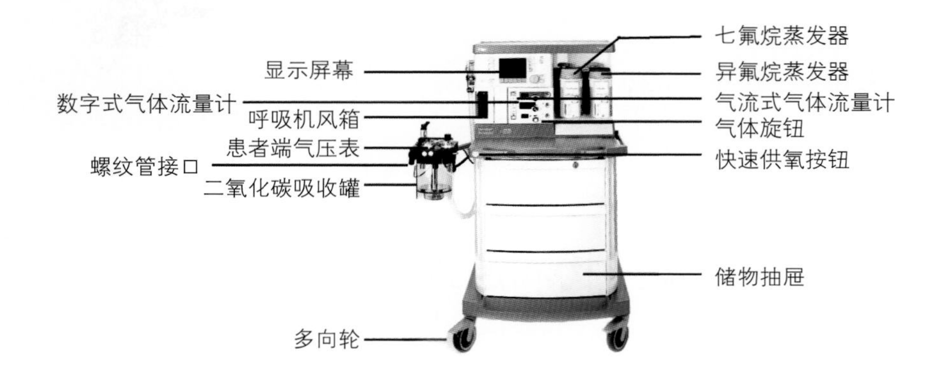

图3-1 Dräger Fabius-GS 外部主要部件

一、电动电控麻醉机结构和流程(图 3-2)

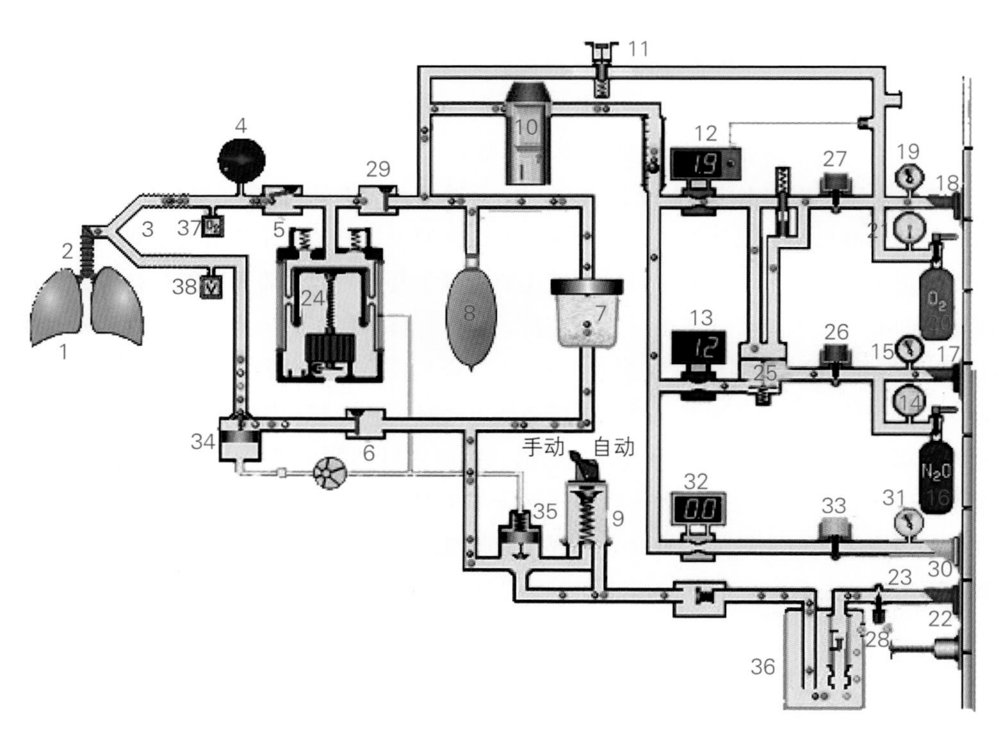

图3-2 电动电控麻醉机的结构

图示：1. 肺；2. 气管支气管；3. 螺纹管；4. 吸入气压力表；5. 吸气阀；6. 呼气阀；7. 二氧化碳吸收器；8. 人工通气皮囊；9. 气道压力限制阀；10. 蒸发器；11. 快速充氧阀；12. 氧气流量计；13. 氧化亚氮流量计；14. 氧化亚氮压缩气筒气体压力表；15. 中心供氧化亚氮压力表；16. 氧化亚氮压缩气筒；17. 中心供氧化亚氮供气接口；18. 中心供氧供气接口；19. 中心供氧压力表；20. 氧气压缩气筒；21. 氧气压缩气筒气体压力表；22. 残气排出口；23. 残气排出阀；24. 麻醉呼吸机；25. 氧化亚氮-氧气联动装置；26. 氧化亚氮旋钮；27. 氧气旋钮；28. 空气入口；29. 新鲜气体隔离阀；30. 中心供空气供气接口；31. 中心供空气压力表；32. 空气流量计；33. 空气旋钮；34. PEEP/Pmax阀；35. 气道压力限制阀旁路阀；36. 废气排放系统；37. 氧浓度监测装置；38. 容量监测装置

二、气动电控麻醉机结构和流程（图 3–3）

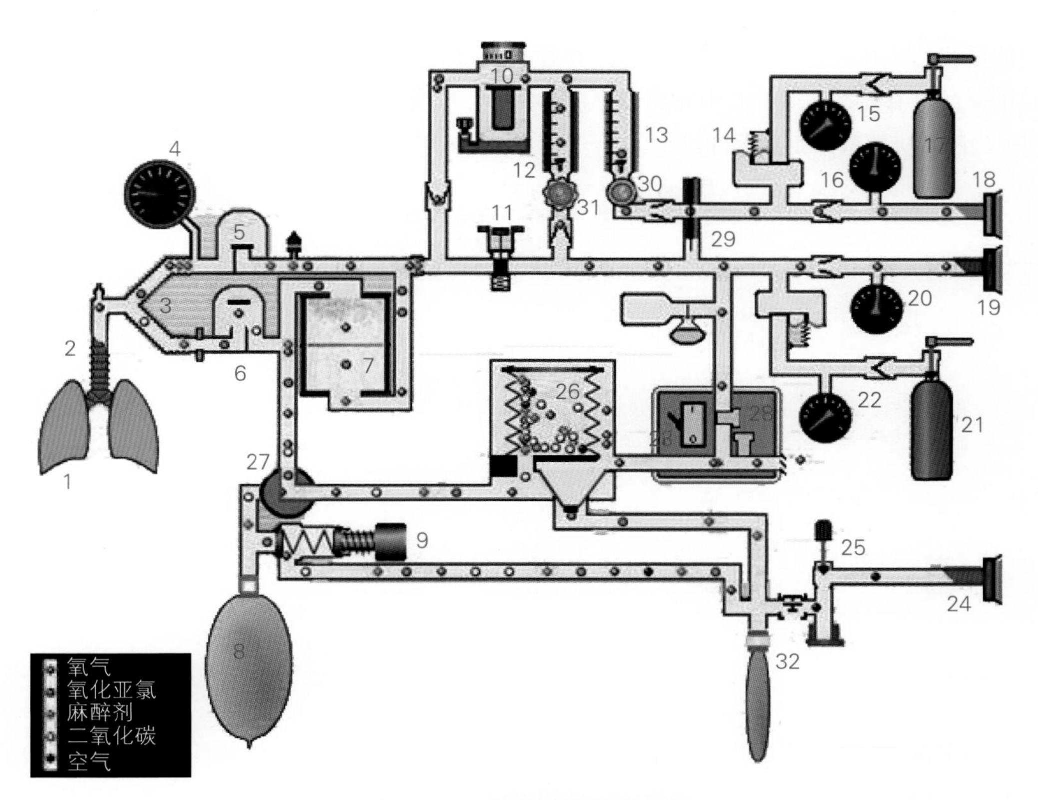

图3–3　气动电控麻醉机的结构

图示：1. 肺；2. 气管支气管；3. 螺纹管；4. 吸入气压力表；5. 吸气活瓣；6. 呼气活瓣；7. 二氧化碳吸收器；8. 人工通气皮囊；9. 气道压力限制阀；10. 蒸发器；11. 快速充氧阀；12. 氧气流量计；13. 氧化亚氮流量计；14. 氧化亚氮减压阀；15. 氧化亚氮压缩气筒气体压力表；16. 中心供氧化亚氮压力表；17. 氧化亚氮压缩气筒；18. 中心供氧化亚氮供气接口；19. 中心供氧供气接口；20. 中心供氧压力表；21. 氧气压缩气筒；22. 氧气压缩气筒气体压力表；23. 氧气减压阀；24. 残气排出口；25. 残气排出阀；26. 麻醉呼吸机；27. 机械通气转换开关；28. 麻醉呼吸机气体隔离阀；29. 氧化亚氮–氧气联动装置；30. 氧化亚氮旋钮；31. 氧气旋钮；32. 空气入口

当然，不同的麻醉机，每个部分会有或多或少的差异，在面对一台从未使用过的麻醉机时，一定要深入理解其与你所熟悉的麻醉机之间的差异，这可以避免不必要的操作失误，减少麻醉机相关的并发症。同一台麻醉机，或同一型号的麻醉机，由于使用年限不同，保养状态不同，也可能存在一些细小的差异，如死腔量等的不同，在麻醉实施前也需要全面评估和测试。要牢记："在麻醉期间，麻醉机是你保障患者安全的最大依托。"

第二节　麻醉机的基本组件

假设我们站在一台新的麻醉机面前，看着全新的型号，欣赏全新的设计，比较着和既往用过的麻醉机有什么不同，心中充满了好奇和疑惑，但我们能在麻醉机上发现什么呢？表 3-1 是现代麻醉机的基本组成部件。

表3-1　现代麻醉机的基本组件

气　　路	呼吸回路
气源和减压装置	二氧化碳吸收系统
流量计	麻醉残气清除系统
空气泵和空氧混合器	快速充氧开关
低氧保护装置	辅助供氧
蒸发器	后备电源
储气囊	电子设备
麻醉呼吸机	安全报警装置

表 3-1 显示了现代麻醉机的基本组成部件，但并不是每一台麻醉机都具备了以上列出的每一项。如便携式麻醉机或某些特定条件使用麻醉机可能由于空间限制，只具备了最基础的部件。某些半开放回路设计的麻醉机可能没有二氧化碳吸收罐。所以熟悉所使用的麻醉机至关重要。

一、气路

使用麻醉机最重要的目的是输送气体，麻醉机要有输送氧气、氧化亚氮、空气的气路，当然，也需要具备输送吸入麻醉药的气路。气路不仅可以运输气体，更可以通过相应的部件控制气体的流速和浓度。

二、气源和减压装置

麻醉机供给患者的气体，目前有两种途径：一是高压钢瓶，另一是中心供气系统，通过墙式管道输送气体，现代化手术室多采用后一种方式。但需要注意的是，这两种方式各有优缺点，为了增加患者围术期安全，有些医院以后者为主，但还保留了第一种供气方式。同时，现代麻醉设备安全要求不同气源接口要各不相同，无论是德国标准还是美国标准，不同气体都会有不同形状或不同安全指针的接头，若是无法连接，需要首先考虑接头是否插错，确保正确输送气体。

三、流量计

新近的麻醉机多采用电子流量计替代以往气流式流量计，但无论电子或是气流式的，目前麻醉机的流量计均可满足流量调节的需要，在麻醉实施时，选择合适的流量，将会减少气体消耗，保障患者安全。除了氧气、空气、氧化亚氮这三种多数麻醉机配备的气体流量表外，特殊的麻醉机还有二氧化碳的流量计。

四、空气泵和空氧混合器

除了氧气和氧化亚氮，现代麻醉机还有高压空气接头，或配备空气压缩泵，通过空氧混合器 (blender) 可以将进入的氧气混合为需要比例的气体给予患者。对于麻醉患者使用的氧气浓度，始终没有一个标准，但目前认为对于小儿，特别是新生儿，以及长时间麻醉患者，纯氧有一定的危害性，需要通过空氧混合器调节吸入氧浓度，避免吸入 100% 纯氧。对于气道手术、开放的头面部手术，纯氧可能有引起烧伤或起火的危险。表 3–2 是关于使用不同气体的优缺点。

表3–2　使用不同气体选择

气　体	优　　点	缺　　点
氧气	● 以下情况下减少低氧 ■ 麻醉诱导或紧急状态 ■ 单肺通气 ■ ARDS或肺损伤 ● 减少伤口感染（存在争议）	● 吸收性肺不张 ● 增加烧伤或起火的危险，特别是气道手术 ● 氧毒性，特别是新生儿 ● 减少脉搏血氧计评估肺泡动脉氧梯度的效用
氧化亚氮	● 高浓度增加麻醉药MAC ● 由于第二气体效应提高诱导时麻醉气体摄取	● 增加体内空腔容积 ● 增加术后恶心呕吐风险 ● 增加气道烧伤或着火的危险
空气	● 肺功能正常时，含21%氧的空气可以单独使用 ● 生理性	● 需要高浓度氧气时会降低氧浓度

注：100%氧气有很多缺点，应该避免常规使用

五、低氧保护装置

目前麻醉机多数有低氧保护装置，当氧气比例低于一定数值时，保障最低氧浓度。这点在使用氧化亚氮时尤为重要。关于 O_2–N_2O 联动装置会在相关章节详叙。使用空气氧气混合

气体时，如果没有输出气体氧浓度监测，需要在使用前了解不同空氧混合时气体的输出氧浓度（表 3–3）。

表3–3　空氧混合气体输出氧浓度

空气流量	氧气流量	输出气氧浓度
1	0.5	0.47
1	1	0.605
2	0.5	0.37
2	1	0.676
5	0.5	0.28

注：氧浓度（ % ）=100 × (1.0 × 氧流量L/min)+ (0.21 × 空气流量L/min)/ (氧流量L/min+ 空气流量L/min)

六、蒸发器

提供吸入麻醉药的蒸发器是麻醉机重要的组成部件，需要注意不同麻醉机使用的蒸发器可能不同，不同的吸入麻醉药也不能混淆添加。相对于其他蒸发器，地氟烷的蒸发器比较特殊，由于地氟烷汽化温度（22.8℃）和 MAC 值较高（是其他麻醉气体的 3~6 倍），地氟烷蒸发器需要电加热，对于这些麻醉机需要在使用前检查地氟烷蒸发器电源是否连接。

七、储气囊

所有麻醉机都有储气囊，可以快速提供患者正压气体，在麻醉诱导和复苏拔管前常会用到，在胸部手术结束肺复张时也有帮助，在部分肺顺应性差的患者，在机械通气故障时，也可以辅助进行手控通气。

八、麻醉呼吸机

可以自动提供给患者正压通气。上一节中，麻醉机的分类也主要是以呼吸机驱动模式而分为两大类，即电动和气动呼吸机。随着现代麻醉机的发展，很多 ICU 中使用的呼吸模式也越来越多地出现在麻醉呼吸机中。这给长时间、老年人和心肺功能异常患者的手术，也带来更多更适合选择。下表（表 3–4）是一些麻醉机常用的呼吸模式。

表3-4 呼吸模式选择指南

通气模式	定 义	指 征	安全使用
容量控制模式（VCV）	每次呼吸给予恒定的潮气量，压力随肺顺应性或阻力的变化而变化	● 需要恒定潮气量 ● 压力不是主要考量指标 ● 没有系统漏气	● 评估预设潮气量的平台压 ● 随肺顺应性或阻力变化调整压力限制
压力控制模式（PCV）	每次呼吸压力恒定，潮气量随肺顺应性或阻力的变化而变化	● 系统有少量漏气（如气管导管套囊漏气） ● 老式的麻醉机无法提供准确的通气量 ● 有呼吸系统疾病需要较高吸气压力	● 呼出气潮气量监测非常重要 ● 设置潮气量或分钟通气量报警，防止通气不足
压力支持模式（PSV）	监测吸气压力，通过增加预设的吸气压力增强自主呼吸，也可以预设呼气末正压（PEEP）	● 麻醉期间存在自主呼吸	● 需要监测呼出气潮气量（≥5 ml/kg），调整吸入气压力已达到需要的潮气量 ● 根据压力和容量监测设置触发阈值 ● 有呼吸暂停时考虑控制呼吸模式或混合通气模式
VCV+PSV或PCV+PSV	提供预设次数的VCV或PCV通气，自主呼吸会触发通气	● 达到最小量控制呼吸 ● 有窒息或通气不足风险的自主呼吸患者	● 根据选择模式注意相关事宜

九、呼吸回路

呼吸回路指将呼吸机的供气连接到患者的部分。在考虑呼吸生理时，要注意回路大小对于死腔量的影响。对于极低体重成人和小儿患者要选用合适的呼吸回路。

十、二氧化碳吸收器

麻醉机中的气体处于一个半开放或紧闭的回路中，即部分气体可能会再吸入。所以在回路中有一个吸收二氧化碳的装置，使用前要注意使用的有效时间，及时更换，以防止发生二氧化碳蓄积。

十一、麻醉残气清除系统

目前麻醉残气清除有两种方式，一种是吸附罐，使用物理原理吸附，需要注意使用时间，及时更换；另一种是中心负压过滤吸引，可以将残气排出手术室。虽然没有明确的研究结果显示麻醉药对人体存在危害，但麻醉医师需要避免在长时间高浓度麻醉药的环境中工作。

十二、快速充氧开关

该开关可以让麻醉医师快速给患者充氧，或快速升高管道内压力。

十三、辅助供氧

可以提供患者恒定流量的氧气，在MAC或神经阻滞等情况下，给予患者吸氧。

十四、后备电源

多数麻醉机有后备电源或电池，可以在断电后继续工作30~120min。但需要注意的是，不同麻醉机备用电源工作时间各不相同，使用前要明确了解。同时，电池多数是可充电式，需要在关闭麻醉机后，继续充电，所以多数麻醉机关机后插头不应拔出。

十五、电子设备

随着麻醉机的发展，其中的电子设备越来越复杂。但在麻醉机中，电子设备的主要功用是提供动力（电动）、数据显示（电子仪表）、数据记录（电子储存或转存）等。所以在进行麻醉机维护与检修时，不应遗漏电子设备部分的检查。

十六、安全报警装置

麻醉医师往往会习惯听着患者心跳的声音，不时会有这样或那样的原因引起监护仪的报警声，同样，现代麻醉机也具备对于很多错误操作或异常信息的报警功能。所以在麻醉机使用前要了解该麻醉机报警项目、报警范围，以便能及时处理相关报警情况。

十七、麻醉机的自检功能

很多先进的麻醉机开机时均有自检的功能，虽然能跳过自检，但建议除紧急情况外均应进行开机自检。根据研究，最好的麻醉住院医师也最多只能完成81%的校验项目。同时，不论有无自检功能，麻醉机使用前应再次检查相关报警设置，根据不同个体进行调节，有波形显示的麻醉机则不应只关注各参数的值，还应注意压力和流量波形及其变化趋势。

熟悉各种麻醉机的不同性能也是减少差错的关键，如Fabius GS能发现并显示的呼气阀问题，因为呼气端的流量传感器能检测出在吸气相，此处不应有的气流，但Julian和

ADU 则不能够发现这种情况。有些麻醉机在自检中，要求挥发器是开放的，而另一些则要求是关闭的。ADU 系统会给 Aladin 挥发器加压，因此需检测其是否漏气；Vapor 2000 蒸发器处于“0”位可锁住阀门，故不需检测蒸发器是否有漏气。

第三节 麻醉机的屏幕显示项目

麻醉机的屏幕显示通常分为 3 部分：控制部分，麻醉机工作状态，患者信息。

一、控制部分

设定给氧流速浓度、呼吸模式、呼吸参数、麻醉剂浓度、报警范围。设置麻醉机前，首先要了解手术类型、方式、体位是否会影响到心肺功能；其次要全面了解患者的状态，心肺功能有无受损，体重、体型等情况。全面考察后制定合理的麻醉方案。设定参数后勿忘按压确认键，最好能再次核实相关参数。在手术过程，根据手术需要（如单肺通气）、患者心肺功能（如发生气道痉挛、急性心衰、通气过度等）的改变，及时调整最初的设置。除了麻醉机上的患者信息外，监护仪上的信息、动脉血气监测的数据，都可以指导进行参数的修改。

二、麻醉机工作状态

显示目前麻醉通气模式、给氧流速浓度、气流波形。当麻醉机发生故障或患者病情变化，可立即发出声光报警,提醒麻醉医师及时处理。麻醉机工作数据的准确性,有赖于定期的维护、校准。对于使用时间较长的麻醉机，更要注意判别设定值和实际值可能的差异。

三、患者信息

患者呼吸力学指标如潮气量、分钟通气量、呼吸频率、气道压力、呼气末正压、吸气流速、呼末 CO_2 浓度、吸入气氧浓度等。呼吸功能正常值及临床意义可参考表 3-5。

表3-5 呼吸功能正常值及临床意义

呼吸参数	正 常 值	临 床 意 义
潮气量（V_T）	男7.8 ml/kg，女6.6 ml/kg	反映实际V_T，不受管道顺应性及机器漏气的影响。吸气与呼气的潮气量相差达25%以上，说明有漏气、气道梗阻或气滞。呼吸抑制和呼吸衰竭时V_T减少。手术刺激与$PaCO_2$升高时V_T增加。
分钟通气量（V_E）	5~7 L/min	反映实际V_E，不受管道顺应性及机器漏气的影响。

（续表）

呼吸参数	正 常 值	临 床 意 义
呼吸频率（RR）	12~20次/ min	大于25 次/ min反映呼吸机械运动不能满足机体需要，易引起呼吸肌疲劳。
气道压力（Paw）	12~20 cmH_2O	呼吸道阻塞，分泌物增加，导管扭曲等会引起气道压力升高；导管脱落，回路漏气可致压力下降。
气道阻力（Raw）	吸气（1~3 cmH_2O/L），呼气（2~5 cmH_2O/L）	气管内径缩小，如呼吸道黏膜水肿、充血、支气管痉挛、分泌物阻塞、单肺通气、接头过细过长等可引起气道压力升高。
呼末CO_2分压（$P_{ET}CO_2$）	30~40 mmHg	判断通气功能，发现机械故障，诊断肺栓塞，反映循环功能，证实导管位置及通畅程度，代谢监测及早期发现恶性高热。
血氧饱和度（SpO_2）	吸空气>95%~97% 吸氧气>97%~100%	术前呼吸功能的评价，监测机体氧合水平，发现麻醉失误，可作为气管导管拔管指征，反映外周组织灌注。

四、麻醉机与信息系统连接

提供麻醉和手术过程全部信息并可储存各时刻患者资料与数据，以供研究或备案（详见第十八章）。

（周仁龙　闻大翔）

参考文献：

[1] 庄心良，曾因明，陈伯銮．现代麻醉学[M]．第 3 版．北京：人民卫生出版社，2003：843-871.

[2] Morgan GE, Mikhail MS, Murray MJ. 岳云，吴新民，罗爱伦，译．摩根临床麻醉学[M]. 第4版．北京：人民卫生出版社，2007：39-78.

[3] 戴体俊，刘功俭，姜虹．麻醉学基础[M]．上海：第二军医大学出版社，2013：5-24.

[4] 范从源，郑方．麻醉物理学[M]．上海：上海科学技术文献出版社，1996：87-129.

[5] 杭燕南，王祥瑞，薛张纲等．当代麻醉学[M]．第 2 版．上海：上海科学技术出版社，2013：26-31.

[6] Miller RD. Miller's Anesthesia [M]. 7th ed. Philadelphia: Churchill Livingstone，2010：667-718.

[7] Barash PG, Cullen BF, Stoelting RK. Clinical Anesthesia [M]. 6th ed Philadelphia: Lippincott Williams Wilkins. 2009: 646-694.

[8] Sandberg WS, Urman RD, Ehrenfeld JM. The MGH textbook of anesthetic equipment [M]. Elsevier. 2011: 23-40.

[9] 孙大金，廖美琳．呼吸器与麻醉机[M]．中华医学会上海分会，1987：212-235.

第四章 小儿麻醉机的要求和特点

儿科患者年龄跨度很大，小儿麻醉医生面对的可能是体重只有几百克的刚出生的早产儿，也可能是一百多千克的18岁青年，而他们在手术中使用的可能是同一台麻醉机。现代麻醉机已经能够满足小儿、甚至新生儿的要求（死腔量小，流量传感器灵敏，吸入气体加温加湿等），并且提供了可供选择的多种通气模式，以保障术中通气的安全性。以下将介绍与小儿生理有关的小儿麻醉机回路、气体输送以及通气模式。

第一节 回路与设备

一、T型管

确切地说，Philip Ayre开启了小儿麻醉通气系统的新时代。1937年，他发明了一件小玩意——开放的T型管用于小儿术中通气（图4-1）。这个极其简单的装置包括横管和竖管，横管一端连接患者的气管内导管，另一端为呼气端，开放于大气；竖管接气源。只要间歇性封堵呼气端就可提供正压通气。T型管没有单向或者溢气活瓣，也没有呼吸囊，气道阻力低，死腔小。尽管T型管优点明显，但与理想的呼吸回路相距甚远。主要的缺陷是将麻醉气体直接排入手术室，且无法提供辅助或控制通气。因此，在T型管的基础上又进行了一系列改良：1950年Rees首次提出在呼气端增加呼吸囊。Magill提出在新鲜气流（fresh gas flow，FGF）远端连接储气囊，患儿端安装溢气阀。1954年Mapleson归纳整理进行各种改良，纳入Mapleson系统，A-F型Mapleson系统的分型基于新鲜气流的流

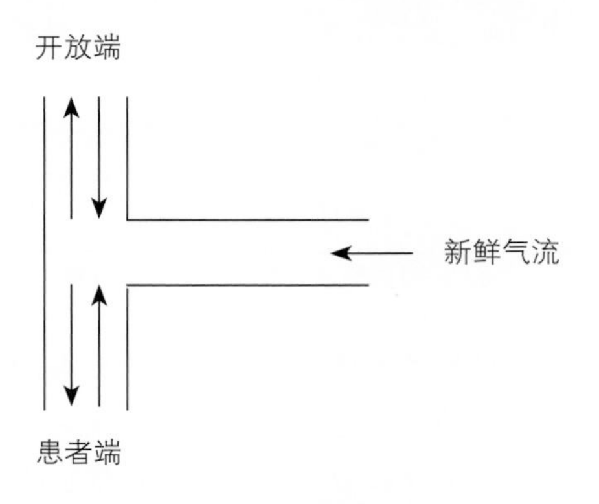

图4-1 T型管

入口位置，溢气活瓣与患者的相对位置。

二、Mapleson 系统

该系统没有单向活瓣和二氧化碳吸收罐，所以通气阻力低，但也因此需要新鲜气流，以防止重复吸入呼出气体。新鲜气流的流入口位置、溢气活瓣、新鲜气流量决定了各种回路不同的重复吸入特点。呼吸频率（呼气时间）和潮气量，二氧化碳产生和通气模式（自主或控制）则与重复吸入程度有关。以下将要描述的是至今仍常用于小儿的 Mapleson A、D，Bain 回路以及 Jeckson-Ree 系统（详见第二节）。

三、紧闭与半紧闭回路

半开放、半紧闭和紧闭回路（表 4-1）在实际应用中并非单指一种麻醉回路系统。循环回路中的气流经过 CO_2 吸收装置，可防止 CO_2 重复吸入，但其他气体可被部分或全部重复吸入，重复吸入的程度取决于回路的布局和新鲜气流。循环回路系统根据 FGF/ 分钟通气量（minute ventilation，MV）的不同，可分半开放型、半紧闭型和紧闭型。这三种技术常规应用于临床麻醉中。

大多数医生麻醉诱导时使用高流量 FGF，此时循环回路为半开放型；若 FGF 超过 MV，则无气流被重复利用。麻醉维持时，一般会降低 FGF，若 FGF 低于 MV，则部分气流重复吸入，此时称之为“半紧闭麻醉”。重复利用的气流量与 FGF 量有关，仍有部分气流进入废气回收系统。

继续降低 FGF，直至 FGF 提供的氧等于代谢需氧量水平（即患者摄氧量水平），此时的循环麻醉回路系统称为“循环紧闭麻醉”。这种情况下，回路内气流重复呼吸，无或几无多余气流进入废气回收系统。

表4-1　半开放、半紧闭和紧闭回路的比较

类　型	特　点
半开放	无重复呼吸，FGF>MV
半紧闭	部分重复呼吸，MV>FGF>代谢需氧量
紧闭	FGF=代谢需氧量

注：FGF：新鲜气流；MV：分钟通气量

循环紧闭回路是麻醉机的标准配置。正常工作时，能使用比 Mapleson D 回路更低的新鲜气体流量，还能保温保湿，减少麻醉气体的浪费，降低手术室环境污染。气管内导管，活瓣和二氧化碳吸收罐是整个回路通气阻力的主要来源，管道和呼吸器产生的阻力约为回路总阻力 1/3，活瓣占 2/3，而婴幼儿气管内导管所产生的阻力至少是回路的 10 倍。因此，与气

管内导管阻力相比，一个单向阀门和一个二氧化碳吸收罐所附加的阻力是微不足道的。现代麻醉机活瓣阻力小，但仍需警惕单向活瓣卡住或悬空而造成患儿通气阻力增加或呼出气体重复吸入。由于小儿潮气量与吸气端气体容量之比小，吸入麻醉药浓度变化需要一定的时间来达到平衡，除非升高新鲜气体流量。为婴幼儿设计的特殊的循环呼吸回路系统，其部件连接与标准成人回路相同，但作改良以减少死腔容积和降低通气阻力。此外，采用短接头，小口径螺纹管和 Y 形接头以减轻重量和降低回路顺应性。这种小口径螺纹管和小的二氧化碳吸收罐还能缩短回路内气体和挥发性麻醉药浓度变化所需的时间。

四、死腔

死腔可以理解为呼吸回路和肺内任何有双向气流而无气体交换的部分。肺内有固定的解剖死腔以及随灌注和通气而改变的肺泡死腔。使用循环麻醉呼吸回路时，连接在 Y 形接头患者侧的任何装置都会增加总的死腔。通气设备死腔容积在成人可能微不足道，但在儿科机械通气中却不容忽视，尤其是新生儿和婴儿，死腔容量甚至可能大于其潮气量。

数学模型预测，随着死腔量和潮气量比率（V_D/V_T）的增加，$PaCO_2$ 呈指数级增加。此外，当 V_D/V_T 增加，呼气末二氧化碳分压（$P_{ET}CO_2$）与动脉二氧化碳分压（$PaCO_2$）间的梯度也将增加，可能使患者的高碳酸血症难以发现。有关新生儿的研究证实，在气管内导管远端进行 CO_2 采样，$P_{ET}CO_2$ 升高，强调了死腔对幼儿 $P_{ET}CO_2$ 和 $PaCO_2$ 间梯度的影响。对于儿科患者，稍稍增加死腔就能使 V_D/V_t 大大升高。所以应当重视回路内增加的体积，尽量减少设备器械死腔。回路常见的附件包括弯形接头，热湿交换器（heat and moisture exchanger，HME）和扩展软管。这些设备内部容积不同，连接在一起总的死腔容积巨大。目前已证实 2 岁以下患儿回路中增加 HME，需要增加分钟通气量以维持正常 $PaCO_2$。患者麻醉状态下，为了安全，在呼吸回路中采集吸入和呼出气体作气体监测（O_2 和 CO_2）麻醉气体浓度。因此需要一种装置连接气体采样，但会增加死腔。小婴儿需要 HME 用于气体分析，建议使用最紧凑的 HME。加温加湿器通常置于吸气端而不增加死腔。然而，加湿器会增加呼吸回路顺应性，使用前必须测试顺应性以保证潮气量精确。

第二节　Mapleson回路系统

20 世纪 50 年代，Mapleson 等首先描述和分析半紧闭麻醉回路系统，即经典 Mapleson 回路系统，分为 A ～ F 6 个类型（图 4-2）。Mapleson 回路系统也曾称为气流冲洗回路，顾名思义，即利用新鲜气流将呼出气体冲洗出麻醉回路；Mapleson 回路系统由 FGF 入口、螺纹管、储气囊、呼气单向活瓣和面罩等构件组成。Mapleson 回路系统从功能上可以将其分为 3 个组：A 组、BC 组和 DEF 组（图 4-2）。

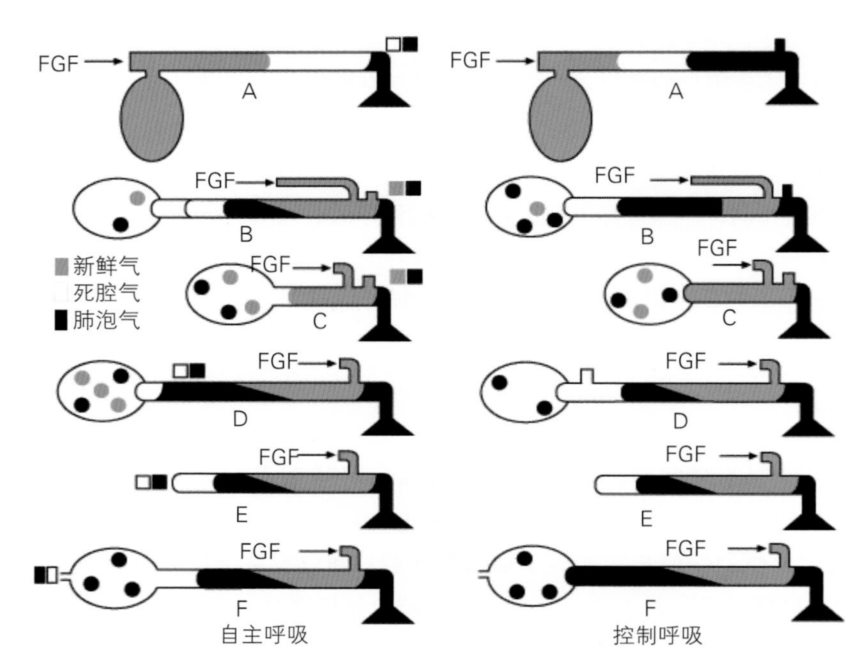

图4-2　Mapleson A ~ F系统

一、Mapleson A 回路

Mapleson A 回路又称 Magill 回路。自主呼吸时，系统效率高，CO_2 排出最优，重复吸收少。螺纹管的长度必须足够长（通常为 110 cm）。呼气单向阀位于螺纹管的患者端，新鲜气流入口和储气囊位于螺纹管远端。管理自主呼吸时，仅需 70 ~ 85 ml/（kg · min）FGF 即可达无重复吸入的水平，缺点是无法实施控制呼吸。新鲜气体流量足够大（大于 75% 的分钟通气量），就可以清除呼出气体而不会发生重复吸入。但是使用Mapleson A 回路控制通气效率低，新鲜气体流量必须大于 3 倍的分钟通气量才能防止呼出气体重复吸收。而且这种装置也并不适合手术室内使用，因为在头面部手术中，位于患者端的溢气阀难以调节，自溢气阀排出的废气亦难以清除，粗重的阀门还可能使气管内导管从气道滑脱，有潜在的危险。

二、Mapleson B 和 C

Mapleson B 和 C 系统的溢气阀也位于面罩处，新鲜气流流入管接近患者，螺纹管和储气囊为盲端，起收集新鲜气体、无效腔气体和肺泡排出气体的作用。

三、Mapleson D 回路

Mapleson D 回路在儿科麻醉中应用最为广泛，其主要特征是新鲜气流从靠近患者端流入，而溢气伐则位于呼气管远端。这是一种改良的 T 管结构，呼气管远端加了呼吸囊和溢气阀。虽然自主通气时消除呼出气体所需的新鲜气体流量要略高于 Mapleson A 回路以保证无重复吸入，但是总体来说，兼顾自主和控制通气，Mapleson D 回路所需的新鲜气体流量在所有 Mapleson 回路中是最低的。

Mapleson D 回路中，FGF 入口位于螺纹管患者端，呼气单向阀和储气囊位于螺纹管远端。因为 FGF 接近患者，理论上可将废气吹向呼气单向阀，有助于废气排出，减少重复吸入的量。控制通气时可通过加大通气量，减少重复吸入。70 ~ 100 ml/kg 的 FGF 即可维持动脉血二氧化碳分压正常。但在自主呼吸时，如患者无法过度通气，Mapleson D 系统存在造成高碳酸血症的弊病。

Mapleson D 回路中精确的流体力学是争论的主题，各家在气体流量和通气控制方面意见不一。为了消除重复吸入，自主呼吸时所需的新鲜气体流量要比控制通气时大。自主呼吸时，新鲜气流消除的重复吸入量相当于平均吸气流量。如果吸呼比为 1:1 或 1:2，则吸入的新鲜气体流量是分钟通气量的 2 ~ 3 倍。尽管 Spoerel 等已经证实自主呼吸时，新鲜气流低至每分钟 100 ml/kg 亦能维持正常的动脉血二氧化碳分压，但必须增加分钟通气量（呼吸做功因此增加）以弥补二氧化碳的重复吸入。Mapleson D 进行控制通气时，对于新鲜气流量设定的方案较多，Rose 和 Froese 总结了其中几种重要因素。当采用高流量新鲜气体（大于每分钟 100 ml/kg），$PaCO_2$ 取决于分钟通气量（通气限制），分钟通气量大，则 $PaCO_2$ 低。新鲜气体流量低（小于每分钟 90 ml/kg）时，$PaCO_2$ 与分钟通气量无关，而是受到重复吸入量的影响，这取决于新鲜气体流量（流量限制），新鲜气体流量越大，则 $PaCO_2$ 越低。

影响重复吸入的其它重要因素还包括二氧化碳产生、呼吸频率和呼吸波形特点（例如吸气流量，吸气和呼气时间，以及呼气停顿时间）。调节通气，大大增加吸入气体中新鲜气流的比例（例如延长吸气时间或降低吸气流量）或者更彻底地排除呼出气体（例如延长呼气停顿时间或减慢呼吸频率）可以减少重复吸入。低新鲜气体流量（流量限制）下使用 Mapleson D 回路控制通气，试图增加呼吸频率以降低 $PaCO_2$，所致的呼气停顿缩短将增加重复吸入。这种情况下，加强通气会被重复吸入的二氧化碳所抵消，致使 $PaCO_2$ 不发生变化。加快通气频率以增加分钟通气量来排除呼出气体，必须加大新鲜气体流量。前提是代谢率正常，因此二氧化碳产生正常。二氧化碳产生增加（例如发热、分解代谢状态或者恶性高热）的情况下，新鲜气流和通气量都必须按比例增加。

四、Mapleson E

Mapleson E 又称 Ayre T 型管装置，不仅形似 T 型管，且其功能也类似。Mapleson E 没有储气囊用于控制通气，仅仅是一个输送氧气的装置。Ayre T 型管装置的螺纹管功能等同于储气囊。

若不安装 Ayre T 型管装置的储气螺纹管，当患者吸气时，吸入来自 T 管末端即输氧管的氧气的同时吸入大量外界的空气；在呼气时，管道中充满二氧化碳。若 FGF 流量充足，Ayre

T 型管装置加长的储气螺纹管很快为新鲜气流充满，吸入氧浓度升高。管道越长，吸入氧浓度越高。当然必须保证新鲜气流量充足，否则难以排清储气螺纹管内的二氧化碳，通常 FGF 为 MV 的 3 倍。

五、Mapleson F 回路

Jackson Rees 对 Mapleson E 回路进行了改良，故又称 Jackson Rees 回路，气管连接的呼吸囊末端开口，无活瓣，因此通气阻力低。为防止重复吸入，自主呼吸时新鲜气流量应 2.5~3 倍于分钟通气量；控制通气时，新鲜气流量应为分钟通气量的 1.5~2 倍。自主呼吸时，呼吸囊完全放松，有助于评估通气情况。在吸气相捏闭呼吸囊末端开口并挤压呼吸囊可实现控制通气。在高精密度麻醉机出现前常用于小儿麻醉，也用于气管插管患者转运途中的控制通气。

六、Bain 回路

Bain 回路是采用同轴管道技术的改良 Mapleson D 回路（图 4-3）。外管为透明螺纹管，内管为有色细管；外管径 22 mm，内管径 7 mm。新鲜气流由细的内管流入，外接气源入口靠近储气囊，供气端接近患者面罩，呼出气通过螺纹外管于储气囊的呼气阀排出。Bain 回路可用于自主呼吸和控制呼吸，推荐 FGF 为设定呼吸机潮气量，新鲜气体流量应保持分钟通气量的 1.5~2 倍；当控制呼吸时，成人（CO_2 生成正常）V_T 为 10 ml/kg，呼吸频率 12 ~ 14 次 / min 的情况下，FGF 给予 70 ml/（kg · min），即可避免 CO_2 重复吸入。

Bain 回路轻巧方便，可消毒，可重复使用。理论上外部螺纹管呼出气可加温 FGF，但由于 FGF 量大，因此事实上加热作用几乎不存在。Bain 回路仍然存在同轴回路的常见缺点，如内部细管折叠和断裂等未及时发现均会造成相应后果。因此，使用 Bain 回路前应常规检查。

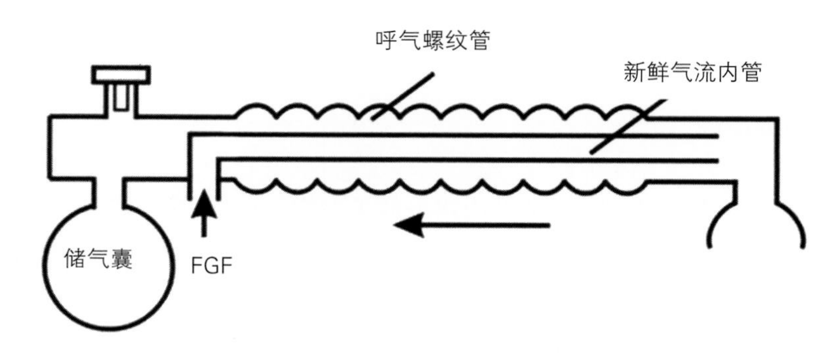

图4-3　Bain回路

自主呼吸时，APL 阀完全打开，患者从回路吸入新鲜气体，呼气相，多余的气体从 APL 阀排出。控制通气时，APL 阀部分关闭，通过挤压储气囊对患者实施控制通气。这时多余的气体在吸气相排出。还可以通过连接呼吸机以取代储气囊和活瓣实现通气。呼吸机和 Bain 回路之间的螺纹管长度应为 1m 以防止吸入气体稀释。Bain 回路重复吸入的特点与任何其他 Mapleson D 回路相同。支持 Bain 回路用于小儿麻醉主要原因在于其系开放系统，通气阻力相对较低，逆流气体（呼出气）的加温作用，以及单一管道的精简结构。

Bain 回路或同轴循环回路的优点是：①有人认为外管道的呼出气体可加热内管道的新鲜气流，减少热量丢失；②同轴管道重量较普通管道轻，因此不致由于重力作用将气管导管、喉罩拉出或移位，固定面罩也更容易。但也有缺点：①不易发现内管道折叠、断裂，这是使用同轴循环回路的最大危险；②内管道折叠会造成 FGF 供应不足；③内管道断裂而回路仍处于工作状态，从功能上来说，断裂处至管道末端的容量成为 Y 型接头的一部分，因此死腔量大大增加。

第三节　气体和挥发性麻醉药输送

除了支持自主呼吸和机械通气，对患者吸入的气体和挥发性麻醉药的浓度进行控制也是麻醉机的基本功能。

一、供氧

所有现代麻醉机在设计中都必须能确保氧气持续输送，一旦供氧压力不足会及时报警。由于供氧的压力并不能保证管道中一定有氧气输送，因此在麻醉机吸气端安装氧浓度监测仪是实施每一例麻醉的安全保障。事实上，美国麻醉医师学会（American Society of Anesthesiologists，ASA）早在 2005 年就将吸入氧浓度（FiO_2）列入标准监测项目。氧监测对于儿科患者相当重要，因为某些临床疾病需要对吸入氧浓度进行精确调控，氧监测可以对吸入氧浓度进行确认。

术中，一般通过氧气与空气或者氧化亚氮混合以达到预期的吸入氧浓度。氧气与氧化亚氮混合相对比较容易预测混合后的氧浓度，这是因为气流的比率决定了吸入氧的百分比（1∶1 氧气 / 氧化亚氮即 50% 氧气；1∶3 的比率即 25% 氧气）。由于空气中含 21% 的氧，因此空氧混合时不能直观地预测出混合后的氧浓度。此外，空氧混合也很难降低吸入氧浓度和使用低流量技术。如果氧流量为 200 ml/min（一些麻醉机限定的最低氧流量），空气流量 4 L/min，则吸入氧浓度为 25%。能单独提供空气吸入的麻醉机（无最低氧流量限定）对于儿科患者是有用的，这样就不必为了降低吸入氧浓度而大大提升吸入空气的流量。氧化亚氮和空气最常与氧气混合吸入来控制 FiO_2，某些情况下还可能采用氦气和二氧化碳混合氧气吸入。

二、FiO_2 的调控

新生儿几乎没有必要暴露于100%的纯氧中。给不需要供氧的新生儿吸入哪怕是低浓度的氧，也会造成氧中毒，导致严重的并发症，例如，早产儿视网膜病变，支气管肺发育不良，脑发育受损以及儿童期癌症。研究显示由于早产儿视网膜发育不成熟，动脉血氧分压高成为造成早产儿（出生体重 <1300 g）视网膜病变（ROP）的相关因素之一。虽然术中短暂吸入高浓度氧是否会引起 ROP 尚不可知，但是新生儿仍应避免吸入超过生理所需的高浓度氧。

除了空气，氧化亚氮也可以作为平衡气体与氧气混合吸入。但它对机体会产生哪些实质性影响仍不十分明了。鉴于氧化亚氮可能潜在地干扰脱氧核糖核酸（DNA）的合成，尽管没有明确的数据显示吸入氧化亚氮对小儿有害，但还是应该谨慎，至少避免用于生长发育中的新生儿。

气道激光手术中，吸入氧浓度应低于 30% 以降低引燃气管导管或其他易燃材料的风险。由于氧化亚氮助燃，应避免用于此类手术。可以单独使用空气或者混以少量氧气吸入。惰性气体氦不易燃烧，与氧气混合后降低吸入气体密度，吸入时可增加气体流速，降低气道阻力，减轻呼吸肌疲劳，促进氧合，可作为平衡气体与氧气混合吸入。经过特殊改装的麻醉机还能提供二氧化碳混合氧气吸入以实现高碳酸血症，或者增加氮气吸入造成低氧以满足那些罹患特殊类型先心病的新生儿。这类患儿往往需要通过控制肺血管阻力来平衡体循环和肺循环血流。吸入低浓度氧或吸入二氧化碳都是为了能达到这个目的。

除了吸入氧浓度，还必须监测脉搏氧饱和度以便于指导 FiO_2 降至适当的程度。FiO_2 降低时，脉搏氧饱和度成为氧合监测更好的指标。因为当吸入高浓度的氧，脉搏氧饱和度仪只测定血红蛋白饱和度，对评估肺泡－动脉氧梯度没有帮助。如果吸入氧浓度等于或者低于25%，脉搏氧饱和度仪通过测得氧饱和度下降能够迅速反映氧气弥散入血的问题。FiO_2 升高，脉搏氧饱和度仪会延迟指示氧合问题。

三、挥发性麻醉药

几乎所有的现代麻醉机提供的麻醉气体都是通过汽化一定量的液态挥发性麻醉剂得到，并与新鲜气流混合后进入麻醉回路。新鲜气流汽化液体麻醉剂的局限在于患者吸入的挥发性麻醉气体浓度的变化速率主要取决于总的新鲜气体流量。小儿经常采用吸入诱导，希望挥发性麻醉气体浓度迅速、持续升高，因此必须采用较高的新鲜气体流量。一般设定氧流量 3 L/min，氧化亚氮 7 L/min，这些气流绝大部分是浪费的，最终被排污系统清除，但诱导过程中却需要气体高流量来保持吸入麻醉药高浓度。一旦呼吸回路内麻醉气体达到所需要的浓度，新鲜气体流量可减小到必需的最小值，一种“低流量”麻醉技术。试图降低新鲜气体流量时，应当启用吸入氧监测和吸入麻醉药浓度监测。氧监测确认提供足够的氧流量，呼出麻醉药浓度测定有助于保证适当的麻醉深度。如果诱导过程中回路内的新鲜气体流量过早降低，使吸入气内麻醉气体供应减少，肺部摄取麻醉药不足而使肺泡药物浓度降低。

四、热湿交换器

吸入气体湿化是患者麻醉状态下保暖的一项重要技术。由于 12%~14% 的身体热量通过呼吸道丢失，而吸入温暖、湿润的气体不仅减少潜在的热量损失，预防术中低温，还能防止干燥气体对气管支气管树纤毛细胞的损害，改善纤毛清除，减少肺不张。热湿交换器可提供 80% 的吸入湿度，使用 80 分钟后吸湿膜饱和。但是，加湿过度也会造成与黏液黏度降低有关的纤毛清除受损、肺不张、气道分泌物积聚、感染、热损伤以及表面活性物质失活。因此加湿器应注意控制，当预设温度等于患者气道温度，加热器将自动切断以降低呼吸道灼伤的风险。许多热湿交换器已被纳入呼吸过滤系统，除了提供温暖湿润的吸入气体，还能防止感染物进入呼吸回路。用于小儿时应当考虑到 HME 过滤器可能使呼吸做功和死腔容积增加。

第四节　麻醉呼吸机

儿科患者术中机械通气颇具挑战，气体输送的微小变化都可以明显影响潮气量的值。虽然，临床上将成人使用的传统麻醉呼吸机用于小儿麻醉，但即便经过改良（减小螺纹管内径，使用小呼吸气囊）也并不适合精确的小潮气量通气。因此，现代麻醉机最重要的革新是改进了与小儿密切相关的麻醉呼吸机部分。一般可用于小儿麻醉的麻醉机，最小潮气量为 20 ml，安装特殊配件 neoflow 后，潮气量可低至 5 ml。

小儿因其特殊的呼吸生理（主要是顺应性和功能残气量低，氧需增加和二氧化碳产生多），术中要求在通气频率较高的情况下气体输送量小而无压缩容积损失。最先进的麻醉机所包含的机械通气功能已经接近 ICU 用于治疗的呼吸机所包含的功能了，通过补偿回路压缩造成的气体容量损失以使潮气量达到预设值，不仅能在较高呼吸频率时精确提供小潮气量，而且还有各种通气模式和设定可供选择。此外，现代麻醉机还配置的流量传感器，能精确监测气体流量，甚至是小婴儿。电子流量计的精度增加和更好的回路气密性可将新鲜气体流量精准地降低到接近小儿氧耗和氧化亚氮弥散的值。过去，小儿机械通气时必须通过观察胸廓起伏设定通气参数的。尽管电子或机械手段并不能替代对患儿的观察，但无论如何现代麻醉呼吸机已经能够很好地用于最小患者的术中通气。

压力控制通气模式出现在麻醉机上已经有一段时间了，也因此使麻醉机可以更方便和广泛地用于小儿。PCV 模式通过增加和保持平均气道压改善肺内气体分布，并可补偿无囊气管导管的气体泄漏。总顺应性改变导致潮气量不稳定是压力控制通气的主要缺点，但可以通过使用“自动流量”模式（可以更好地描述为保证潮气量的压力控制模式）弥补。“压力辅助”模式的准确性和安全性增加可能增加小儿麻醉中自主通气的应用，甚至可用于低体重儿。然而，潮气量仍随顺应性和麻醉深度变化，这还需要对呼吸机设置作一些调整。

一、控制通气

控制通气常用于小儿，甚至很小的婴儿，因为克服呼吸回路的呼吸做功和细小的气管内导管使患儿难以自主通气。术中最常用的控制通气模式包括压力控制模式（Pressure Controlled Ventilation，PCV）和容量控制通模式（Volume Controlled Ventilation，VCV）。两种通气模式的目标都是通过呼吸机为术中没有自主呼吸的患儿提供通气。

PCV 模式常用于小儿，并且已经成为许多医疗中心小儿机械通气的常规标准。PCV 模式通气、吸气压力、吸气时间和呼吸率（RR）一旦被设定，在整个吸气相呼吸机将提供恒定的压力，并按照设定的呼吸频率重复该波形。PCV 模式用于儿科患者，部分是因为提供的吸气容量与回路顺应性和新鲜气体流量无关。与 VCV 相比，PCV 具有以下优点：①整个吸气相产生的方波压力波形提供的最大吸气压力有利于肺复张。换句话说，与 VCV 相比，较大吸入气流可以迅速产生克服阻力所需要的压力。②呼吸机最大通气容积（通常 1.5 L）可用来制定预设压力，以致于即便出现少许气体泄漏（无囊气管内插管或支气管瘘），也能提供预期的潮气量。③由于限定了最大吸气压力，从而防止气压伤的发生。

缺乏容量保证是 PCV 模式的主要缺点。肺—胸廓顺应性的任何变化将改变潮气量。缺乏容量保证是推行肺保护性通气策略时 PCV 模式的致命弱点，尤其对于低龄患儿。

PCV 之所以普遍应用，还因为在小儿机械通气时可以弥补麻醉回路系统的某些局限。传统上，使用循环回路系统难以提供稳定的小潮气量。VCV 模式，由于通气系统（呼吸机组件，内部管路和回路本身）顺应性能使潮气量明显衰减，因此呼吸机预设的潮气量很可能导致通气不足。PCV 模式下，呼吸机输送气体容量直至达到设定吸气压力，此时潮气量与患者的肺顺应性有关，与呼吸回路无关。PCV 模式时，回路顺应性对潮气量输送的影响尚不完全清楚，这是因为流量传感器通常安装在呼气阀，同时监测呼出气体以及吸气过程中回路内被压缩的气体。稍早一些的麻醉机采用 VCV 模式时，吸入潮气量还受到新鲜气流调节的影响。由于呼吸机的工作目标在于提供预设吸气压力，因此 PCV 模式不必考虑新鲜气流的变化。较高的新鲜气流下，呼吸机能提供较少量的气体达到预期压力，反之亦然。采用 PCV 模式，只要设定吸气压力，就能达到预期的潮气量，从而实现患者的有效通气。PCV 模式的主要缺点在于输送的潮气量无法保证。肺顺应性的任何变化都会影响到潮气量的变化，并且若要保持一定的潮气量，就需要调整吸气压力。

现代麻醉机迄今最重要的变化在于能够通过补偿呼吸回路顺应性和改变新鲜气流精确地提供小潮气量。较新型的麻醉机具有能够以高速率准确提供小潮气量的呼吸能力。提供小潮气量不仅需要准确的通气装置，还要补偿回路系统顺应性以及新鲜气流和吸入潮气量之间相互作用的装置。系统顺应性存在于任何呼吸机—回路组合，由呼吸回路内压力压缩气体以及回路管道的弹性扩张所致。呼吸系统顺应性表示为每厘米水柱扩张的毫升数，取决于呼吸系统和回路内容积，以及回路的弹性形变特征。长的呼吸回路顺应性增大主要是回路内容积增加。为了更好地理解回路顺应性对提供潮气量的影响，思考一下，如果顺应性值是 1 ml/cm

H_2O，吸气压力 20 cm H_2O，那么呼吸机提供的 20 ml 潮气量将无法送达患者。如果所需的潮气量较小（≤ 100 ml），回路顺应性成为影响预期潮气量的重要因素而使吸入气体无法送达患者。

为了补偿回路系统的顺应性，使用前必须进行校正，使呼吸机测量回路系统的顺应性，并且在 VCV 模式通气中对顺应性因素进行补偿。为了有效应用这些呼吸机，有必要遵循呼吸回路配置使用前校验程序。不同的麻醉呼吸机厂商消除新鲜气流和潮气量间相互作用所采用的方法不同。一些麻醉机（例如 Dräger）在呼吸机和新鲜气流之间使用去耦阀，以使吸气过程中阀门关闭。另一些麻醉机（例如 GE）通过使用吸气流量传感器和呼吸机之间的闭环反馈来补偿新鲜气流。

由于现代麻醉机可有效地输送和监测小潮气量，使 VCV 模式能常规用于小儿。容量控制通气与肺的总顺应性和新鲜气流量无关，可将预置的潮气量完全送至肺部。采用 VCV 模式通气，潮气量恒定，压力随肺顺应性变化而改变。因此，应特别注意气道压力变化，以免造成压力伤。应当注意新鲜气流的改变对输出潮气量的影响，这对越小的小儿影响越大，因此，设定呼吸机或改变新鲜气流量时，应反复核定患儿胸廓起伏度、呼吸音、吸气峰压。为了保护患者免受因肺顺应性突然改变（例如咳嗽）导致的气道高压，采用 VCV 模式时可设定限压。设定的限压应当高于提供预设潮气量所需的吸气压力，否则将无法提供所需的潮气量。

PCV 模式预设吸气峰压和吸气时间，潮气量取决于气道内压力和肺的顺应性。VCV 模式预设目标潮气量和恒定的吸气时间，呼吸系统内压力取决于设定的参数以及患儿呼吸系统阻力和顺应性。由于 PCV 和 VCV 模式优先考虑的通气参数不同，因此这两种模式对呼吸力学和相关因素发生变化时所产生的反应不同。多年来，一直认为 PCV 模式中可变且逐步减弱的吸入气流使肺泡充盈更快，能更好地消除气体在肺内的不均匀分布，防止健康肺组织的肺泡过度膨胀，病变区域肺泡塌陷。加之其具有的容量补偿功能，使得 PCV 模式被认为是小儿麻醉中机械通气的理想选择。 Neil R MacIntyre 等的研究结果认为，尽管 PCV 和 IPPV 两种通气模式各有利弊，但都能有效地提供肺保护。特别是近年来对大量研究的荟萃分析结果发现，婴儿使用 VCV 发生的相关不良后果与 PCV 相比并没有明显增加。反而 VCV 的婴儿死亡率和慢性肺部疾病的发生率降低。此外，通过 VCV 模式的压力限制功能，根据患儿体重设定适当的 V_T，完全可以避免肺泡过度膨胀或塌陷引起的肺损伤。

二、自主通气辅助

现代麻醉呼吸机用于儿科的另一优点在于压力支持通气模式的问世。当置入气管内导管或喉罩时，且相关呼吸做功成为自主呼吸的障碍，这些通气模式特别适用于辅助自主通气。对儿科患者来讲，呼吸做功是主要问题，因为细小的气管内导管明显增加吸气阻力，通气回路和活瓣使呼吸做功增加，并且患儿在麻醉状态下吸气动力减少。

一般情况下，麻醉过程中长时间没有辅助的自主通气是不可取的，可能导致进行性肺不张。通气支持是允许患者自主呼吸的极好方法，已被证实可以增加麻醉期间气体交换。通气辅助常见设定为吸入气流需要触发呼吸支持的程度，当患者开始呼吸，将提供吸气压力和任何呼气末正压（PEEP）。来自呼吸支持的潮气量取决于呼吸机提供的吸气压力和患者的努力程度。通常，吸气支持设定在 PEEP 以上 5 ~15 cmH_2O。呼吸支持持续时间通常取决于患者。一旦吸气压力被触发,呼吸机提供气体维持压力直至吸气流量降至吸气峰流量的预设分数（通常是 25%）。

使用自主通气辅助时，最重要的通气控制是吸气流量，为触发呼吸辅助所必需。呼吸机得到触发设置的信息，患者必须产生一定的吸气流量才能使呼吸机辅助自主呼吸。儿科患者的触发设置可能低于成人，这就增加了自动触发的可能性。呼吸支持通常是流量触发的，由此当吸气流量超过预设的阈值，启动呼吸支持。如果阈值非常低（0.5~1 L/min），呼吸就有可能因为医务人员触碰了患者的胸部或者回路内气体的轻微移动而被触发。当发生自动触发时，监测压力波形和频率，以及呼吸触发的规律有助于进行识别。如果发生自动触发，将触发阈值逐渐调高直到终止触发。这时应观察患者，监测压力和流量波形以判断是否有潜在的自发呼吸力，目标是为了确定是否有足够的自发呼吸能力去保证使用呼吸支持而非控制通气模式。如果答案否定，将以强制支持的手段选择一种通气模式达到通气的目的。

（一）压力支持通气（Pressure Support Ventilation，PSV）

PSV 模式既可以作为一种独立的通气模式，也可以与控制通气模式联合应用。PSV 模式在 ICU 中被公认为通气舒适，使患者能够带管呼吸并促进撤机。选择 PSV 模式通气，将以高于 PEEP 的设定吸气压力支持呼吸。这种情况下，分钟通气量完全取决于预设的吸气压力、患者的呼吸深度和呼吸频率。这种模式大都设置后备频率，由此当患者触发的呼吸频率不能达到后备频率，呼吸机将提供通气。由于患者呼吸过浅无法增加潮气量，由呼吸机提供的非触发的通气不可能得到正常的分钟通气量。PSV 模式下，如果患儿通气不能触发或者达不到预设值，呼吸机将启动强制通气模式（VCV 或 PCV），确保足够的分钟通气量以策安全。

（二）VCV 加压力支持（Volume Controlled Ventilation，VCV）

使用这种模式，首先选择通气容量、呼吸频率、吸呼比或吸气时间和 PEEP 作为指标。此外，还需要预设辅助呼吸的吸气压力和触发阈值。呼吸频率和潮气量的设定决定了患者的最低强制通气。如果患者开始的一次呼吸正好落在强制呼吸窗口期内，则触发一次同步呼吸达到预设的潮气量。如果自发呼吸的频率高于设定的强制频率，触发辅助呼吸，并且提供高于 PEEP 的设定吸气压力支持。观察压力波形可以使麻醉医师区分同步强制呼吸和触发的压力支持呼吸。同步容量呼吸表现为缓慢上升的压力波形，而压力支持呼吸显示为方波。

（三）PCV 加压力支持（Pressure Controlled Ventilation，PCV）

使用这种模式，首先选择吸气压力、呼吸频率、吸呼比或吸气时间和 PEEP 作为指标。此外，还需要预设辅助呼吸的吸气压力和触发阈值。呼吸频率和吸气压力的设定决定了患者的最低强制通气。如果患者在强制呼吸窗口期内正好启动的一次呼吸，则触发一次同步呼吸达到预设的吸气压力。如果自发呼吸的频率高于设定的强制频率，触发辅助呼吸，并且提供高于 PEEP 的设定吸气压力支持。观察压力波形可以使麻醉医师区分同步强制呼吸和触发的压力支持呼吸。在预设吸气压力下，同步压力呼吸表现为方波。压力支持呼吸也表现为方波，但通常最大压力较低，吸气时间较短。

三、肺保护性通气策略

肺保护性通气是一种策略，目标是避免肺过分膨胀和肺泡反复塌陷所致肺损伤，同时提供充分的氧合和通气；非通气肺单位的复张、预防肺单位的再塌陷和避免肺过度膨胀是保护性肺通气策略的三个基石。

成人手术患者的证据显示，某些高风险人群术中采用肺保护性通气策略能降低术后并发症的风险。Futier 等研究发现，腹部手术患者术中采用小潮气量通气，术后并发症发生率低于常规通气组，且住院天数明显缩短。虽然，我们缺乏来自外科手术患儿的数据，但是成人外科手术患者以及新生儿的数据都支持肺保护性通气策略是有益的。实施这一策略依赖于每千克预测体重 6~7 ml 的小潮气量以防止肺过度膨胀，以及使用呼气末正压（PEEP）防止肺泡塌陷和肺不张。现代麻醉机能够精确提供小潮气量，并且 VCV 通气模式也能安全用于小儿，因此使得实施肺保护性通气策略成为可能。安全有效地实施这一策略还需要选择适当地通气模式，监测呼吸机和患儿之间的相互作用以优化同期参数的设置。

（黄　悦　张马忠）

参考文献：

[1] Futier E, Constantin J-M, Paugam-Burtz C. A trial of intraoperative low-tidal-volume ventilation in abdominal surgery [J]. N Engl J Med, 2013, 369:428–437.

[2] Feldman JM. Pressure-support ventilation in the operating room [J]. Anesthesiology, 2007, 107:670.

[3] Pearsall MF, Feldman JM. When does apparatus dead space matter for the pediatric patient [J]. Anesth Analg, 2014, 118: 776–780.

[4] Chau A, Kobe J, Kalyanaraman R. Beware the airway filter: deadspace effect in children under 2 years [J]. Paediatr Anaesth, 2006, 16:932–938.

[5] Benoit Z, Wicky S, Fischer J-F. The effect of increased FIO_2 before tracheal extubation on postoperative atelectasis [J]. Anesth Analg, 2002, 95:1777–1781.

[6] Goldenberg NM, Steinberg BE, Lee WL. Lung-protective ventilation in the operating room: time to implement [J]. Anesthesiology, 2014, 121:184–188.

[7] Tej K Kaul, Geeta Mittal. Mapleson's Breathing Systems [J]. Indian Journal of Anaesthesia, 2013, 57: 505–515.

[8] Klingenberg C, Wheeler KI, Owen LS. An international survey on neonatal volume-targeted

ventilation. Archives of Disease in Childhood. Fetal and Neonatal Edition 2010, 28

[9] Neil RM, Curtis NS. Are There Benefits or Harm From Pressure Targeting During Lung-Protective Ventilation [J]. Respir Care, 2010, 55 (2):175–180.

[10] Saugstad OD, Sejersted Y, Solberg R. Oxygenation of the newborn: a molecular approach [J]. Neonatology, 2012, 101: 315–325.

[11] Edmark L, Kostova-Aherdan K, Enlund M. Optimal oxygen concentration during induction of general anesthesia [J]. Anesthesiology, 2003, 98: 28–33.

[12] The BOOST II United Kingdom. Australia,and New Zealand collaborative groups. Oxygen saturation and outcomes in preterm infants [J]. N Engl J Med, 2013, 368: 2094–2104.

[13] Feldman J M. Optimal Ventilation of the Anesthetized Pediatric Patient [J]. Anesthesia & Analgesia, 2015, 120 (1): 165–175.

[14] Jain R K, Swaminathan S. Anaesthesia ventilators [J]. Indian journal of anaesthesia, 2013, 57 (5): 525.

[15] Rose L. Clinical application of ventilator modes: Ventilatory strategies for lung protection [J]. Aust Crit Care, 2010, 23 (2):71–80.

第五章 | 气源供应和减压系统

为什么打开氧气流量计时，就能随时为患者供氧，麻醉机是如何进行供氧的呢？我们临床麻醉医师，对每天使用的氧气和其他麻醉和手术室使用的医用气体应有深入了解。因此，我们有必要具体介绍医用气体的来源，麻醉医师更应熟悉供气过程以及发生故障时的应对措施。

第一节　医用气体的理化性质

麻醉和手术室中的医用气体包括氧气、空气、氧化亚氮、二氧化碳及氮气等，其中应用最广泛的当属氧气。

一、氧气

在通常状况下，氧气是一种无色无味的气体。在标准状况下，氧气的密度是 1.429 g/L，比空气略大（空气的密度是 1.293 g/L）。理化性质为：氧不易溶于水，氧气是一种化学性质比较活泼的气体。它可以与金属、非金属、化合物等多种特物质发生氧化反应，反应剧烈程度因条件不同而异，表现为缓慢氧化、烧、爆等，反应中放出大量的热并能助燃。氧气与非金属反应：①木炭：在氧气里剧烈燃烧，发出白光，生成无色无味能使澄清石灰水变浑浊的气体。②硫：在氧气里剧烈燃烧，产生明亮的蓝紫色火焰。③磷：白磷可以与空气中氧气的发生缓慢氧化，达到着火点（40℃）时，引起自燃。④氢气：在氧气中燃烧，产生淡蓝色火焰。氧气与金属反应：①镁：在空气中或在氧气中剧烈燃烧，发出耀眼白光，生成白色粉末状物质。②铁：红热的铁丝在氧气中燃烧，火星四射，生成黑色固体物质。医用氧气供患者呼吸使用，主要供应各病房、各种重症监护病房、抢救室、洁净手术室、门诊检查、血液透析、高压氧舱等处。

二、二氧化碳

二氧化碳（carbon dioxide）是空气中常见的化合物，碳与氧反应生成，其化学式为CO_2。一个二氧化碳分子由两个氧原子与一个碳原子通过共价键构成，分子量 44.009 5，能溶于水，密度为气态 1.977 g/L，液态 1.816 kg/L，熔点 216.6 K，沸点（194.7 K）。常温下是一种无色无味气体，密度比空气大，能溶于水，与水反应生成碳酸，不助燃烧。固态二氧化碳压缩后俗称为干冰。二氧化碳被认为是加剧温室效应的主要原因。工业上可由碳酸钙强热下分解制取。医用二氧化碳用于腹腔镜检查或日间手术等腹腔气腹充气。

三、空气

空气,我们每天都呼吸着的"生命气体",它分层覆盖在地球表面,透明且无色无味。在 0℃及一个标准大气压下（1.013×10^5 Pa）空气密度为 1.293 g/L，相对分子质量是 29。空气在标准状态下可视为理想气体。主要是由 78% 的氮气，21% 氧气，0.93% 的稀有气体（氦气 He，氖气 Ne，氙气 Xe，氪气 Kr），0.04% 的二氧化碳和 0.03% 的其他物质（如水蒸汽、杂质等）组成的混合物。对人类的生存和生产有重要影响。医用压缩空气由空压站提供，站内的空压机出口的压缩空气经干燥、过滤、除味等过程，达到医用空气标准，经储气罐缓冲后供应。压缩空气主要用于驱动呼吸机，也可驱动气动锯、钻、各种洁净密封门。医院中有中心供压缩空气，麻醉机或呼吸机也可单独配备空气压缩机。

四、氮气

氮气，化学式为N_2，通常状况下是一种无色无味的气体，通常无毒。氮气占大气总量的 78.12%（浓度），是空气的主要成分。在标准情况下的气体密度是 1.25 g/L，氮气难溶于水，在标准大气压下，冷却至−195.8 ℃时，变成没有颜色的液体，冷却至−209.8℃时，液态氮变成雪状的固体。氮气的化学性质不活泼，常温下很难跟其他物质发生反应，在极低温下会液化成无色液体，液氮在外科手术中可以用迅速冷冻的方法帮助止血和去除皮肤表面的浅层需要割除的部位以及保存活体组织、生物样品,也用于冷冻手术。在高温、高能量条件下可与某些物质发生化学变化，用来制取对人类有用的新物质。医用氮气用于驱动手术气动锯、钻，以及与氧气配比形成人工空气等，通常采用黑色钢瓶盛放氮气。

五、氧化亚氮

氧化亚氮（nitrous oxide）是气体麻醉药，俗称"笑气"。1772 年由 Priestley 制成。分子式为N_2O；分子量为 44；沸点为−89℃。为无色、带有甜味、无刺激性的气体，在常温压下为气态，无燃烧性。通常在高压下使 N_2O 变为液态储于钢筒中以便运输。N_2O 无燃烧性，但与可燃性全麻醉药混合时有助燃性。N_2O 的化学性质稳定，与碱石灰、金属、橡胶等均不起反应。N_2O 在血液中不与血红蛋白结合，仅以物理溶解状态存在于血液中。N_2O 的血 / 气分配系数仅为 0.47，在常用吸入全麻醉药中最小，供麻醉以及镇痛使用。

六、氙气

氙气（xenon）是和氦、氖、氩、氪、氡等元素一样的惰性气体，近年来发现氙气具备理想吸入麻醉药的许多特性。氙在元素周期表中为零族第 54 号元素，最外层电子轨道处于饱和状态，呈电中性，分子量为 131.2，密度为 5.887 g/L，约为空气的 4 倍，大气中含量为 0.086 ppm，熔点 −111.9℃，沸点−107.1℃，无色无味，化学性质稳定，不与其他物质发生反应，不燃不爆，几乎不在体内生物转化。血气分配系数为 0.14，新近认为其血气分配系数为 0.115。氙气在水中的溶解度为0.085~0.096。氙气具有以下化学和药理特点：①高度的化学稳定性；②不会与手术材料发生反应；③不燃不爆；④在血液和组织中的溶解度小；⑤无代谢产物；⑥组织器官毒性小；⑦氙在空腔器官聚集小于氧化亚氮。氙气作为麻醉剂具有以下特点：①麻醉效能高；②诱导和苏醒迅速；③具有镇痛效应；④对心功能无明显影响，血流动力学稳定；⑤不影响肺胸顺应性，对呼吸道无刺激性。

氙气麻醉对机体的影响：①中枢神经系统：氙气的 MAC 值为 0.71，麻醉作用较 N_2O 强，可提高患者的痛阈、延长对听觉刺激的反应时间，对中枢神经系统的作用为兴奋和抑制双重作用。当氙气吸入浓度大于 60% 时，可使脑血流增加，禁用于有颅内高压症状的患者。②循环系统：氙气吸入麻醉对心肌收缩性无影响，其镇痛作用使应急反应降低，有利于心血管稳定，可减少术中镇痛药用量。③呼吸系统：对呼吸道无刺激性。气管插管后可用 70% 氙气和 30% 氧气维持麻醉，由于氙气血气分配系数低，排出迅速，自主呼吸恢复较快。吸入氙气对胸肺的顺应性影响小，用于老年人以及慢性肺疾病的患者具有一定的优越性。④氙气能潴留在内脏中空器官、肠腔以及脂肪组织中，因而肠梗阻患者应禁止使用。采用循环紧闭式环路低流量麻醉持续监测氙气浓度可减少氙气的消耗。由于空气中氙的含量低且不能人工合成，世界氙气的年产量约 600 万 L，其中可供临床麻醉使用的仅 40 万 L，因而氙气麻醉尚无法获得广泛的应用。

第二节　气源供应

医用气体的气源供应主要通过两种途径，中心供气和压缩气筒供气。以下重点介绍氧气、氧化亚氮和医用空气的气源。

一、中心供气

中心供气系统由气源、储气装置、压力调节器、输送管道、墙式压力表和流量计组成，一般可提供氧气（O_2）、空气和氧化亚氮（N_2O）三种气体。气源设置有氧气压缩气筒与液化气体供气两种方式。通过专用的升压、降压及传输管道，使到达手术室的气体具备以下要求：①输出后压力应为 0.4~0.5 MPa（4~5 kg/cm^2）左右，低于 0.3 MPa（3 kg/cm^2）时气动麻醉呼吸机停止工作或不能启动，而电动麻醉呼吸机不受影响，但有气源失供报警；大于 0.5 MPa（5 kg/cm^2）可能发生气压伤。②墙式设备带的插座与插头全院应统一规格，上述三种气体接插口的形状和尺寸必须有差异，不能互换接用。③接到麻醉机上的中心供气接头应有口径安全系统，确保 O_2 与 N_2O 不会接错。更换气源时，应仔细核对，不得任意修改接口的安全装置，明显漏气时亦不得使用一个以上的垫圈，以防误用。中心供气的气源终端按国家标准 GB50751-2012 的规定有不同的色标（图 5-1）。

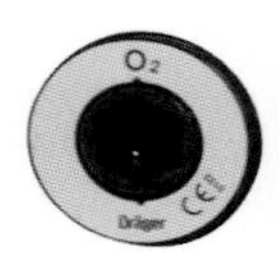

氧气（白）　氧化亚氮（蓝）　空气（黑/白）

图5-1　中心供气终端的特定颜色标识

（一）轴针安全系统

轴针安全系统（pin index safety system，PISS）（图 5-2）一般用于备用小气筒的接口处。其基本结构为：在气筒阀接头上增设两个大小不同“针突”。只有在轴眼与针突两者完全相符合时，才能相互连接，由此可保证连接绝对正确。按国际统一规定，每种麻醉气体有其各自固定的轴眼和针突，此即为“轴针指数安全系统”，其划定标准为：从气筒接头出气口的中心点作一垂直纵线，再从中心点向右侧及向左侧各划一条呈 30° 的角线。在右侧角线上定出一个点，编号为：①点开始，向左在每隔 12° 的角线上取一个点，这样可定出 6 个点，顺序编号为①②③④⑤⑥点，此即为 6 个轴眼的规定位置。依同样方法，在麻醉机进气口接头上定出相应的 6 个点，作为针突的规定位置。然后，按统一规定，每一种气体从 6 个点中取其 2 个点作为它的固定不变的轴眼和针突位置，这样一共可组成 10 种不同的组合，例如氧气规定取②⑤点，氧化亚氮规定取③⑤点。

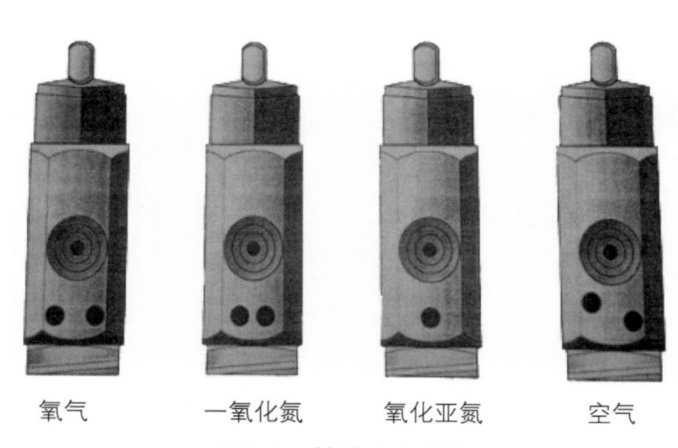

氧气　一氧化氮　氧化亚氮　空气

图5-2　轴针安全系统

（二）口径安全系统（diameter index safety system，DISS）

为防止麻醉机的管道气源接口接错气源，目前主要采用不同的接口口径系统。不同气筒除了接口口径明显不同外，接头的内芯长度也应不同。目前国内外临床使用的气源，无论来自压缩气筒或中心供气系统均采用口径安全系统（图 5-3）。

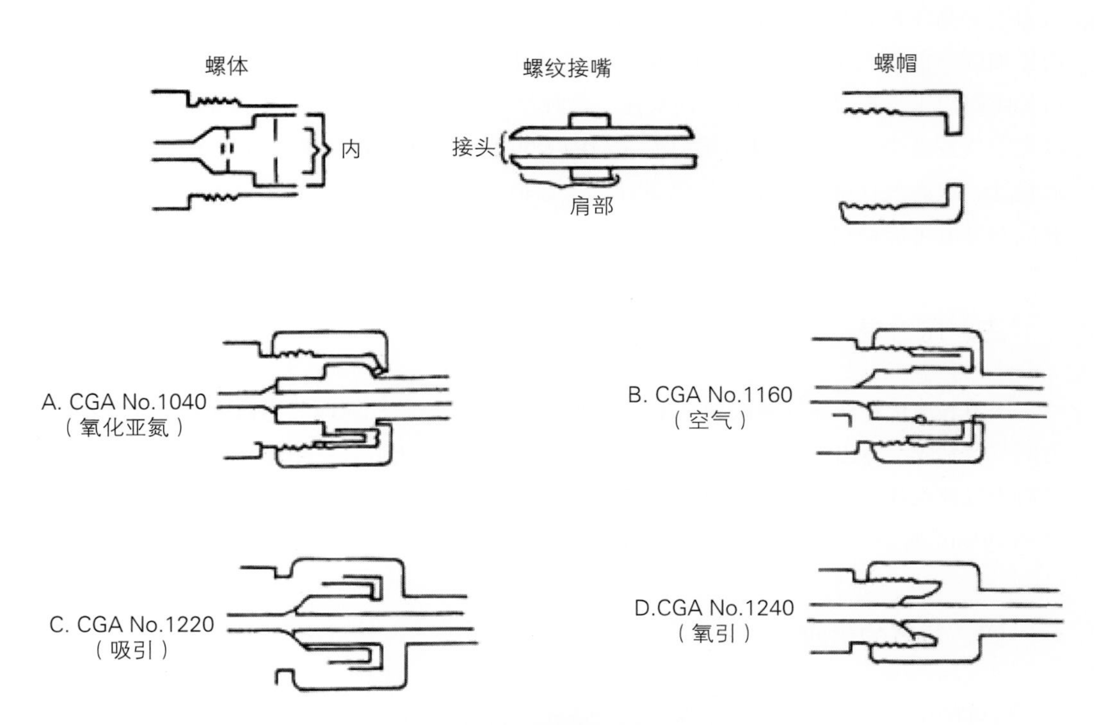

图5-3　口径安全系统

二、压缩气筒

没有中心供气时需用压缩气筒，或者用小的压缩钢瓶直接与麻醉机相连，作为备用气源。该容器是由能抗物理因素和化学因素影响、耐高温的全钢制成。压缩气筒由瓶体、阀门和保护帽组成，容积有 1 ～ 9 m^3 数种，筒壁至少厚 0.93 cm，包括筒体、阀门和保护帽。储气钢筒装有氧气、二氧化碳、空气和氧化亚氮。O_2 压缩气筒能承受的最大压力为 300 kg/cm^2，一般不超过 150 kg/cm^2。压缩 N_2O 为液体，以重量计算，接到氧化亚氮压缩气筒上的接头，与 O_2 压缩气筒上接头形状和口径相近，应警惕不可接错。医院内使用的各种气体应保持其压缩气筒外漆成特定颜色，标色明显。根据国家标准 GB15383 和 GB7144 规定的色标为：O_2 压缩气筒为淡蓝色（字为黑色），N_2O 压缩气筒为银灰色（字为黑色），空气压缩气筒为黑色（字为白色），二氧化碳压缩气筒为铝白色（字为黑色），氮气为黑色（字为淡黄色），每个瓶颈还挂有标示牌，写明气体名称、化学符号、估计剩余气量、管理机构代号、压缩气筒自重、耐受压力、出厂日期、复检日期及制造工厂等。O_2 压缩气筒放置温度不超过 52℃，阀门、接头及压力表禁用油类或油布擦洗，避免引起爆炸。有无漏气可用肥皂水试验。压缩气筒顶端的阀门有两种类型：①隔膜型阀：适用于高压大压缩气筒，为全开全关阀，必须与压力调节器连接，经减压后使用；②直接顶压型阀：适用于低压小压缩气筒，可通过调节阀形状的大小控制输出气流。

压缩气筒使用时应注意：①应有完整的标签（气体种类、级别和日期）。②阀门、接头、压力表等高压部分严禁接触油脂类物质。③高压气筒必须连接压力调节器后才能使用；④应用压缩气筒前应先缓慢开启阀门，让少量气体冲出以去除接口处的灰尘，避免漏气发生，随后关闭阀门进行连接。⑤压缩气筒气体不宜耗尽，至少应保留 1 MPa（10 kg/cm^2）以上压力，以免空气或微尘进入，一般当压力为 3 MPa（30 kg/cm^2）时应更换。⑥气源开启前应先关闭流量计，以防气体突然冲出损坏流量计。⑦运输、储存和使用应防震、防高温、禁忌接近火源或有导电可能的场所。

三、压力表

压力表连接在压缩气筒阀和减压阀之间，用以指示压缩气筒内气体的压力，压力表常与压力调节器制成一体出厂的，有些压力调节器上装有两个压力表，一个是高压表，用于指示压缩气筒内气体的压力；另一个是低压表，用于测量减压后气体的输出压力，一般为 0.4~0.5 MPa（4~5 kg/cm^2 或 58−73 psig，1 psig=6 894.76 Pa）左右，并与麻醉机或呼吸机连接。

四、氧气的供应

医院的中心供氧一般有两个途径，一是利用氧气钢瓶联合供氧，二是利用液氧贮槽供氧。门诊手术中心若不属于医疗中心的一部分，需要一组大型的氧气钢瓶作为供氧来源。医院每天需要使用数公升的氧气，一般使用液氧保证氧气供应。用于麻醉机的氧气一般有两个来源，氧气钢瓶和医院液氧供氧。

（一）氧气钢瓶汇流排供氧

一组 H 型氧气钢瓶通过管道联接，氧气钢瓶的数量取决于设备的耗氧量——可以是两个或者更多，在每个钢瓶和管道之间设有单向阀，如果钢瓶出现泄漏或者气体用完，就不会有逆向气流。氧气通过管道进入压力调节器以使压力降到 58~73 psig（0.4~0.5 MPa），刚好是氧气从墙上管道输出的压力。一般设置有备用的供应装置。

这样的供应装置一般位于一个衣橱大小的供应室或者室外，只有医用气体公司的工作人员需要更换钢瓶时才可以进入。H 型钢瓶可以容纳 6 900 L 氧气，满瓶时的压力为 2 200 psig（17.6 MPa），相当于满瓶的 E 型钢瓶内压力。在小型的医院或者外科中心，5~10 个 H 型钢瓶的氧气就能满足几天的需求量。如果一个设备上连有 5 个钢瓶，那么可用的氧气总量就是 5 × 6 900 L=34 000 L。如果外科中心有 5 间手术间，每台麻醉机平均用氧量为 3 L/min，那么每小时总的用氧量为 5（machines）×3 L/min×60 min=900 L，每天的用氧量为 900 L/h×8 h=7 200 L，则 34 000 L÷7 200 L/天 =4.7 天。

一般需要每 4 天添加钢瓶中的气体，而且氧气不仅用于手术室，在复苏室、重症监护室或者导管室、内镜室、放射介入科也会用到，所以从气体运输费用上考虑的话，钢瓶的数目越多越划算。

正如在麻醉呼吸机章节所讨论的，不同型号的麻醉机氧气的耗量也有所不同。

（二）液氧供氧

大多数的大型医院采用液氧储存氧气，比起使用串联的氧气钢瓶更加经济。液氧的用途广泛，在火箭推进的材料中也常用到，而关于怎样安全使用和储存液氧的研究也已日趋成熟。

在医院的室外都会有至少一个大型的白色液槽，这就是液氧贮槽，并且必须方便大型的牵引式挂车定期将贮槽注满液氧，水槽外表看起来像一个热水瓶，有外壳和用于绝缘的内衬。液氧的温度非常低，所以储存的温度低于其沸点，约为−297° F（−183℃）。

由于外界的温度较高，即使在绝缘的液槽中，也会有部分液氧转化为气体，所以贮槽中为气态氧和液态氧的混合物。为防止贮槽中的压力过高，当压力达到一定值时，减压阀会释放出气态氧。压力表和液位计确保整个系统的正常工作并提示贮槽的剩余刻度，当主贮槽进行维修或出现故障时，备用贮槽发挥作用。

氧气从贮槽中输出后经过蒸发器，但这种蒸发器与麻醉机的专用蒸发器不同，它实际是氧气的加热装置，通过利用热水或者其他电力设备加热，液氧转化为气体，然后进入医院的管道供应系统。

每个医院都有专人负责液氧相关系统的正常运行。因为管道和连接接头比较多，泄漏的发生率较高；阀门发生故障时，会导致氧气释放过多；选择器开关故障时引起备用供应超过主要的供应来源；管道发生爆炸的风险较高；当大型车辆倒车时撞到主贮槽时，会造成氧气的大量损失。

2004 年伯明翰大学的阿拉巴马医疗中心发生了一起严重的液氧贮槽事故，一处较大的管道接口破损造成 8 000 加仑（30 280 L）液氧泄漏，贮槽周围都是浓厚的冷雾，由于备用液氧贮槽靠近主贮槽，给工程师判断备用贮槽的工作状况带来困难。医院工作人员只有利用氧气钢瓶作为供氧来源。类似的氧气供应的故障经常发生，希望将来类似的情况可以有所控制。

五、氧化亚氮的供气

氧化亚氮同前文提到的氧气钢瓶的储存方式类似，大量储存在大型的联合钢瓶中。也有用汇流排连接数只钢瓶，经 N_2O 专供气管道输送到每间手术室。

六、医用空气的供气

医用空气需要经过处理和过滤以便适合患者使用，并用于各种类型的医疗设备上。从医用空气产生的过程来看，对通风口的设置有严格规定，与门窗或其他的输送管、通风口必须有 10 ft（3 m）的距离，距离地面至少 20 ft（5 m），并远离污染源，比如码头或直升机场，保证废气的排放不会影响空气采集源。进气管是曲线形的并且开口朝下，防止沉淀物或颗粒物进入，开口的上方必须有个遮挡屏防止鸟类的误入或筑巢。

不止是这些，医用气体管道中经常有动物的尸体，造成气味的污浊。医院扩张或新建直升机场时，高处的空气由于运输卡车或者直升机的废气排放受到污染，从而对医院的医用气体造成污染，医用空气中混入一氧化碳会对患者产生影响，如果空气污染较重则不适宜作为医用空气的来源，可以采用设备内的空气，也可以使用医用空气钢瓶。

粒子过滤器安装在通风口和压缩机之间，至少需要有两个压缩机（以防其中的一个停止工作），较大的医院甚至超过两个，这种压缩机与车库中的完全不同，所以不会有机器上的汽油漏入压缩的空气中。

压缩空气时产热，因此空气离开压缩机后需要经过冷凝系统，空气中产生的水汽进入脱水器以保证医用空气干燥。大的储存槽用于储存医用气体，当储存槽过满时，通过减压阀释放部分气体，并有控制系统关闭压缩机以便储存槽中气体体积保持在合适的水平。

通过储存槽后，气体由过滤器去除微粒物，这种过滤器与家用的取暖器或空调中的不同，需要在 100% 的气体流速中吸附至少 1μm 的微粒物，铁锈、孢子、花粉和油的微粒都被滤过，这个过程中水蒸汽被清除。

空气通过压缩机和滤过系统后，压力比预计值（58~78 psig）要高，压力阀在其进入医院主体供气系统之前减低压力。

医院的管道一般由金属诸如铜或黄铜制成，而不是铁或钢，因此就算用得久也不会生锈。家用管道适合采用 PVC 材料，但不适用于医院气体输送管道。

需要注意的是，所有的医用气体管道之前都已经连接好，如果手术室附近有任何的建筑施工影响到这些管道，可能会导致患者将氧化亚氮当作氧气误吸而致命，所以麻醉机上气体的氧气监测很重要。

七、医用吸引器

我们很少关注到吸引器，只有在吸引器出故障时才会注意到，总之，吸引器是个容易被人们忽略但却不容忽视的部分。

医用吸引器与医用空气的产生途径恰好相反，真空泵与空气压缩机类似，只是一个将空气输送出来,一个回吸收空气。吸引器的出口一般安装在高处,与气体的入口至少相距 10 ft(3 m)。而且这个距离越远越佳，因为从吸引器的出口排出的废气包括很多病菌、吸入麻醉气体和氧化亚氮。排放管弯曲并且开口向下，遮挡屏很好地避开了鸟类的干扰。

真空泵与操作者间有一个大的吸引瓶，用于存放抽吸的固体或液体物质，另外的一个安在墙上的小瓶子存放吸引瓶漏吸的物质，吸引瓶中的浮子可以在瓶子快满时阻塞瓶口以防废弃物倒吸。带有负压测量仪的真空调节器调节合适的吸引负压。临床上调节器一般开到最大档位保证最快的吸引速度。

吸引器的末端负压至少达到 40 kPa，除了墙式的控制吸引器还有其他类型的吸引器。在集中型控制吸引系统普遍之前，小型的吸引器广泛应用于手术室，也用于小型医疗保健中例如诊疗室、诊所，或者救护车和医用直升机中。这种吸引器产生的真空负压与医院的集中型吸引系统相当，并有一个吸引瓶收集抽吸的液体，一般是电动的，有的也可以使用电池以防电量不足，便携式吸引器通过手动或脚踏产生负压。

吸引系统的末端连接的是吸引导管，包括很多种类，有的适用于气管导管，有的适用于外科手术的腐蚀性装置，应用最广泛的导管接头是杨克抽吸接头。

第三节　减压装置

减压装置利用气体从细管腔进入粗管腔时，容积增大而压力下降的方法将高压气体通过一次或两次减压后达到 0.4~0.5 MPa(4 ～ 5 kg/cm^2)进入麻醉机。有的麻醉机再增加一次压力调节，将有波动的压力降为低而稳定的压力，约 0.2 ～ 0.3 MPa（2.5 kg/ cm^2）左右，再经流量控制阀进入流量计，以达到患者可以使用的气体压力（图 5-4）。

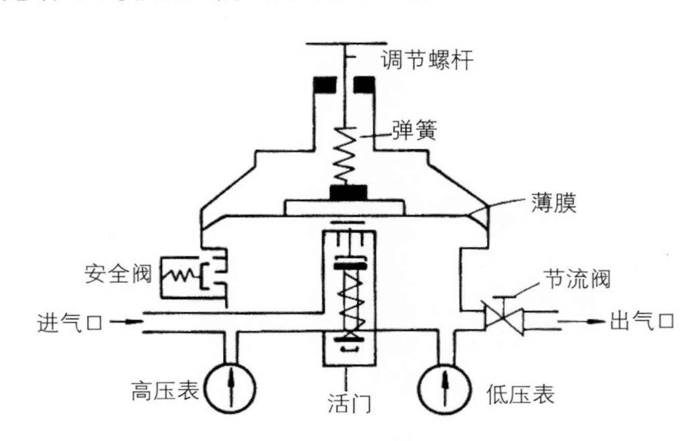

图5-4　压力调节器结构原理

（杨瑜汀　杨立群）

参考文献：

[1] 杭燕南，王祥瑞，薛张纲等．当代麻醉学[M]．第 2 版．上海：上海科学技术出版社，2013：26-42.

[2] 李国平．医用气体工程[M]．北京：人民卫生出版社，1999.

[3] 钱菊娣，李红．手术室医用气体的管理[J]．中国实用护理杂志，2008，65-66.

[4] Miller RD. Miller's Anesthesia[M]. 7th ed. Philadelphia：Churchill Livingstone，2010：667-718.

[5] Blakeman，T. C，Branson，R. D. Oxygen supplies in disaster management [J]. Respir Care，2013，173-183.

[6] Das, S, Chattopadhyay, S, Bose, P. The anaesthesia gas supply system [J]. Indian J Anaesth, 2013,489–499.

[7] Lyznicki, J. M, Williams, M. A. Medical oxygen and air travel [J]. Aviat Space Environ Med, 2000,827–831.

[8] Friesen, R. M. Raber, M. B. Oxygen concentrators: a primary oxygen supply source [J]. Can J Anaesth, 1999, 1180–1190.

[9] Isbary, G, Shimizu, T. Cold atmospheric plasma devices for medical issues [J]. Expert Rev Med Devices, 2013,367–377.

[10] Das, S. Chattopadhyay, S. Bose, P. The anaesthesia gas supply system [J]. Indian J Anaesth, 2013,489–499.

[11] Li, Z, Wang, Z. L. Air/Liquid–pressure and heartbeat–driven flexible fiber nanogenerators as a micro/nano–power source or diagnostic sensor [J]. Adv Mater, 2011, 84–89.

第六章 低压系统和流量计

第一节 低压系统

麻醉机从高压系统过渡到低压系统，是由减压装置中实现的，通过利用气体从细管腔进入粗管腔时容积增大而压力下降的方法，将进入麻醉机的高压气体经过一次或两次减压后达到 0.4~0.5 MPa（4~5 kg/cm^2）（图 6–1）。

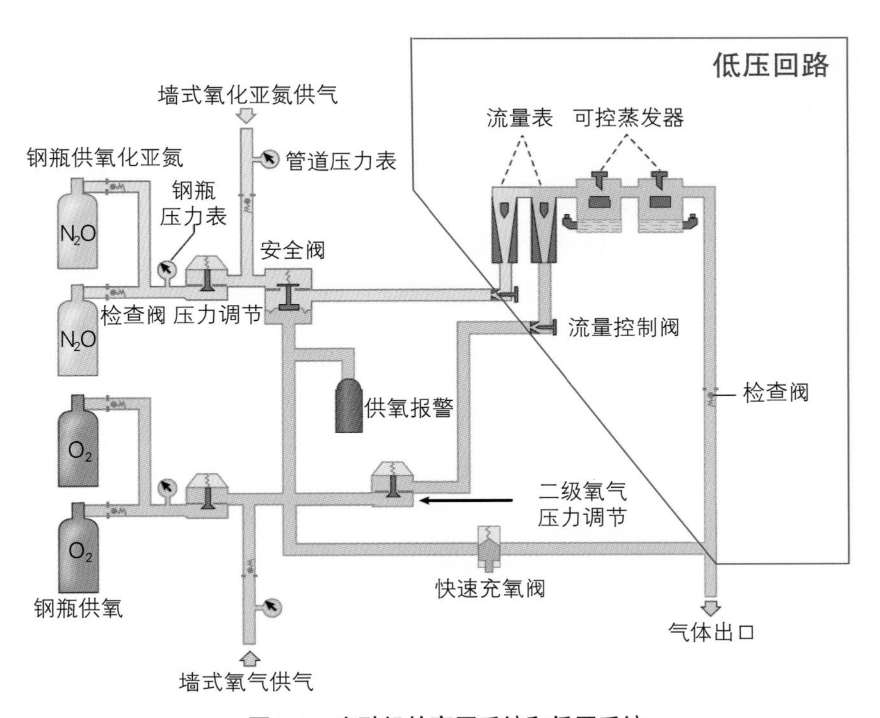

图6–1 麻醉机的高压系统和低压系统

高压气流进入麻醉机后，压力调节器，又称减压阀，把高压气源（中心供气或压缩气筒）内高而变化的压力降为低而稳定的压力，约为 0.25 MPa（2.5 kg/cm^2）左右，进入流量计，以供患者使用。一般高压为 10 MPa（如钢瓶内的气压），中央供气压力已经为低压。有的麻醉机增加一级减压，实际上是为了稳定压力。

高压、中压和低压系统并不是麻醉机中完全独立的部分，而只是根据压力变量进行的人为划分，便于使日常的麻醉机操作简单化。一般来说，低压系统是指流量控制阀下游的所有部分，包括流量计、蒸发器、单向阀（在第九章节具体介绍）以及气体出口末端（麻醉机气压系统的末端和通气设备的起始部分）。

第二节　流量计以及主要组成部分

一、流量控制阀

流量控制阀一般设计成圆形把手用于通过流量计调节流量，大多数麻醉机依然采用与三个操纵流量计的接头相连的机械阀，然而少数麻醉机则使用电子控制方式。

电子流量计可以通过压力传感器精确调节氧气的浓度（FiO_2）以及其他混合气体（N_2O 或空气）的浓度。电子流量控制阀对整体的新鲜气体流量进行控制，一般需要电源的供给。

三种气体的控制阀通过不同颜色标记，氧气的控制按钮一般在右边，多比另两个按钮更大更突出，便于操作（图 6–2）。当需要增加氧流量时，可以不需转移注意力凭直觉准确地区别出氧气阀、空气阀或 N_2O 阀。三种气体控制阀都有保护装置，以防无意中被碰到。标准的流量计都是以逆时针转动增加气体流量，顺时针则减小流量。电子流量计的界面则完全不同，它是通过触摸屏显示需要改变的气体，按下按钮即可改变气体流量。

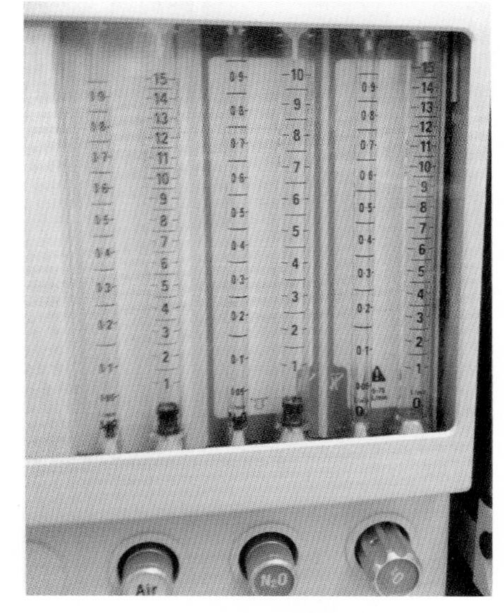

图6–2　不同气体流量计颜色标记示意图

二、流量计

除了控制阀和玻璃管，流量计实际上是由阀门控制的那一部分，可以看到转子的上下浮动，因此流量计又叫转子流量计。流量计的管子又称为索普管，由玻璃制成，可以防止静电对转子的影响及转子黏附在流量计的管壁上，有助于对气流的准确判断。可变节流孔意味着管子的内里是锥形的，底部较窄而越往顶端直径越大。环孔是位于转子和流量计内壁之间的小的环形区域，也是气流在管内通过的地方。气体流经管壁，当气体向上的气压与转子重力达到平衡时，转子悬浮在玻璃管中（图 6–3）。

在低流量时，气流与气体的黏度相关，环绕转子的气流较平缓且呈片状，在高流量时，气流与气体的密度相关并形成湍流。流量计一般在标准大气压（760 mmHg）和室温（20℃）条件下进行校准，高原或高压室内（大气压低于标准水平）可能不准确，流量计的读数低于实际流量。在每个玻璃管的顶端都有一个塞子以防转子升得过高而被机器的仪表盘挡住视线。

O_2 或 N_2O 目前常用进气口可变的悬浮转子式流量计，由透明玻璃管、指示刻度与控制开关组成（图 6–4），指示器一般呈锥形或球形。

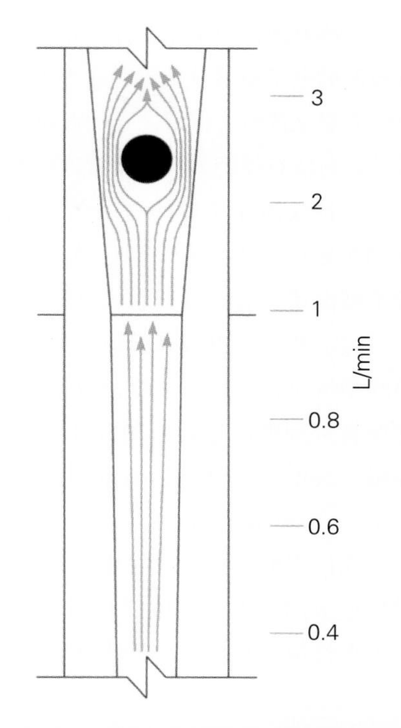

图6–3　流量计中转子周围气流示意图

流量计使用时，转子的旋转和其颜色的醒目都能便于操作者清楚地观察它的转动，也有些转子是固定不动的。观察者通过转子的上端或者球形浮子的中段准确读数。一般麻醉机每种气体至少具备两种流量计。一个用于 1 L/min 以内的精细测量，另一个则是用于超过 1 L/min 的流量测量（图 6–5）。

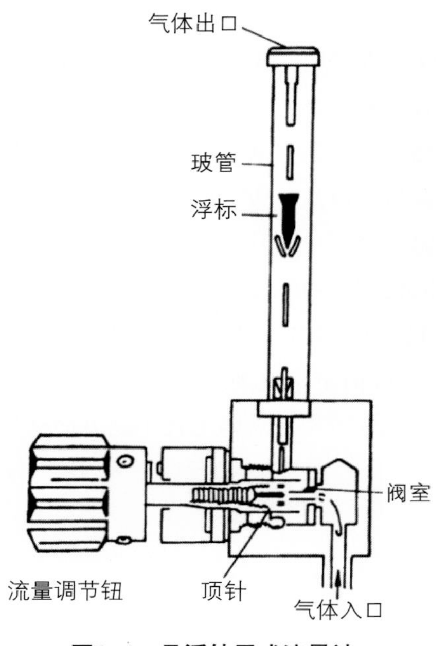

图6–4　悬浮转子式流量计

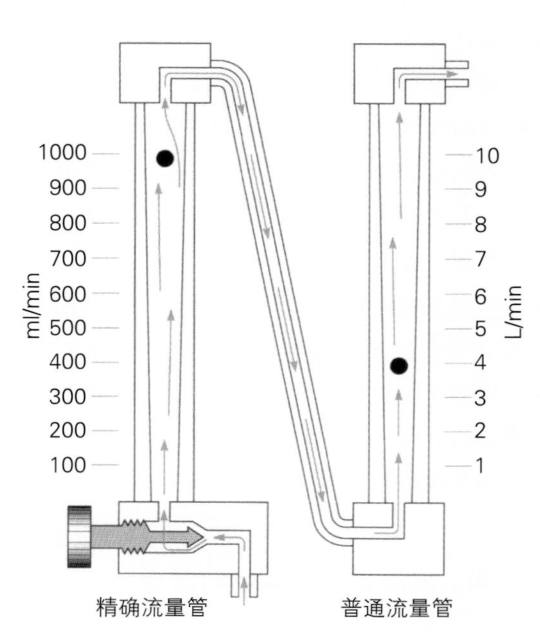

图6–5　精确流量计

一些麻醉机数字流量计，并不会显示实际流量而仅仅显示屏幕数字。也有些麻醉机是由触摸键控制的电子流量计代替，比如 Draeger Apollo 麻醉机。带有这种数字或者电子流量计的麻醉机从外表看来依然会保留老式的玻璃流量计外观。这种备用流量计一般处于待机状态，因为这个流量计是对所有使用的气体流量进行重复记录，所以除非电子屏出了故障，不需要特地打开。

三种气体在流量计的顶端汇合，这个部分由于面板的遮挡而并不明显，也较容易发生气体的泄露。与蒸发器类似，流量计对每一种气体都有独特的设计。如果不同气体的流量计的管子被混淆，那么读数就不准确。

为了测定出更精确的流量值，近年来设计出各种“宽范围的流量计”，常用的有三种：①串联型流量计：由两个浮标重量不同的流量计串联，轻浮标测低气流量，重浮标测高气流量；②单管双刻度流量计，刻度玻璃管下段直径细，圆锥度小，供测低流量用；玻璃管上段的直径粗、圆锥大，供测高流量用；③并立型流量计，同时设置高低两个流量计和针型阀，一个为 10 ～ 100 ml/min, 另一个为 1 ～ 15 L/min，根据需要时选择。

现代麻醉机还设计了电子显示的流量计，使气体流量的设定和数据更准确，更先进的麻醉机还采用了电子气体混合器，使新鲜气体的氧浓度不仅能维持在安全范围之内还能够进行氧浓度设定，这样不仅使操作更简单而且大大提高了新鲜气体的输送精度。

三、流量计可能发生的问题和注意事项

流量计可能发生的问题和注意事项：①使用进气口可变型流量计时须注意防止灰尘、油脂或水分进入流量计或堵塞进气口，否则可防碍浮标活动而影响读数的正确性；微调部件旋转时不能用力过猛，如针形阀旋拧过紧会使阀针变形，以致关闭不全而漏气，读数将不准确。②流量计处于开放状态，浮旋转子处于玻璃管的顶端，很难被麻醉医师察觉。因此，接下来使用这台麻醉机的时候会出现原因不明的异常增高的 FGF 或者氧浓度，高流量率会导致难以解释的潮气量和气道峰压的异常升高。③气体泄漏以及低氧风险：氧流量计的最佳位置则是气体流动的最下游，也就是说你正对着麻醉机时，流量计内气体是从左往右流动的。氧流量计位于最右边以防玻璃管的破裂或气体泄漏。如果麻醉机中除氧气以外的一种或两种气体发生泄漏，仅使用氧气流量计，氧气的上游发生气体泄漏，部分氧气从上游的破口逸出，部分氧气则直接流往下游。总的 FGF 会下降，但输送给患者的氧浓度 FiO_2 不变。如果正在使用的空气或者 N_2O 流量计发生泄漏，部分气体从泄漏口逸出而部分流往下游。因为氧气流量计处于下游位置，损坏的流量计的上游气体促使氧气继续向下游流动，所以 FiO_2 不会有很明显的下降。如果氧流量计处于左边或者中间的位置，氧气可以沿着阻力较小的方向从损坏的地方逸出，从而导致氧浓度的下降。

四、麻醉机防止低氧的装置

麻醉机通过设置一些“故障保护”避免低氧的混合气体输送给患者。部分的装置是通

过流量计来实现的。麻醉机均应有 O_2 和 N_2O 联动或氧比例安全装置，当单独旋开 O_2 流量计针形阀时，N_2O 流量计关闭；当旋开 N_2O 流量计针形阀时，O_2 流量计开放，以确保所需氧浓度；当 O_2 和 N_2O 流量计均已开放，逐渐关小 O_2 流量计时，N_2O 也联动关小，保证足够吸入氧浓度，防止缺氧。使用麻醉机前应检查玻璃外壳是否有破损，如使用时，必须验证 O_2 和 N_2O 联动或比例安全装置的功能。麻醉结束后关闭流量计时，旋钮不能关闭太紧。

（一）氧比例安全装置

在 Dräger 的麻醉机中，装有一种氧比例安全装置，该装置由 O_2 室、N_2O 室和 N_2O 从动控制阀及可活动横杆组成（图 6-6）。其作用原理是利用流体力学、机械及电学联合组成。当 N_2O 流量过高时，横杆右移，限制 N_2O 流量，而 O_2 仍然可以进入 O_2 室。如果 O_2 压力不足时，横杆完全右移，N_2O 从动控制阀则完全关闭，从而防止缺氧发生。

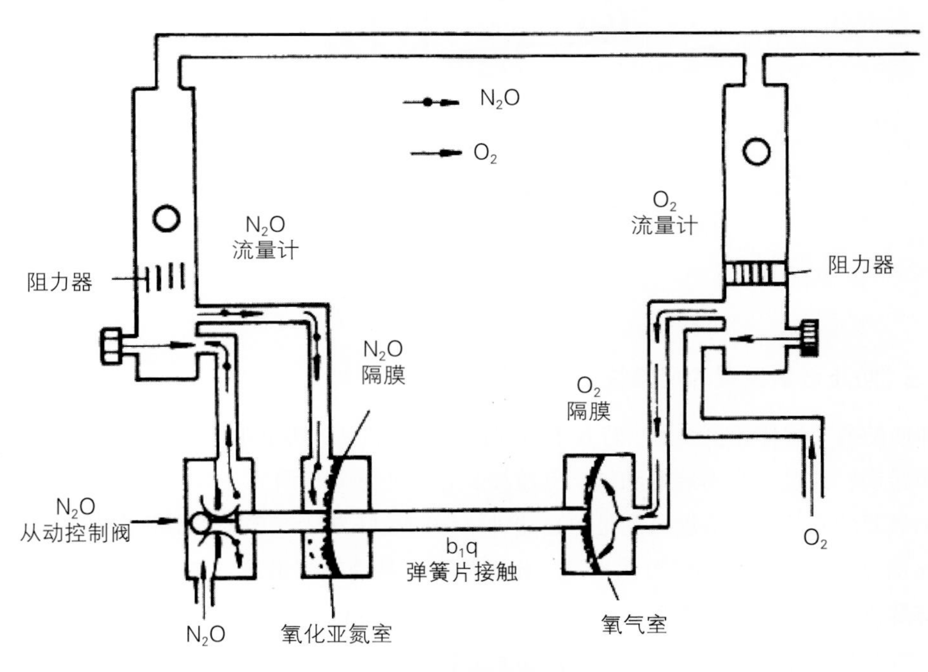

图6-6 氧比例安全装置

（二）齿轮联动装置

GE 的 Datex-Ohmeda 麻醉机在流量计内附有 N_2O-O_2 齿轮联动安全装置，该装置通过齿轮联动的力学原理起作用（图 6-7）。当单独旋开 O_2 流量计针形阀时，N_2O 流量计关闭；当旋开 N_2O 流量计针形阀时，O_2 流量计开放，以确保所需氧浓度；当 O_2 和 N_2O 流量计均已开放，逐渐关小 O_2 流量计时，N_2O 也联动关小，保证吸入氧浓度，防止缺氧。

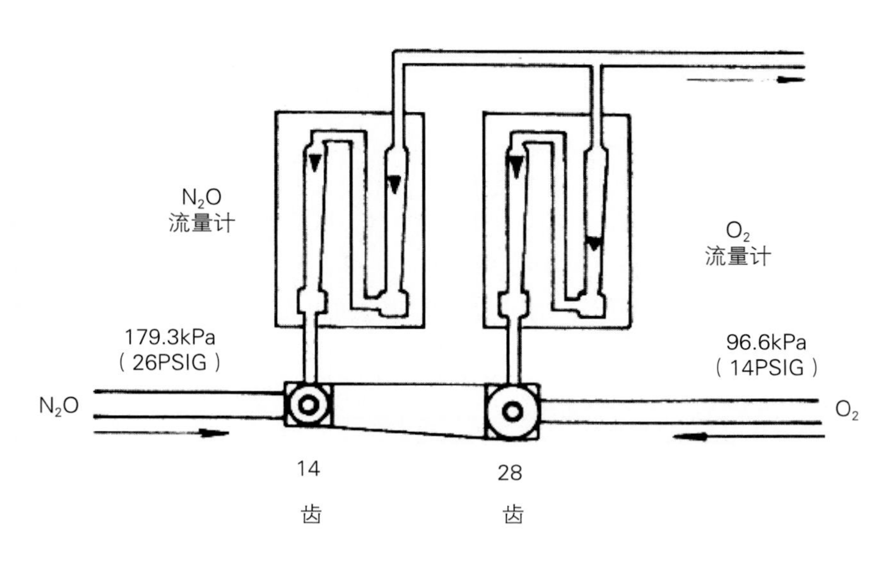

图6-7　N_2O- O_2齿轮联动装置

（三）防止低氧装置的局限性

即使配备了气体比例装置，若发生下列情况，麻醉机仍将输出低氧性气体，应引起注意。①气源错误：流量计联动装置和氧比例监控装置只能感受和调节其内的气体压力和流量，不能识别氧源的真伪。氧浓度监测是防止这种错误的最好方法。②气体比例装置故障：联动装置和比例监控装置的各部件可能损坏，出现故障，从而输出低氧气体。③其他气体的加入：目前麻醉机的气体比例装置只限于控制氧化亚氮和氧的比例，并未考虑其他气体的加入。因此，若加入氦、氮或二氧化碳等气体于麻醉气体中，则有可能产生低氧性的气体输出。此时，强调进行氧浓度监测。④流量计泄露：流量计的相对位置的排列对于可能发生的漏气所致的缺氧有重要意义。玻璃流量管出口处常因垫圈问题发生漏气。此外，玻璃流量管是麻醉机气路部件中最易破损的部件。若存在轻微裂痕不易被察觉，使输出气流量发生错误。如图6-8（A、B）所示，若空气流量管泄漏，则部分氧气将从空气管中漏出，而N_2O流量管因处于下游位置泄漏较少，从而将导致共同输出口的N_2O浓度过高，使患者缺氧。为此，流量管的相对位置应按图6-8（C、D）所示进行安排，使氧流量计设为最下游，以保证安全。但是，即使如此安排，若是氧流量计本身泄漏，缺氧的危险仍无法克服，见图6-8（E、F）。氧浓度监测是防止这种错误的最好方法。

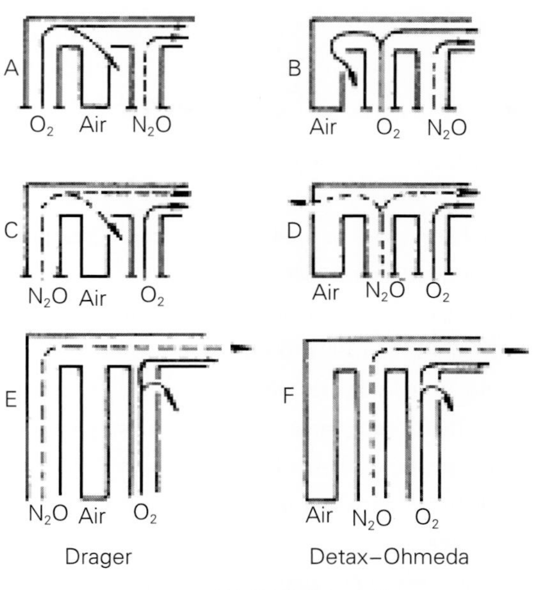

图6-8　流量计的位置安排

五、常规气体排放孔和辅助流量计

(一)常规气体排放孔

气体流出流量计后通过低压系统流入蒸发器，这一部分在第七章有具体介绍。低压系统的末端就是气体排放口，处于麻醉机的气压系统和通气系统的临界面。麻醉机的气压系统将不同的气体调整到合适的浓度，并与汽化的吸入麻醉药形成混合气体。因为现代麻醉机将气体排放孔设计在麻醉机的内部，所以大多数年轻医师可能并未见过这个装置。但在一些老式的麻醉机上（20 世纪 90 年代末期生产），气体排放孔设计在机器的外部，并有一个软管（软管很厚，不易扭断）连接气压和通气两个系统。软管可以从排放孔上取下，因此外置的气体排放孔也可以用作别的用途。Bain 回路可以接到排放孔提供 N_2O 和吸入气体，也可以用来进行低压泄漏测试。如果通气设备发生严重泄漏故障，利用 Bain 回路就能连接排放孔和吸入麻醉药。因此任一带有气体排放孔的麻醉机器都具有类似的功能。

(二)辅助气流流量计

有些麻醉机装有内置的辅助氧气流量计。这是一种与墙上的气源连接的流量计，而不是装在麻醉机上的类似氧气、氧化亚氮和空气流量计。最大流量为 10L/min，便于为局麻或脊髓麻醉的患者供氧。也可以用于清醒插管时通过纤维支气管镜给氧，不仅保证了氧的供给，也避免了呼吸道分泌物和血液流入纤维支气管镜。部分辅助流量计只是用于墙式供氧系统，当使用压缩气体供氧时不能发挥作用。

（杨瑜汀　杨立群）

参考文献:

[1] 杭燕南,庄心良,蒋豪等主编.当代麻醉学.上海:上海科学技术出版社,2002:152-172.

[2] Rose G,Mclarney JT.Anesthesia equipment simplified [M].New York: Mc Graw Hill Medical, 2014,33-44.

[3] Odin,I.Nathan,N.What are the changes in paediatric anaesthesia practice afforded by new anaesthetic ventilators [J]. Ann Fr Anesth Reanim, 2006, 417-423.

[4] Otteni,J.C.Ancellin,J.Defective gas mixers,a cause of retro-pollution of medical gas distribution pipelines [J].Ann Fr Anesth Reanim,1997,68-72.

[5] Perndt,H.K.The ULCO anaesthetic suitcase.2002,800-803.

[6] Otteni,J.C.Ancellin,J.Anesthesia equipment: fresh gas delivery systems.I.Mecanical systems with rotameters and calibrated vaporizer [J].Ann Fr Anesth Reanim, 1999,956-975.

[7] Premdas,C.E.Pitt Ford,T.R.Effect of palatal injections on pulpal blood flow in premolars [J].Endod Dent Traumatol, 1995,274-278.

[8] Puri,G.D.George,M.A.Awareness under anaesthesia due to a defective gas-loaded regulator [J]. Anaesthesia, 1987,579-580.

第七章 | 蒸发器的功能

蒸发器是人机交互最多的麻醉部件之一，使用吸入麻醉药时，麻醉医师不断地调整蒸发器刻度以此控制麻醉深度。因此，必须对其工作原理有详细的了解，同时应掌握有关吸入麻醉药的药代学和药效学知识。

第一节　吸入麻醉药的性质和最低肺泡有效浓度

一、吸入麻醉药的理化性质

（一）吸入麻醉药的一般理化性质

吸入麻醉药的一般理化性质（表 7–1）。乙醚具有可燃可爆炸的特性，已不用于临床，临床应用的吸入麻醉药的理化特性（表 7–1）。

表7–1　吸入麻醉药的理化性质

	异氟烷	七氟烷	地氟烷	氧化亚氮
分子量	184.5	200	168	44.0
沸点°（1个大气压）	48.5	58.5	23.5	–88.0
蒸汽压20°（mmHg）	240	156.9	670	39 000
潜热20°（kJ/mol）		7.90		18.2
液体比重（g/ml）	1.50	1.25	1.45	
Antoine常数（kPa）				
A	4.822			6.702
B	536.46			912.90
C	141.0			285.3
20℃每ml液体产生的蒸汽（ml）	196			

(二)分配系数

分配系数(partition coefficient),又名溶解度,是指麻醉药(蒸汽和气体)在两相中达到动态平衡时的分压比值。常用吸入麻醉药的分配系数见表 2-3。血/气分配系数即是在体温 37℃、相同的部分压力下,吸入麻醉药在血中和肺泡气中达到动态平衡时的分压比值。吸入浓度恒定时,血/气分配系数高,说明该药吸入肺泡后,经肺循环大量溶解于血液中,肺泡内分压上升缓慢,难以达到有效的麻醉水平,麻醉诱导时间长、苏醒慢;反之,血液中的溶解度低,诱导时间短、苏醒快。吸入麻醉药以扩散方式通过肺泡膜,它的摄取和分布很大程度上受肺循环和心输出量的影响。对于血/气分配系数大的麻醉药,心输出量的影响更大。诱导时静脉血将麻醉药转运至全身各组织,其分压低于肺泡内分压。当全身各组织、静脉血和肺泡内麻醉药分压差达到动态平衡时,摄取将趋于停止。吸入麻醉药的可控性与血/气分配系数的大小呈反比。如前所述,该系数越小,麻醉药在血液中的溶解度越低,则肺泡气与血供良好的神经系统内的分压越容易达到平衡,也就越容易控制麻醉药在中枢神经系统中的分压。

二、吸入麻醉药的药代动力学

吸入麻醉药的药代动力学主要包括药物的吸收、分布、代谢和排泄等。一般认为吸入麻醉药是按四室模型进行分布的,但目前有观点认为其是按五室模型进行分布的。吸入麻醉的麻醉深度取决于脑组织中吸入麻醉药的分压。药物经呼吸从肺脏进入机体需要跨过多种生物膜,如:肺泡膜、毛细血管膜、细胞膜等,只有经过这些屏障,吸入麻醉药才能再分布到全身各个脏器和组织,进入中枢神经系统发挥麻醉作用。在此过程中,吸入麻醉药,扩散速度受到生物膜两侧的分压差、药物在组织中的溶解度(包括血浆)、药物的分子量、扩散面积、扩散距离和温度等因素的影响。其中,吸入麻醉药的血溶解度(血/气分配系数)、组织溶解度(组织/血分配系数)以及循环状况等是影响其吸收和分布的主要因素。

(一)吸收和分布

1. 麻醉药向肺泡内的输送

肺泡内麻醉药的分压直接影响脑内分压,可以作为麻醉深度和中止麻醉后清醒的指标,并可以用来测定肺泡气最低有效浓度。吸入浓度和肺泡通气量决定了麻醉药向肺泡内的输送:①吸入浓度越高,则肺泡麻醉药浓度上升越快,称为浓度效应。②同时吸入高浓度气体和低浓度气体时,低浓度气体的肺泡浓度及血中浓度提高的速度较单独使用相等的低浓度气体时快,称为第二气体效应。其原理是:高浓度气体被大量摄取后,肺泡体积缩小,第二气体的浓度升高;再次吸入混合气体以补充被摄取的体积时,第二气体的分压升高。③对于易溶和中等溶解度的药物而言,分钟通气量增加,肺泡内吸入药物分压迅速增加,可以补偿血液摄取的药物。

2. 肺循环血液对麻醉药的摄取

肺循环血液对麻醉药的摄取取决于麻醉药在血中的溶解度，心输出量和肺泡—静脉血麻醉药分压差（分配系数）。常用吸入麻醉药的分配系数（表 2–3）。吸入浓度恒定时，血 / 气分配系数高，说明该药吸入肺泡后，经肺循环大量溶解于血液中，肺泡内分压上升缓慢，难以达到有效的麻醉水平，麻醉诱导时间长、苏醒慢；反之，血液中的溶解度低，诱导时间短、苏醒快。吸入麻醉药以扩散方式通过肺泡膜，它的摄取和分布很大程度上受肺循环和心输出量的影响。当肺循环血流快或心输出量大时，吸入麻醉药快速被血液摄取，导致肺泡内麻醉药的分压上升缓慢，难以达到麻醉的有效浓度；在休克、心衰等心输出量减少的情况下，血液对麻醉药的摄取减少，肺泡内分压上升快，能较快达到麻醉的有效浓度。对于血 / 气分配系数大的麻醉药，心输出量的影响更大。诱导时，静脉血将麻醉药转运至全身各组织，其分压大大低于肺泡内分压。当全身各组织、静脉血和肺泡内麻醉药分压差达到动态平衡时，摄取将趋于停止。

3. 组织对麻醉药的摄取

组织对麻醉药的摄取取决于麻醉药在组织中的溶解度，组织的血流量和动脉血—组织间的麻醉药分压差即为组织 / 血分配系数是指体温 37℃、相同的分压下，吸入麻醉药在组织和血液中达到动态平衡时的麻醉药分压比值。由于麻醉药的理化性质、组织生化特点不同，各种麻醉药在机体各组织的溶解度（组织 / 血分配系数）也不同。组织 / 血分配系数大，说明组织分压上升慢；反之则上升快。组织摄取能力＝组织容积 × 组织 / 血分配系数。机体组织中，由于脂肪的容积较大；常用的吸入麻醉药中，除了 N_2O 和乙醚的脂肪 / 血分配系数较小，其他的吸入麻醉药脂肪 / 血分配系数均较大；脂肪的血流仅占心输出量的 1.5%，因此脂肪组织对吸入麻醉药的摄取量最大，但分压上升慢，达到与动脉血分压平衡的时间长。尽管各种吸入麻醉药对同一组织的组织 / 血分配系数不同，但由于数值较小，差异并不显著（脂肪除外），故组织中麻醉药分压升高主要受组织血流的影响。血流丰富的组织，如：脑、心脏、肝脏、肾脏和肺脏的血流量占心输出量的 75%，因此，组织分压上升快，达到与动脉血麻醉药分压平衡的时间短。例如：肌肉的容积大于脂肪，但肌肉 / 血分配系数小，对麻醉药的摄取量小于脂肪；肌肉的血流量占心输出量的 18.1%，达到与动脉血麻醉药分压平衡的时间在脂肪与血流丰富组织之间。动脉血–组织间的麻醉药分压差随着麻醉时间的延长而缩小，组织对麻醉药的摄取也相应减少，直至两者达到动态平衡，摄取停止。

4. 影响吸收和分布的因素

（1）麻醉药的吸入浓度　吸入浓度与麻醉药在残气量中的浓度呈正相关，通过提高吸入浓度，可以增加肺泡气中麻醉药的浓度，从而增加脑组织内的麻醉药分压，加深麻醉。

（2）分钟肺泡通气量　肺泡通气量越大，则单位时间内进入体内的麻醉药越多，麻醉药容易被“洗入”（wash in），从而可缩短诱导时间。功能残气量与肺泡通气量的比值越大，则肺泡内麻醉药越容易被稀释。

（3）肺泡气麻醉药进入肺循环的能力　取决于麻醉药的物理性能：血 / 气分配系数。如上所述，吸入麻醉药的可控性与血 / 气分配系数的大小呈反比。

（4）每分钟肺灌流量的大小　理想的肺通气/血流比值为0.82。对于血/气分配系数大的麻醉药来说，心输出量越大，吸收越多。心血管疾病如房缺、室缺，由于增加了肺血流，可以影响吸入麻醉药的诱导速度。

（5）麻醉药在一定分压下的作用时间　动静脉内麻醉药分压与动静脉分压之差均决定于作用时间，当静脉和肺泡内的分压相近时，麻醉药的摄取接近停止。

（二）吸入麻醉药的清除

常用的吸入麻醉药大部分从肺呼出而被清除；小部分在体内进行生物转化，主要通过肝微粒体酶进行氧化、还原、水解和结合，最终被排出体外；还有极少量经手术创面、皮肤、尿排出。上述麻醉药吸收和分布的相关因素，同样可以用来分析它们的清除速度。例如：通气量增加，则麻醉药容易被“洗出”（wash out）；脂溶性越高，血/气分配系数、组织/血分配系数越大，则清除越慢；此外供血丰富组织的麻醉药的分压下降较快等。据此，吸入麻醉药的清除速度依次为：地氟烷>氧化亚氮>七氟烷>异氟烷>恩氟烷>氟烷>甲氧氟烷>乙醚。同理，麻醉时间的长短、肺通气/血流比值以及分压差的大小也都会影响到吸入麻醉药的清除。

三、最低肺泡有效浓度（minimum alveolar concentration，MAC）

最低肺泡有效浓度（MAC）指在一个大气压下，使50%的人（或动物）在受到伤害性刺激时不发生体动的肺泡气中吸入麻醉药的浓度。MAC相当于药理学中反映量–效曲线的ED_{50}，如果同时使用两种吸入麻醉药如七氟烷和氧化亚氮（氧化亚氮、N_2O）时，还能以相加的形式来计算，如两种麻醉药的MAC均为0.5时，可以认为它们的总MAC为1.0 MAC。定义中的伤害性刺激是指外科手术切皮。表7–2为常用吸入麻醉药的MAC值（30~60岁）。

表7–2　常用吸入麻醉药的MAC值（30~60岁）

药物	N_2O	氟烷	恩氟烷	异氟烷	七氟烷	地氟烷
MAC	104	0.77	1.68	1.15	1.85	6

（一）MAC的临床意义

（1）反映吸入麻醉药的效能　MAC可作为所有吸入麻醉药效能的统一评价标准，MAC值越大该吸入麻醉药的效能越弱，如地氟烷MAC为6，是挥发性吸入麻醉药中效能最低的。

（2）判断吸入麻醉深度　MAC是判断吸入麻醉深度的一个重要指标，当达到平衡时，肺泡气内吸入麻醉药的分压与动脉血及效应部位的分压平行，因此可通过监测MAC来了解效应部位吸入麻醉药的浓度，更加方便直观地对麻醉深度进行判断。

（二）MAC的扩展值

1MAC所达到的麻醉深度大都不能满足临床麻醉所需的深度，因此在麻醉时必须增加

MAC 或与其他麻醉药如阿片类药物、静脉麻醉药和肌肉松弛药联合应用。MAC 提供了一种麻醉药效能的测量方法，它反映的是吸入麻醉药量–效反应曲线中的一个设定点即有效剂量的中位数，其他端点则代表了不同水平的麻醉深度，由此而衍生出一系列 MAC 扩展值（表 7–3）。

表7–3　常用的MAC扩展值

$MACawake_{50}$	1/4–1/3MAC
MAC_{95}（切皮无体动）	1.3 MAC
MAC EI_{50}	1.5 MAC
MAC EI_{95}	1.9 MAC
MAC_{BAR}	1.7 MAC

（1）半数苏醒肺泡气浓度（$MAC_{awake50}$）　是指停止麻醉后，50% 患者对简单指令能睁眼、抬头、点头时的肺泡气吸入麻醉药浓度，可视为患者苏醒时脑内麻醉药分压，大约为 1/4~1/3（0.4 ~ 0.6）MAC （表 7–4）。

表7–4　常用吸入麻醉药$MAC_{awake50}$

吸入麻醉药	$MAC_{awake50}$	$MAC_{awake50}$/MAC
氧化亚氮	68%	0.64
氟烷	0.41%	0.55
异氟烷	0.49%	0.38
七氟烷	0.62%	0.34
地氟烷	2.5%	0.34

（2）95% 有效剂量（MAC95）　指使 95% 人（或动物）在受到伤害性刺激不发生体动时的肺泡气吸入麻醉药的浓度，相当于 1.3 MAC, 即临床麻醉浓度。

（3）半数气管插管肺泡气浓度（MAC EI_{50}）　指吸入麻醉药使 50% 患者于喉镜暴露声门时容易显露会厌、声带松弛不动，插管时或插管后不发生肢体反应时的肺泡气吸入麻醉药浓度。MAC EI_{95} 是指 95% 患者达到上述气管插管标准时吸入麻醉药的肺泡气浓度。

（4）MAC_{BAR50} 和 MAC_{BAR95}　分别是使 50% 和 95% 患者在切皮时不发生交感、肾上腺素等内分泌应激反应所需要的肺泡气麻醉药浓度；相当于 1.7 MAC。七氟烷的是 2.2 MAC。0.645 MAC 是较为常用的亚 MAC（Sub MAC）剂量；2 MAC 是超 MAC（super MAC）。

术中知晓是临床麻醉中较为严重的并发症，一直受到麻醉医生的关注。当吸入麻醉药达到 0.6 MAC 以上时就具有很好的意识消失和遗忘作用，因此建议临床应用时应达到 0.6 MAC 以上，或同时使用其他静脉麻醉药。

（三）影响吸入麻醉药 MAC 的因素

（1）降低吸入麻醉药 MAC 的因素　①年龄：随着年龄的增加，中枢神经系统对吸入麻醉药的敏感性有所增加。因此，MAC 随年龄的增长有所减小。6~12 个月婴儿的 MAC 最大，80 岁时大约是婴儿的一半。②低体温：随着体温的降低，吸入麻醉药 MAC 亦有所下降。体温每降低 1℃，MAC 值约降低 2%~5%。③合并用药：多种药物可使吸入麻醉药的 MAC 值降低，包括阿片类药物、静脉麻醉药、α_2 受体激动剂、局麻醉药及使中枢神经儿茶酚胺减少的药物如利血平等。④妊娠：妊娠期妇女对麻醉药的敏感性增加，吸入麻醉药的 MAC 值也随之降低。妊娠 8 周时 MAC 降低 1/3，而产后 72 h MAC 恢复至正常水平。⑤中枢神经系统低渗：如脑内钠离子浓度降低。⑥急性大量饮酒。

（2）增加吸入麻醉药 MAC 值的因素　①随着年龄的降低，MAC 值有所增加。②体温升高时吸入麻醉药的 MAC 值增加，但超过 42℃后反而降低。③兴奋中枢神经系统的药物如右旋苯丙胺、可卡因等。④慢性嗜酒。⑤中枢神经系统高渗，如脑内 Na 离子浓度增加。

（3）不影响吸入麻醉药 MAC 值的因素　①性别。②麻醉和手术时间的长短。③在一定范围内的呼吸或代谢性酸、碱改变。④等容性贫血。⑤高血压。⑥甲状腺功能亢进。⑦昼夜变化。⑧刺激强度。

第二节　蒸发器的结构和原理

麻醉蒸发器的发展已有近 50 年的历史，早期的乙醚蒸发器是安置在回路内的，现代麻醉机的蒸发器安置在麻醉呼吸回路系统外。经流量计后的新鲜气流（O_2 和 N_2O）先通入蒸发器，麻醉蒸汽与主气流混合后经共同输出口送入麻醉呼吸回路。该位置所输出的麻醉蒸汽浓度较为恒定，不受通气量的影响，能够正确调节浓度。临床常用的有德国 Dräger 公司的 Vapor 系列（19.n，2000，3000），Detax-Ohmeda 公司的 Tec（3-7）系列，Penlon PPV Sigma 以及国产的仿制蒸发器（图 7-1）。

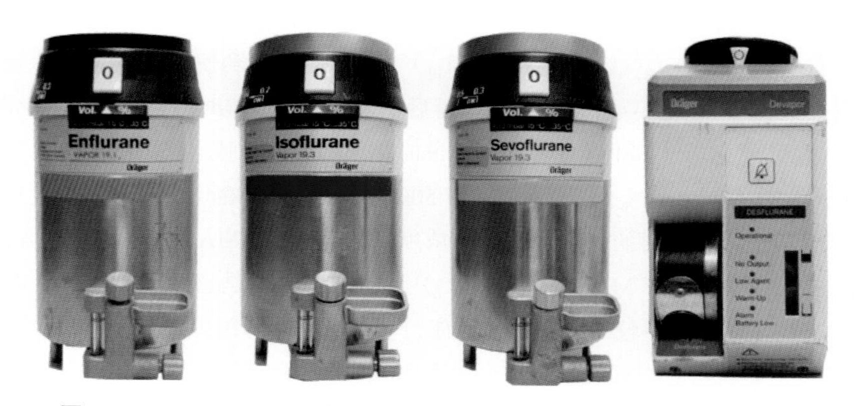

图7-1　Detax-Ohmeda的Tec系列和Dräger的Vapor系列的部分蒸发器

一、蒸发器的简单结构原理

蒸发器内部构造比较复杂，简单结构原理（图 7–2）。气流（O_2 和 N_2O）到达蒸发器时分成两部分，小于 20%的气流经过蒸发器带出饱和麻醉气体；大于 80%的气流从旁路直接通过蒸发器，两者在出口处汇合，其比例根据两者的不同阻力而定。转动浓度转盘后可改变阻力比例，输出不同浓度。为了保持比较恒定的麻醉药浓度，麻醉蒸发器都应具有完善的温度补偿、压力补偿和流量控制等装置，这类蒸发器都是为特定的麻醉药设计的，不能混用，称为可变旁路蒸发器。目前，临床常用的有德国 Dräger 公司的 Vapor 系列（19.n，2000），Detax–Ohmeda 公司的 Tec 系列以及国产的仿制蒸发器。

通常快速充氧开关产生的高速氧流（大约 60 L/min），不流过蒸发器，其中挥发性麻醉气体的浓度为零，因此快速充入的氧气会稀释呼吸回路中的麻醉气体浓度。

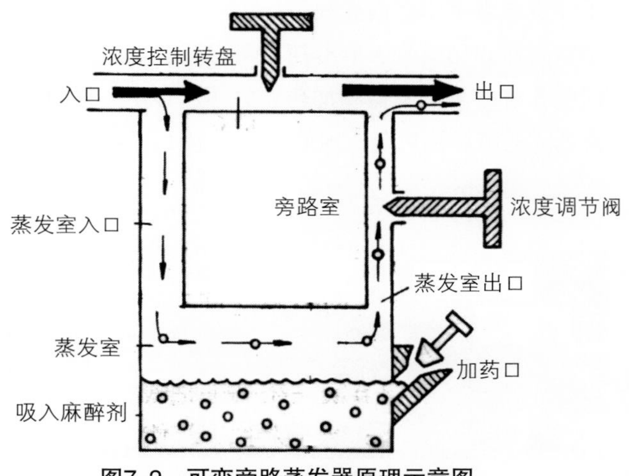

图7–2　可变旁路蒸发器原理示意图

二、气体的化学和物理特性

气体由化学物质在其容器中达到沸点形成。氧气、二氧化碳、氮气等均为气体，因为室温下其均达到沸点而以气态存在。平时用的麻醉气体在手术室室温下均未达到其沸点（地氟烷室温下接近沸点，但尚未达到），吸入麻醉药称不是气体而是挥发性液体。在麻醉机中应用的气体为氧气、空气和氧化亚氮。

现在吸入麻醉药多包装在塑料容器中，不像过去包装在金属容器中。因此可以想象在天气炎热时，容器中的气体会膨胀，甚至使容器变形。因为挥发的气体对容器壁会产生压力，这是封闭容器内气压形成的原理。

组成气体的碳氢化合物分子在其气液面不停地交换，使其处于一个动态平衡中。动态平衡受温度变化的影响。比如气温为 90 ℉时封闭容器中气体的量较 70 ℉时多（此时具有更高的气压，并且有可能使塑料容器变形）。在 30 ℉时，容器中的气体就更少了。上述三种温度中碳氢化合物分子的总量是一定的，而随着温度的升高，封闭容器的气压升高，其气体分子的含量也增加。如将气体换成七氟烷，其在蒸发器中发生的改变可用上述原理解释。只是蒸发器做得更精细，以确保七氟烷气体分子的量准确可控。因此现代的蒸发器都有以下几个要素：分流控制、吸入麻醉药特异性、温度补偿、流量控制和位于呼吸回路外等。

（一）分流控制

旋转蒸发器刻度盘可以控制多少新鲜气流进入蒸发器，多少气流从旁路流出，从而能决定有多少新鲜气流与吸入麻醉药混合（带走吸入麻醉药），有多少新鲜气流不经过蒸发器直接进入呼吸回路。

（二）吸入麻醉药的特异性

一种特定的蒸发器只能用于特定的吸入麻醉药，这与特定的吸入麻醉药特性有关，调控其在新鲜气流中的分压。20 世纪 90 年代早期，蒸发器内没有确保其与特定的吸入麻醉药安全匹配的装置。如果不注意或者手术室内光线不好，有可能会将错误的吸入麻醉药倒进蒸发器。现在已有很多安全装置防止用错吸入麻醉药。蒸发器有特定的接口只能与相应的吸入麻醉药加药器相接，不同吸入麻醉药蒸发器和加药器的颜色是不一样的，氟烷是红色，恩氟烷是橘红色，异氟烷是紫色，七氟烷是黄色，地氟烷是蓝色（图 7–3）。

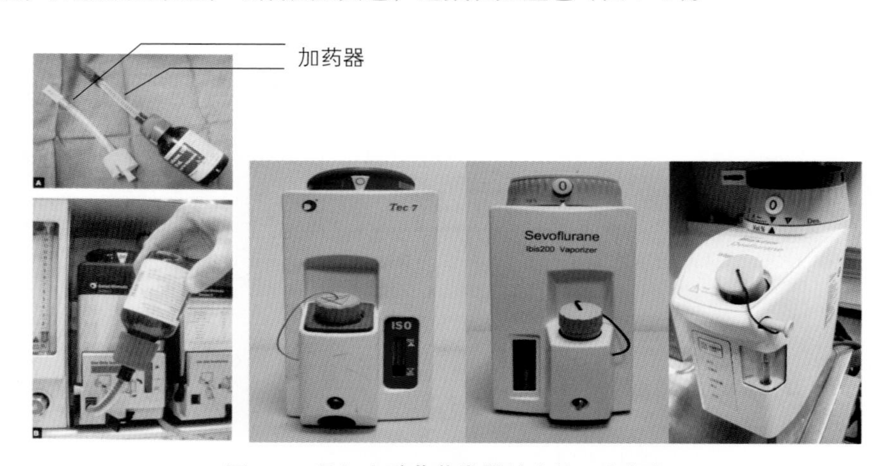

图7–3　吸入麻醉药蒸发器特定接口和颜色

（三）流量控制

旋转蒸发器刻度转盘时，能控制进入蒸发器的新鲜气流，新鲜气流进入到蒸发器经过吸入麻醉药上方时会带走麻醉气体。老式蒸发器中，新鲜气流以气泡式通过。因为气流是从吸入麻醉药的下方通过的。气泡的表面能带走大量的麻醉气体。蒸发器的大小限制了新鲜气流带走麻醉气体的量（没有足够的空间用于麻醉气体与新鲜气流的交换）。比如新鲜气流流量 6 L/min，需要达到的的七氟烷浓度为 3% 时，蒸发器没有足够的空间用于麻醉气体与新鲜气流的交换。解决的办法为装上许多毛细管。蒸发器内存在大量的毛细管，类似于灯芯样的结构，能大量增加麻醉气体与新鲜气流的交换面积。

(四)温度补偿

不同温度下气体的交换平衡有很大区别。温度越高，气相分子越多，反之亦然。那么在不同温度的手术室内麻醉机蒸发器内麻醉气体浓度有很大变化，例如在温度较高的儿科手术室内和温度较低的心胸外科手术室内，蒸发器对麻醉气体浓度的调控是不一致的。这都是温度补偿装置的作用。除室温外，麻醉药在挥发过程中消耗热能使液温下降也是影响蒸发器输出浓度的主要原因。现代蒸发器除了采用大块青铜作为热源外，一般采取自动调节载气与稀释气流的配比关系的温度补偿方式，应用双金属片或膨胀性材料，当蒸发室温度下降时，旁路的阻力增加，而蒸发室的阻力减少，使流经蒸发室的气流增加，从而保持输出浓度的恒定。一般温度在 20~35℃之间，可保持输出浓度恒定。

三、影响蒸发器输出浓度的因素

(一)大气压

大气压高则蒸发器输出浓度降低，反之，大气压低输出浓度升高。如在 1 个大气压下时输出 3%蒸汽，而在 3 个大气压的高压舱内只输出 1%蒸汽。

(二)流量

在流经蒸发器的流量极低或极高时，蒸发器的输出浓度可能会发生一定程度地降低。可变旁路型蒸发器在流量低于 250 ml/min 时，因挥发性麻醉药蒸汽的比重较大，进入蒸发室的气流压力较低，不足以向上推动麻醉药蒸汽，使输出浓度低于调节盘的刻度值。相反，当流量高于 15 L/min 时，蒸发室内麻醉药的饱和及混合不能完全，而使输出浓度低于调节盘的刻度值。此外，在较高流量时，旁路室与蒸发室的阻力特性可能发生改变，导致输出浓度下降。Tec 4 和 Vapor 2000 型增加了纱芯和挡板系统，从而扩大了挥发的有效面积，在临床使用的流量范围内，能保持恒定的阻力特性（图 7-4）。

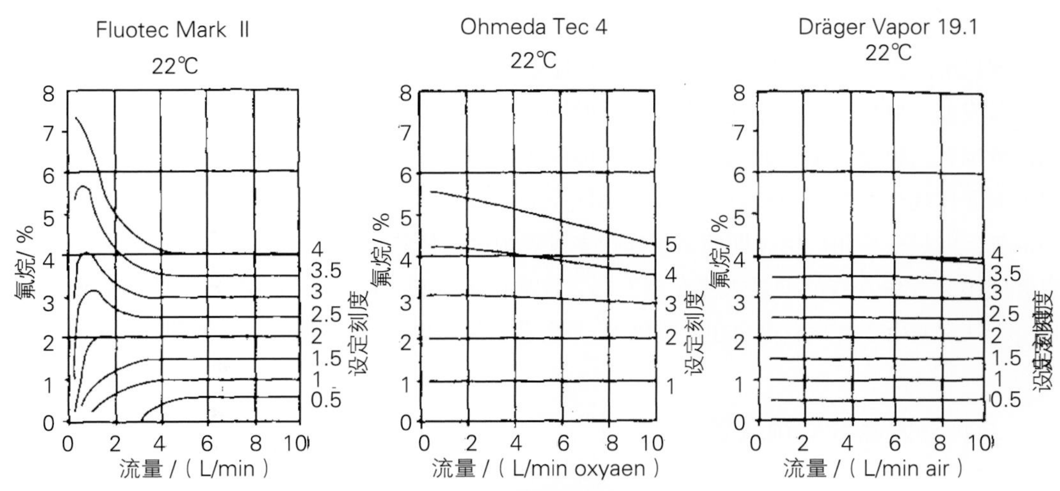

图 7-4 不同流量时蒸发器的输出性能

（三）温度

温度的变化可直接影响挥发作用。除室温外，麻醉药在挥发过程中消耗热能使液温下降是影响蒸发器输出浓度的主要原因。

（四）间隙逆压和泵吸作用

间歇正压通气和快速充氧可使蒸发室受到间歇逆压，表现为蒸发器的输出浓度高于刻度数值，称为“泵吸作用”。泵吸作用在低流量、低浓度设定及蒸发室内液体麻醉药较少时更加明显。此外，呼吸机频率越快、吸气流速越高或呼气期压力下降越快时，泵吸作用越明显。

Tec 4 和 Vapor 2000 的泵吸作用已不明显，设计时主要采取了下列方法：①缩小蒸发室内药液上方的空间，尽可能增大旁路通道；②将螺旋盘卷的长管接到蒸发器的入口处，使增加的气体所造成的压力影响在螺旋管中得以缓冲；③在蒸发器的输出口处安装一个低压的单向阀（阻控阀），以减少逆压对蒸发器的影响。

（五）载气成分

流经蒸发器的载气成分可影响蒸发器的输出浓度，N_2O 增高时蒸发器输出浓度即下降，以后略有回升。N_2O 的液态挥发性麻醉药的溶解度大于 O_2，因此使离开蒸发室的气体量有所减少，输出浓度下降。以后 N_2O 的溶解趋于饱和，输出浓度得以回升。反之，停用 N_2O 改为纯 O_2 时，蒸发器输出浓度会一过性升高。

第三节　蒸发器的位置和联锁装置

一、蒸发器的位置

现代麻醉机的蒸发器安置在麻醉呼吸环路系统外。经流量计后的新鲜气流（O_2 和 N_2O）先通入蒸发器，麻醉蒸汽与主气流混合后经共同输出口送入麻醉呼吸环路。该位置所输出的麻醉蒸汽浓度较为恒定，不受通气量的影响，能够正确调节麻药浓度。以前的蒸发器都接在呼吸回路上而非像现代麻醉机的蒸发器位于呼吸回路的上游。旧式蒸发器应用对麻醉气体的调控相对不准确，但过去应用广泛，即便是现在很多发展中国家依然在用。嵌入回路式蒸发器的缺点是患者呼出废气中含有的大量水汽在蒸发器气液界面上沉积，阻止吸入麻醉药物进入新鲜气流。另一个缺点是由于其没有锁定在麻醉机上，蒸发器容易翻倒，导致液态吸入麻醉药进入旁路气流。

二、蒸发器的联锁装置

现代麻醉机多装置 2~3 种不同药物的专用蒸发器，一般以串联形式相联，使用十分方便。

为防止同时开启两种蒸发器多装有联锁装置。

第四节　各种蒸发器介绍

一、Vapor 2000 型蒸发器

Vapor 2000 型是 Dräger 的蒸发器（图 7–5、图 7–6、图 7–7、图 7–8），相对于 Vapor 19.n 型有以下几点不同：①蒸发器容积由 130 ml 增至 300 ml，使每次可以加入更多麻醉药物；②组成部件由 70 多个减少至 4 部分；③温度范围由 15 ~ 35℃加大到 10 ~ 40℃；④氟烷与异氟烷吸入范围由 0.2% ~ 5%加大到 0.2% ~ 6%；恩氟醚吸入范围由 0.2% ~ 7%加大到 0.2% ~ 8%；⑤装入底座前无法打开蒸发器；蒸发器在工作期间无法取下；⑥旋转开关的颜色根据不同的麻醉药采用了相应的颜色。同时 Vapor 2000 型设计中还加入其他一些改进，如将三个支撑脚改为平面底，采用了玻璃可视窗口以观察药物剩余量。所有这些都增加了其使用的安全性与可靠性，使之在低流量麻醉的实施中更有优势。

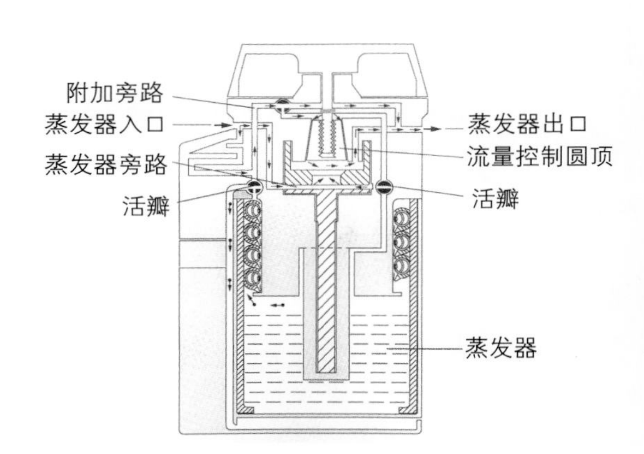

图7–5　蒸发器处于“0”位（关闭状态）的气体通路

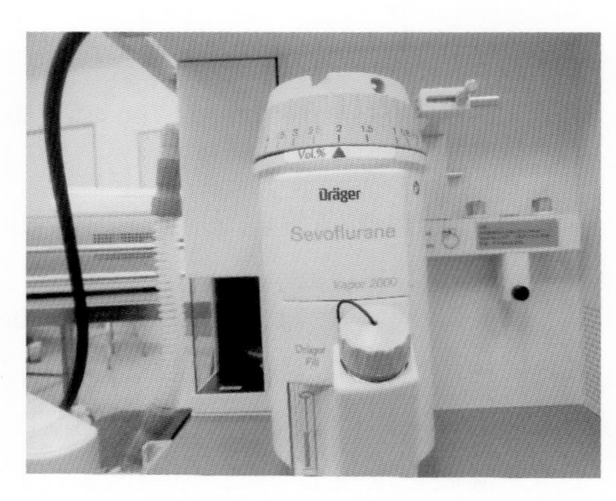

图7–6　七氟烷Vapor 2000型蒸发器

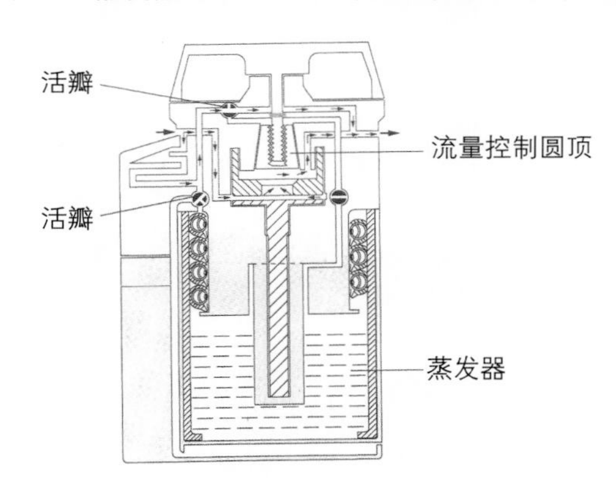

图7–7　蒸发器处于“T位”（搬运状态）的气体通路

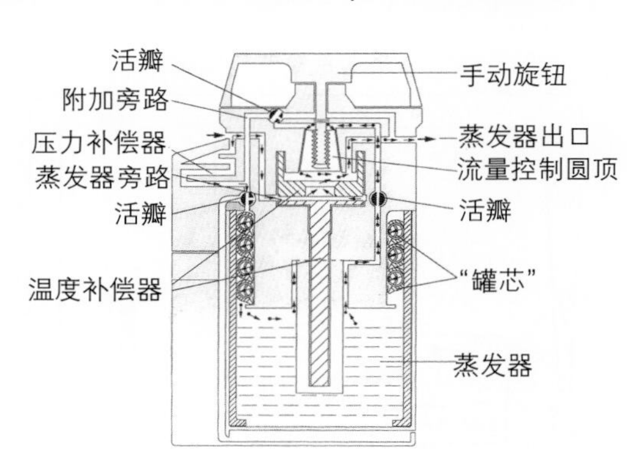

图7–8　蒸发器打开（工作状态）时的气体通路

二、Detax-Ohmeda Tec 4（图 7-9）和 Tec 7（图 7-10）蒸发器

当蒸发室内温度下降时，双金属阀门开大，通过蒸发室的气流增多，从而保持蒸发器的输出浓度的稳定。调节钮顺时针旋转时，开启蒸发器，并调节蒸发器的输出浓度。

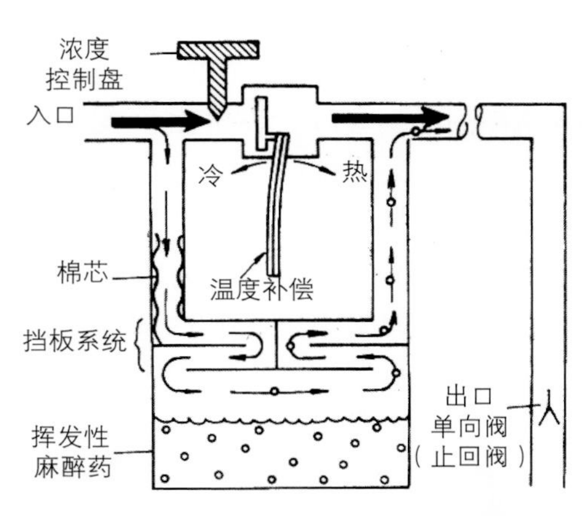

图7-9　Detax-Ohmeda Tec 4蒸发器

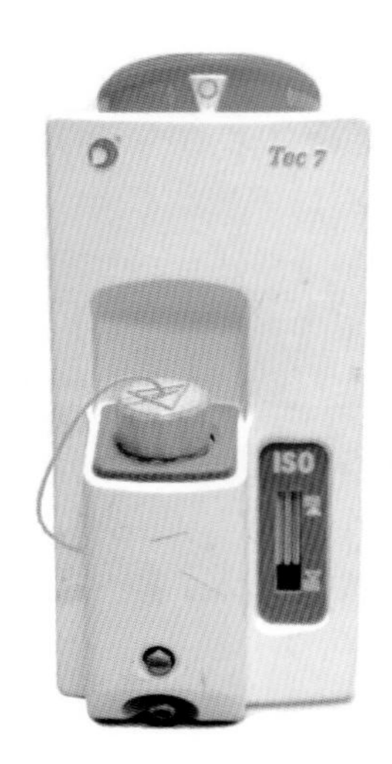

图7-10　Detax-Ohmeda Tec 7蒸发器

三、地氟烷蒸发器（图 7-11，图 7-12）

地氟烷及其蒸发器比较特殊，与之前的恩氟烷、异氟烷、七氟烷及氟烷都有所不同。地氟烷的挥发性很强，沸点很低（23.5℃或者 74.3 ℉），如果将一点点的地氟烷泼到麻醉机的金属架上，液体将很快消失。很小的温度改变就会引起蒸汽分压较大的变化。74.3 ℉对于手术室温度略微高了一点，但与大多数手术室的外界温度依然比较接近。用电加热并保持

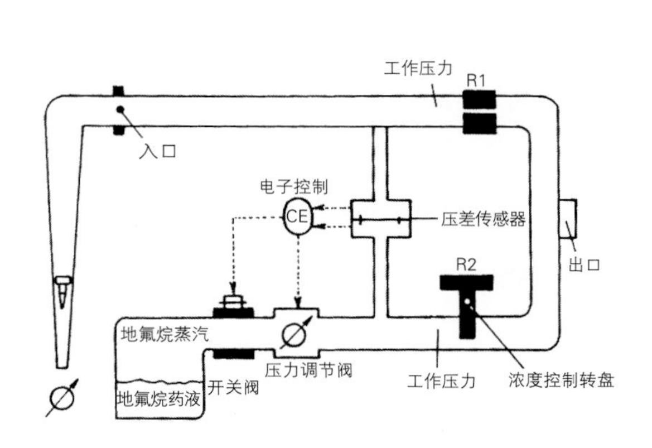

图7-11　地氟烷蒸发器结构原理图

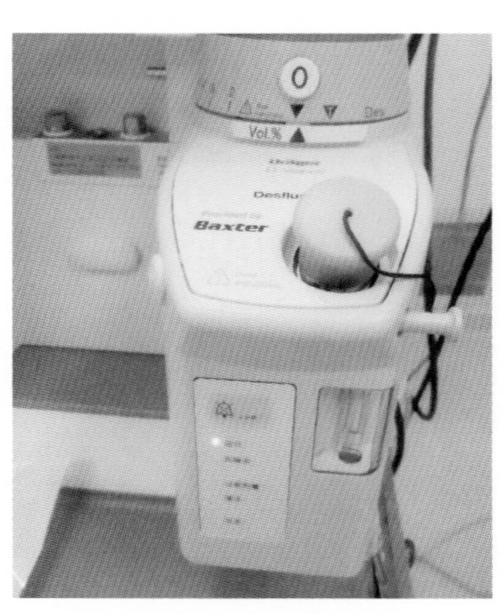

图7-12　地氟烷蒸发器

39℃恒温，为什么蒸发器里加热到39℃的地氟烷不会全部转化为气态？因为在加热地氟烷的同时，蒸发器也在对其加压。压力增加时，液体的沸点升高，如果保持蒸发器内地氟烷温度恒定，升高容器内压力，地氟烷不易汽化。使蒸发室内的地氟烷蒸汽压保持200 kPa。对温度和压力的要求决定了地氟烷蒸发器必须是电子蒸发器。新鲜气体（O_2和N_2O）并不进入蒸发室，通过电路将地氟烷气流调节至与新鲜气流相同的压力，再经刻度转盘调节分压后输出。新鲜气体增加，工作压力相应增加。在特定转盘刻度下，在不同新鲜气流时流入气流的比例不变，从而保证蒸发器输出的恒定。

而且地氟烷蒸发器不同于普通的溢出式蒸发器，是属于注入式蒸发器。如果将地氟烷的瓶子倒过来，并不会有液体流出，因为必须先将瓶子上的弹簧阀推进去才能打开瓶子。这就保证了旋开盖子给蒸发器加药时地氟烷不会蒸发。只有当瓶子对准蒸发器加药口时，弹簧阀会打开，地氟烷才可以顺利流出。

四、Aladin蒸发器（图7-13）

Detax-Ohmeda ADU麻醉机还有另外一种特殊的蒸发器，是由固定安装在ADU机器内部的控制部分和手提式蒸发室组成，蒸发室由不同颜色标记，背面带有电磁条以便中央处理器（CPU）自动识别麻醉气体种类，并分析新鲜气体流量，蒸发室的入口有止回阀防止蒸发室内麻醉气体的回流。麻醉气体浓度的改变由ADU前面的浓度控制转盘监控，通过ADU机器的显示屏读数。Aladin蒸发器较之普通蒸发器同样精确，蒸发器内的流量传感器、压力传感器和温度传感器监测到的信息均汇总到中央处理器（CPU），并通过调节蒸发室气体输出的流量，达到浓度控制转盘设定的浓度。

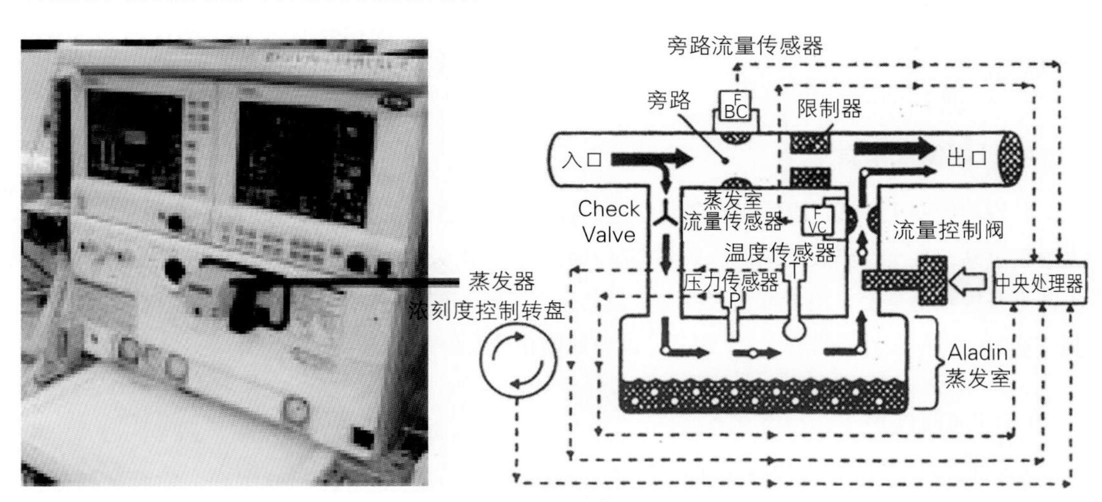

图7-13　Aladin蒸发器

五、Maquet蒸发器

Maquet蒸发器为Maquet麻醉机所特有的，是一类注入式蒸发器，部分新鲜气体转移到蒸发室中并加压，压力的增加使麻醉药物的校准部分通过注射口重新回到新鲜气体中，这种蒸发器不需要温度补偿。Maquet 注入式蒸发器可以计算每小时吸入麻醉药的消耗量和每次手术的吸入麻醉药消耗总量。

六、未来的蒸发器

现在生产的主要蒸发器都是需要外电源的，这种蒸发器的好处在于它可以根据回路中新鲜气流量（FGF）率调整气体的输出。以七氟烷蒸发器为例，当七氟烷的浓度达到 3% 时，FGF 值很高，降低 FGF 时，回路中的七氟烷浓度也随之下降，原因在于降低 FGF 时，回路中达到各种气体量的平衡需要一段时间，因此即使蒸发器输出的七氟烷浓度相同，但是输出的七氟烷量较少，在低 FGF 时，可以达到这种平衡，但需要较长的时间。

新式的蒸发器通过吸气和呼气的感应装置自动调整，使预设的浓度和 FGF 的改变保持一致。一种新的蒸发器命名为麻醉药储存装置（ACD），与我们所讨论的蒸发器不太一样，却是吸入麻醉药的输出装置，液体麻醉药通过注射泵进入带有多孔棒的蒸发室，这种多孔棒吸收药物，麻醉机将棒上的麻醉药与新鲜气体混合输送给患者。

在呼气装置中一个由活性炭纤维制成的类似加热加湿转换器（HME）的滤过装置俗称“人工鼻”，用于吸收呼出的麻醉气体，下一个吸气过程中，活性炭释放吸收的大部分麻醉气体重新输给患者，注射泵的药物输出由吸入和呼气末潮气量控制。

第五节　蒸发器潜在的危害和使用注意事项

一、蒸发器潜在的危害

（一）翻倒或倾斜

蒸发器倾斜大于 45° 或翻倒时药液易进入旁路，通过旁路的新鲜气流进入患者体内，造成吸入浓度过高，甚至达到致死剂量。如果怀疑麻醉药物进入旁路，应该将蒸发器内的液态麻醉药倒出并打开旋到小刻度，用新鲜气流冲洗蒸发器，直至测不到吸入麻醉药。上述情况多发生在更换蒸发器时，有些蒸发器带有“T”模式，能有效阻止液态麻醉药进入旁路。

（二）加药过多

加药过多多发生于老式蒸发器。蒸发器里面药物过多类似于倾斜或倒翻，液态麻醉药易进入旁路，造成患者吸入浓度过高。

（三）加错药

如果将低效能的药物加到匹配高效能药物的蒸发器中（将七氟烷加到异氟烷蒸发器中）

会导致患者的麻醉气体浓度不足。相反如果将高效能药物加到匹配低效能药物的蒸发器中（将异氟烷加到七氟烷的蒸发器）导致患者实际麻醉气体浓度增加。

七氟烷和异氟烷的最小肺泡浓度值的差异大约是 2 倍左右。警惕性高的麻醉医生可以通过患者的异常反应比如生命体征、BIS 等判断麻醉的深浅，如果使用的是异氟烷而气体监控系统默认为七氟烷需要及时纠正。

总之，七氟烷和异氟烷加错蒸发器后必须及时发现，否则会引起严重的事故。氟烷用红色标记，而恩氟烷则用橘色标记。如果将这些混淆加错了药，则会导致严重后果。氟烷的 MAC 为 0.75%，恩氟烷的 MAC 为 1.7%，如果将氟烷加到恩氟烷的蒸发器中，并将吸入气体浓度调到 2%，实际的吸入量超过氟烷的 2 倍 MAC。这种浓度的氟烷严重超标，麻醉过深，甚至可造成循环衰竭。氟烷具有较强的心肌抑制作用，当患者吸入超过 2 倍 MAC 的氟烷将很快造成一系列严重后果。

（四）气体泄漏

当给蒸发器加药时，必须事先将麻醉机上的各种盖子都拧紧。否则加药时蒸发器处于开放状态易造成气体泄漏，引起呼吸监控数值偏低，而且这种泄漏不一定能闻到，可能量比较小气味不浓或者被别的气味掩盖。

（五）药量不足

常规的蒸发器不同于地氟烷蒸发器，当药液快用完时不会发出警报，因此在每台麻醉之前都应检查蒸发器的剩余药量。随着越来越多的电子设备应用在蒸发器的设计上,将会有低容量警报装置。

（六）蒸发器处于开放状态

在有些麻醉过程中，医师正要给患者预充氧的时候发现蒸发器是打开的状态，这是因为前面一台麻醉结束以后没有及时关闭蒸发器造成的。因此，使用蒸发器后检查是否关闭与使用之前的检查同样重要，蒸发器的检查是规范的麻醉机检测的一部分。

（七）泵吸作用

泵吸作用可以显著增加麻醉机输出的药物浓度，临床医师如果不用药物浓度监测很容易导致用药过量。而且在老式的麻醉机上，通气设备和蒸发器之间没有控制阀来降低反向压力的作用。当通气设备循环运作的时候，会导致对蒸发器的逆行压力，也导致蒸发器的输出瞬时增加。逆向压力会造成来自均热板气流的短暂的停止，当压力释放后，均热板上的气体会通过常规途径同时也通过旁通管室流出。氧气开放时逆行压力导致了泵吸作用。可以观察到流量计转子的快速变化。现代麻醉机在通气设备和蒸发器之间有一个单向阀来降低引起泵吸作用的反向压力改变。

（八）错误标记的蒸发器

关于蒸发器被贴上错误的标签的报道已经不止一例。机内的塑料部分标记为紫色，代表异氟烷，加药装置也是异氟烷所特有的，而蒸发器的前盖却标记为七氟烷，这个例子说明我们应该根据颜色而不是标签来判断蒸发器的种类。

二、使用蒸发器的注意事项

包括：①不可加错药液，因为每种吸入麻醉药均有各自的饱和分压与蒸汽压，不然其浓度不准确，且有危险；②不可倾斜，> 45 时药液易进入旁路，使输出浓度升高；③药液不能加入过多，超过玻璃管刻度指示；④气流太大或突然开启，可产生湍流，药液易进入呼吸环路；⑤倒流，多由于气流方向接错所引起，蒸发器入口和出口有标记，不应接错；⑥没有温度补偿的蒸发器，输出浓度会逐步降低，亦无法预知与控制。Vapor 2000 系列补偿范围 10~40℃，Tec 系列为 18~35℃;⑦浓度转盘错位，导致浓度不准确；⑧漏气，应事先加强检查；⑨要深刻理解吸入浓度和最小肺泡有效（MAC）等，以便掌握麻醉深度；⑩ 蒸发器应定期进行漏气测试与浓度校正。

（杨立群）

参考文献：

［1］杭燕南,庄心良,蒋豪等主编．当代麻醉学［M］.上海:上海科学技术出版社,2002:152-172.

［2］Rose G, Mclarney JT. Anesthesia equipment simplified［M］. New York:Mc Graw Hill Medical, 2014:45-60.

［3］刘进,邓小明．吸入麻醉的临床实践［M］. 2014:33-47.

［4］Franz-Montan, M., D. Baroni. Liposomal lidocaine gel for topical use at the oral mucosa: characterization, in vitro assays and in vivo anesthetic efficacy in humans［J］. J Liposome Res, 2015, 25（1）: 11-19.

［5］Freiermuth, D., K. Skarvan. Volatile anaesthetics and positive pressure ventilation reduce left atrial performance: a transthoracic echocardiographic study in young healthy adults[J]. Br J Anaesth,2014, 112（6）: 1032-1041.

［6］Nair, B. G., M. Horibe. Anesthesia information management system-based near real-time decision support to manage intraoperative hypotension and hypertension［J］. Anesth Analg, 2014,118（1）: 206-214.

［7］Casarotti, P. Mendola, C. High-dose rocuronium for rapid-sequence induction and reversal with sugammadex in two myasthenic patients[J]. Acta Anaesthesiol Scand, 2014: 1154-1158.

［8］Singh, P. M. Trikha, A. Measurement of consumption of sevoflurane for short pediatric anesthetic procedures: Comparison between Dion's method and Dragger algorithm［J］. J Anaesthesiol Clin Pharmacol, 2013: 516-520.

［9］Kim, T. W. Tham, R. Q. Washout times of desflurane, sevoflurane and isoflurane from the GE Healthcare Aisys（R） and Avance（R）, Carestation（R）, and Aestiva（R） anesthesia system[J]. Paediatr Anaesth, 2013:1124-1130.

第八章 二氧化碳吸收器

二氧化碳吸收器（carbon dioxide absorber）或二氧化碳吸收罐（carbon dioxide canister）是组成麻醉机的重要部件，循环紧闭麻醉机回路中必须有二氧化碳吸收器，确保患者呼吸时，吸收排出的二氧化碳，避免重复呼入。循环紧闭式麻醉的特征是重吸入，患者呼出气体有多少被重吸入将取决于新鲜气体流量的多少。二氧化碳吸收器是复杂而且有潜在危害的麻醉机重要组件，我们应该熟悉其运作原理，了解其潜在的危害以及如何防止在麻醉过程中可能发生的问题。

第一节 结构和设计原理

循环紧闭回路中最重要的三个部件是两个单向的阀门——一个是吸气的，而另一个是呼气的（图 8-1），以及二氧化碳吸收器（图 8-2）。在低的新鲜气体流量或者正常的新鲜气体流量下，若没有清除二氧化碳的装置则会致重复呼吸和高碳酸血症。循环吸收式二氧化碳吸收器需由导向活瓣控制气流方向，容积大小相当于成人潮气量或约 2 L 大容积吸收器，采用无色透明材料制成。一种为上下两罐串联使用，气体从下向上通过，当下罐碱石灰指示剂变色后，可上下罐交替后使用，以提高碱石灰的利用率。另一种为一个大罐分为上下两层，气体从上向下通过，作用从顶端至两侧面，并逐渐向下而中央是一空白区，后者是目前常用的二氧化碳吸收罐。

二氧化碳吸收罐里填满一些碱性吸水颗粒。在麻醉机的通气装置中，其位于环形装置的呼气部分和吸气部分之间。该装置的设置对于实施麻醉的麻醉医师应该是随时可见的，因为吸收剂的状态以及操作的可视化监测是十分重要的。气体通过吸收罐并与吸收性颗粒接触而发生化学反应，CO_2 被转换成碳酸接着变成碳酸盐、水和热量。

如上述结构中提到，呼出的气体在传输到其他通气部分之前从顶部进入吸收罐并到达底部。而另一些设计中，呼出的气体通过中心的管道传输到罐的中间部分然后通过颗粒向上流

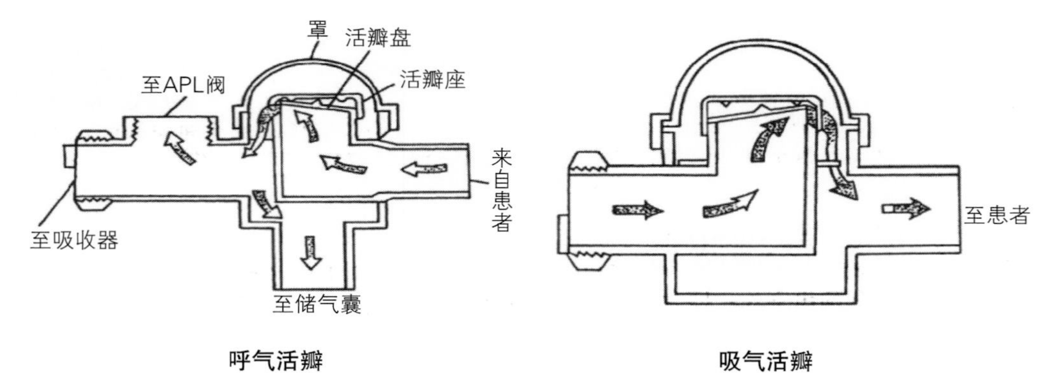

图8-1　活瓣及气体流动方向

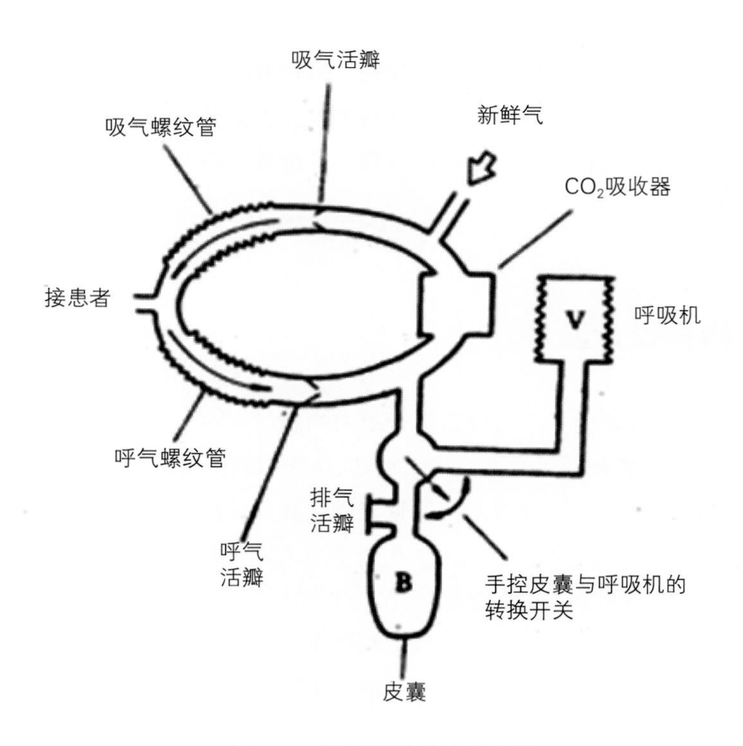

图8-2　循环回路系统示意图

（图 8-3）。这意味着在一些设计中，罐子的顶部或者底部的颗粒最早变色。（图 8-4、图 8-5）。

罐内有挡板分散气体的流动通过吸收颗粒以减少波道效应。罐内经常会有空间使得颗粒灰尘和多余的水分可以累积，之后会排空。

在 Datex-Ohmeda ADU 麻醉机中，二氧化碳吸收罐可以是一次性的，是自密封的，使得

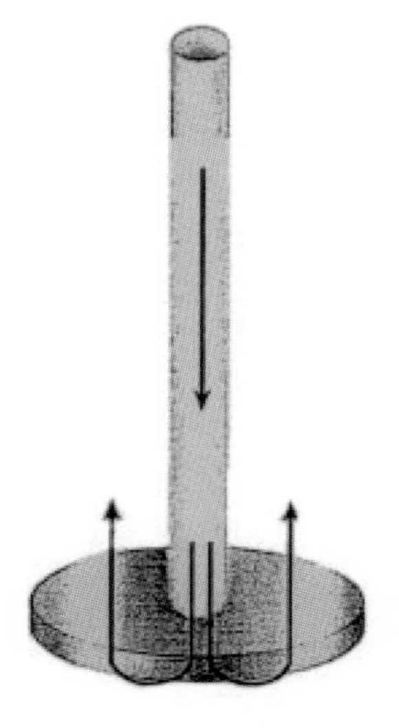
图8-3　设计原理示意图

图8-4　Dräger设计的二氧化碳吸收罐。呼出的气体沿中心管到罐的底部，然后向上，底部的空白空间有挡板过滤粉尘水分，已用尽的吸收剂在罐底呈紫色或白色。

图8-5　Datex-Ohmeda 设计的堆叠罐，上下可交替，从上往下，用尽的吸收剂（紫色或白色）留在顶端。

在麻醉期间快速更换而没有新鲜空气的流失（图 8-6）。这些预先填充的罐比用松散颗粒填充的重复利用的罐要昂贵。另外，新的 Datex-Ohmeda 麻醉机也有一次性的二氧化碳吸收罐。Dräger 也有一次性的预先填充的二氧化碳吸收罐（图 8-7）。

新设计的二氧化碳吸收罐的体积比以前要小，吸收颗粒会很快耗尽，需要频繁更换。频繁的更换颗粒降低了颗粒用完的发生率，因此降低了一氧化碳和复合物 A 的形成。

图8-6　Datex-Ohmeda ADU 一次性二氧化碳吸收罐

图8-7　其他类型的二氧化碳吸收罐

第二节　二氧化碳吸收剂

目前应用的二氧化碳吸收剂是钠石灰，因为钡石灰与七氟烷相互作用可产热，温度高达400℃以上，会燃烧爆炸，2004 年钡石灰已停止临床使用。

钠石灰是由 80% $Ca(OH)_2$ 和 5% NaOH 以及硅酸盐等加适量水分（15%）组成的，临床应用较多。钠石灰与 CO_2 反应后由碱性变为中性，加用适当指示剂，观察颜色的变化可了解钠石灰的消耗程度，但钠石灰颜色的变化并非判断钠石灰消耗程度的可靠指标，最可靠的依据是临床观察有无二氧化碳蓄积征象出现，一般在钠石灰 3/4 变色时即作更换。新鲜钠石灰消耗量为 100 g/h，大容量钠石灰罐利用率高，故可将两吸收罐串联使用，利用率可增加 20%左右。

传统的二氧化碳吸收剂主要是碱石灰，一种强碱的混合物，例如氢氧化钠、氢氧化钾和弱碱氢氧化钙。事实证明，这些强碱性吸收材料在用尽时比弱碱的材料更容易产生一氧化碳和复合物 A。现在大多数类型的吸收剂使用包含多数的氢氧化钙和少数强碱的混合物。也有一些麻醉机厂家生产的吸收剂是专用的混合物（如德尔格麻醉机上用的 Dragersorb），临床不会产生大量的一氧化碳和复合物 A。

吸收剂的形状和大小是重要的。吸收剂的形状应该是小球形或者是碎石状。吸收剂的大小影响其坚硬程度和吸收效果。较小的颗粒在处理过程中容易被粉碎成粉末，增加呼吸阻力，影响通气。较大颗粒的表面积较小从而影响吸收效果。

加入二氧化硅可以保持颗粒不散，能保持正确的颗粒大小，减少吸收性粉尘的产生。颗粒大小的计量单位称为目（mesh），它反映了每平方英寸洞孔的数量；钠石灰颗粒大小以每立方厘米 4~8 粒为宜。目数越大，孔径越小，也即表示颗粒越细（表 8–1）。

表8–1 我国常用筛网目数与粒径（μm）对照表

目数	粒径（μm）	目数	粒径（μm）	目数	粒径（μm）	目数	粒径（μm）
2.5	7 925	12	1 397	60	245	325	47
3	5 880	14	1 165	65	220	425	33
4	4 599	16	991	80	198	500	25
5	3 962	20	833	100	165	625	20
6	3 327	24	701	110	150	800	15
7	2 794	27	589	180	83	1 250	10
8	2 362	32	495	200	74	2 500	5
9	1 981	35	417	250	61	3 250	2
10	1 651	40	350	270	53	12 500	1

吸收剂颗粒有一个特性，即与 CO_2 反应后由碱性变为中性，加用适当指示剂（表 8–2）后可根据 pH 不同变换颜色。如由于乙基紫（一种指示剂）的存在，具有吸收 CO_2 能力的米色或者灰白色颗粒耗尽后，它们变成了轻微的紫色。这是吸收罐用透明塑料制成的原因，便于观察吸收剂颜色的改变情况。

表8–2 钠石灰常用指示剂

指示剂	钠石灰颜色	
	新鲜时	耗竭时
甲基橙（methyl orange）	橘红	黄
酚酞（phenolphthalein）	无色	粉红
乙脂紫（ethyl violet）	无色	紫
陶土黄（clayton yellow）	粉红	黄

每 100 g 的吸收剂，可以中和 14~23 L 的二氧化碳。化学反应需要水才能发生（把 CO_2 变成碳酸），所以吸收剂通常需要 15%~20% 的含水量。通用吸收剂的反应包含氢氧化钠和氢氧化钙，化学反应如下：

$$CO_2 + H_2O \rightarrow H_2CO_3 + H_2O + \text{Heat（产热）}$$

$$H_2CO_3 + 2NaOH \rightarrow Na_2CO_3 + 2H_2O + \text{Heat（产热）}$$

$$Na_2CO_3 + Ca(OH)_2 \rightarrow CaCO_3 + 2NaOH$$

注意最终的产物是氢氧化钠（碱液）。吸收罐中形成的水应当视为危险的，麻醉结束应把水清除。

第三节　二氧化碳吸收剂的危险性

一、泄漏

二氧化碳吸收罐本身可能会泄漏。通常较大的泄漏，是由于吸收罐没有安装到位，罐内有内置的垫圈必须正确地放置以达到密封。不仅是吸收罐和设备之间的连接，还有吸收罐堆叠的时候，钠石灰颗粒等嵌在两者之同，也可能在密封口间造成泄漏。缺乏经验的新麻醉技术人员在更换钠石灰时，可能引起上述情况而导致严重的泄漏，应提高紧惕，加强培训和检查。

二、复合物 A

七氟烷与呼吸回路中吸收 CO_2 的钠石灰（主要成分为氢氧化钙、氢氧化钠、氢氧化钾）接触，可产生复合物 A（Compound A,fluoromethyl-2,2-difluoro-1-（trifluoromethyl）vinyl ether）。复合物 A 不是七氟烷的代谢副产品。许多研究证实复合物 A 有潜在的肾毒性。复合物 A 的形成涉及很多因素。低的新鲜气流量与复合物 A 的形成有关，当吸收剂包含氢氧化钠和氢氧化钾时，复合物 A 产出较多。吸收剂颗粒干燥及二氧化碳吸收罐的温度高于常温时也有更高浓度的产出。长时间的麻醉或者使用高浓度的七氟烷易生成复合物 A。临床情况其浓度(32 ppm,0.003 2%)与新鲜气流速呈反比。下列情况化合物 A 浓度升高：新鲜气流量低(<1 L/min)，碱石灰过于干燥或碱石灰温度升高（>45℃），吸入七氟烷浓度过高（>2 MAC・h）、麻醉时间长及体温升高，干燥、高温（>45℃）。

三、一氧化碳

地氟烷、恩氟烷和异氟烷含二氟甲基醚基团，在 CO_2 吸收剂催化下产生 CO。同等 MAC 时，CO 产生：地氟烷 > 恩氟烷 > 异氟烷。地氟烷 CO 中毒发生率 1/200~1/2 000。干燥的吸收剂与地氟烷及异氟烷相互作用可产生一氧化碳。只有在二氧化碳吸收罐的温度非常高（例如 80℃）的时候与七氟烷作用才会产生一氧化碳。但是也有研究表明七氟烷和二氧化碳吸收器中干燥的吸收剂在常温下也能形成一氧化碳。如果周五最后 1 例患者用完麻醉机后，没有关闭流量计，氧气吹了 2 天，整个周末都在吸收剂中流动，吸收剂颗粒被吹干，干燥的颗粒致使一氧化碳的形成。星期一早上第一例麻醉可能会发生一氧化碳中毒的事故。

四、火灾

当麻醉机中的七氟烷与二氧化碳吸收剂作用时，塑料部件的融化甚至起火也曾有报道。比较常见的吸收剂是当氢氧化钡（baralyme）作为吸收成分，但是其他吸收性颗粒的吸收剂未见发生。

五、灰尘和湿气

由于二氧化碳吸收剂是由碱性物质制成，应小心处理。灰尘会刺激眼睛和皮肤，而且由于其强碱属性，收集在 CO_2 吸收罐内的水应该非常小心地处理。

第四节　应用二氧化碳吸收剂的注意事项

一、注意事项

注意事项包括：① 钠石灰与常用麻醉药接触并不产生毒性物质，但与三氯乙烯接触会产生很强的二氯乙烯和光气。此外，钠石灰能一定程度地分解七氟烷，可产生有毒的复合物 A(三氟甲基乙烯醚 Trifluoromethyl trifluorovinyl ether)，有肾毒作用；干燥，高温（>45℃），高浓度和长时间麻醉可使复合物 A 产生增多，应引起注意。② 钠石灰在装罐前必须认真检查是否有粉末，因粉末吸入肺内可诱发肺水肿或支气管痉挛。③ CO_2 吸收罐必须装满碱石灰，以减小器械死腔量。④ CO_2 吸收罐过热时，应及时更换并行降温处理。⑤ 钠石灰失效时应及时更换，需有切实可行的常规制度，以免造成 CO_2 蓄积。⑥ 钠石灰罐底部常会积水，应及时清除。⑦ 地氟烷、恩氟烷和异氟烷均含二氟甲基醚基团，在 CO_2 吸收剂催化下可产生 CO。

二、预防毒性物质产生

预防毒性物质产生的要点：① 应用新鲜钠石灰，含水量 13%时不会产生 CO；② 防止钠石灰脱水，如用 10 L/min 供气，48 h 后钠石灰含水量下降 4%；③ 防止 CO_2 吸收罐温度升高；④ 避免长时间吸入高浓度的吸入全麻醉药。

（李　兴　闻大翔）

参考文献:

[1] 杭燕南,庄心良,蒋豪.当代麻醉学[M].上海:上海科学技术出版社,2002:152-172.

[2] Phan, D. T., M. Maeder Catalysis of CO(2) absorption in aqueous solution by inorganic oxoanions and their application to post combustion capture [J]. Environ Sci Technol ,2014, 48(8): 4623-4629.

[3] Dai, N. and W. A. Mitch. Effects of flue gas compositions on nitrosamine and nitramine formation in postcombustion CO_2 capture systems [J]. Environ Sci Technol ,2014,48(13): 7519-7526.

[4] Tagliabue, G. Rapid-response low infrared emission broadband ultrathin plasmonic light absorber[J]. Sci Rep, 2014,7181.

[5] Zhao, Y. Mesoporous perovskite solar cells: material composition, charge-carrier dynamics, and device characteristics [J]. Faraday Discuss, 2014.

[6] Perndt, H. K. The ULCO anaesthetic suitcase [J]. Anaesth Intensive Care, 2002:800-803.

[7] Phan, D. T. Maeder, M. Catalysis of CO(2) absorption in aqueous solution by inorganic oxoanions and their application to post combustion capture [J]. Environ Sci Technol, 2014: 4623-4629.

[8] Scussel, V. M. Giordano, B. N. Effect of Oxygen-Reducing Atmospheres on the Safety of Packaged Shelled Brazil Nuts during Storage [J]. Int J Anal Chem, 2011, 813, 591.

第九章 麻醉回路系统

麻醉回路系统将麻醉机与患者相联，其主要功能包括：接受和储存来自于麻醉机的新鲜气流，向患者提供新鲜气体并处理呼出气体，实施手控通气或机械通气，并实现气体及其流量、容积、压力、浓度等各种监测功能。以前将麻醉回路系统分为开放回路、半开放回路、半紧闭回路和紧闭回路，因这种分类法概念模糊，目前已不再沿用。但是，半开放、半紧闭和紧闭等术语在麻醉通气中仍有应用，然而已不再单指一种麻醉回路，后文将详述。

本章节只讨论目前应用比较广泛的循环回路系统和 Mapleson 系统。

第一节 循环回路系统

目前，最常见的通气系统是循环回路，循环是指在连续性环路中来自患者的呼出气体和麻醉药物得以重复吸入。虽看似简单，但循环回路系统却蕴藏着复杂的概念，很多组件、功能可能并不为大家所熟知（表 9–1）。

循环回路必须具备两个要素：一是气体单向通过；二是呼出气中二氧化碳的有效去除。循环回路由十多个组件构成，本章节将从麻醉机气体出口开始逐一讨论。

表9–1 循环回路的组成

新鲜气体入口	单向阀
吸入和呼出接头	回路管道
Y形接头	弯头
APL阀	储气囊
转换开关	呼吸计
气道压力计量器及报警装置	PEEP阀
过滤器	CO_2吸收装置

一、循环回路的构成

（一）新鲜气体入口

新鲜气体入口是麻醉机气动装置将气体送入回路的部位（图 9-1），是气源的延伸，恰似到了路口道路更名一样，气源出口延续为新鲜气体入口。理论上，新鲜气体入口可以位于回路的任何部分，但通常位于吸气单向阀的上游和二氧化碳（CO_2）吸收装置的下游。

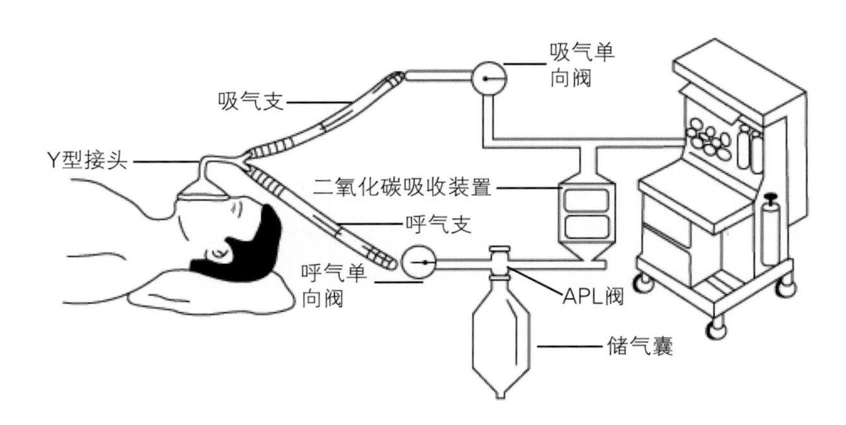

图9-1　循环回路的构成

（二）单向阀

循环回路仅允许气流单向通过，这是单向阀的作用。单向阀是麻醉机的重要构件，设计简单，不耗电，工作时利用机械原理。单向阀位于环路吸气管道的起始端及环路呼气管道的末端。吸气单向阀使气流只能流向患者而不会反流入麻醉机。同理，呼气单向阀使气流回到麻醉机而不致反流入患者端。

以吸气单向阀为例，阀瓣为一塑料平片，尺寸相当于直径 30.61 mm，厚度 2.15 mm 大小。绝大多数麻醉机上的单向阀，阀瓣水平置于薄壁圆形活瓣座之上，形似蜘蛛脚的笼形结构将圆片固定于基座，保证其不会左右、前后偏移。整个装置为一透明塑料圆罩遮盖，操作者可藉以观察活瓣启闭情况。吸气相，气流通过单向瓣阀时，圆片抬离底座，气流单向流动；当呼气相时，气流逆向流动，圆片落回底座，阻断逆向气流（图 9-2）。呼气阀的工作原理相似，呼出气流将圆片抬离底座；吸气相逆向气流将圆片推回底座，阻断逆向气流。两组单向阀的功能呈镜像，麻醉机上的位置便于操作者观察，故阀瓣的故障易于发现。

通常单向阀会标记吸入 / 呼出，或以箭头表示。某些麻醉机，例如 Datex-Ohmeda ADU，单向阀为垂直而非水平安装，但其功能相同。因单向阀故障而引起的相关问题在下文章节中阐述。

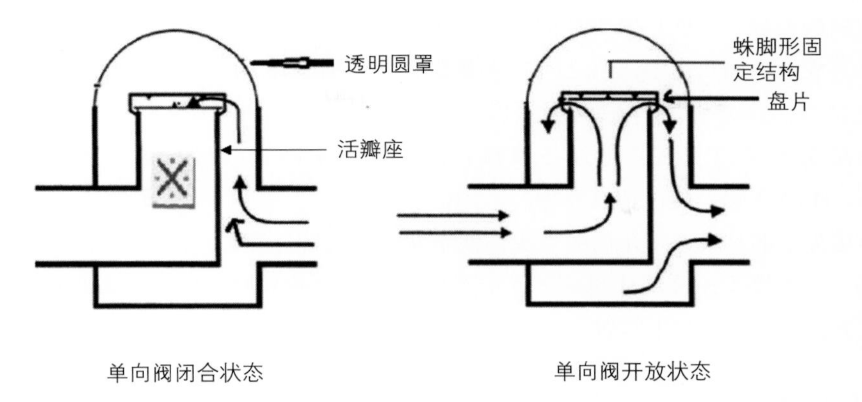

图9-2　单向阀

（三）吸入和呼出接头

接头即环路呼吸管道与麻醉机的连接点。位于单向呼吸阀的下游，直径为 22 mm，长度约 3.9 cm（1.5 in），从机器垂直伸出与回路相连。接头通常由金属制成，但有时也可由塑料制成，如 Dräger Apollo 麻醉机。Dräger 麻醉机的接头处有套圈，旋松套圈，接头可转动，即可改变接头的方向，接头的套圈松开后若未旋紧则可发生气体泄露。

（四）回路管道

回路管道是由塑料制成的螺纹管。螺纹设计有助于减少管道折叠、扭曲并使管道易于弯曲、延伸。循环回路管道型号分为成人型和儿童型。麻醉机所用回路管道设计为白色，以区别于重症监护呼吸机所用的较为僵硬的蓝色管道。由于麻醉回路管道较重症监护呼吸机管道更为柔韧易弯曲，因此麻醉机设定的潮气量（tidal volume，V_T）初设值与实际测量值并不相同。这主要是由于气体具有可压缩性，而管道具有可舒缩性，机器工作时，管道由于气体压力的变化可出现"摆动"。患者气道峰压越高，此现象更明显。

老式麻醉机由于上述原因，V_T 变化相当大，现代麻醉呼吸机则可通过精密的流量传感器反馈调节、补偿，使 V_T 输出更为精准。

（五）Y 形接头与死腔

Y 形接头是呼吸回路中吸气支和呼气支的汇合处，在呼吸回路和患者接触处，如面罩、气管导管或声门上装置（如喉罩），形成共同通路。这是循环回路中唯一形成死腔的部分，意味着部分气流中的二氧化碳将被重复吸入。

当然，循环回路中气流均为重复吸入，只是二氧化碳在此过程中被去除。然而，呼出气最后一部分无法完全通过 Y 形接头排出并进入呼气管道，因此，Y 形接头内含有的少量二氧化碳气体在吸气开始时，可被患者再吸入。无论控制呼吸和自主呼吸这种情况都存在。

Y 形接头容量相对成人 V_T 几可忽略，但新生儿麻醉时接头内的死腔量会有明显影响，可能导致高碳酸血症。不同厂家生产的回路形状和结构不同，Y 形接头容量也略有差异。值得注意的是，成人型和儿童型回路之间 Y 形接头容量差别显著，因此小儿麻醉时应更换儿童型回路系统。

Y 形接头处可以安装其他设备或接口，如气体采样管线接口、人工鼻（heathumidex-change，HME）以及温度传感器等。

Y 形接头下部是一个带角度的弯头，便于面罩、气管导管和声门上装置与呼吸管道连接更为顺畅。Y 形接头连接尺寸统一，适于直径 22 mm 的连接口（面罩）或直径 15 mm 的连接口（气管内导管、声门上装置）。Y 形接头及弯头处是回路容易发生脱开的部位。

（六）APL 阀

APL 阀（adjustable pressure-limitingvalve，APL）即可调式压力限制阀（图 9-3、图 9-4），也称溢出阀、减压阀。APL 阀位于呼气单向阀下游，用于调节回路内压力。大多数临床医师熟悉其功能，但并不理解其机制。

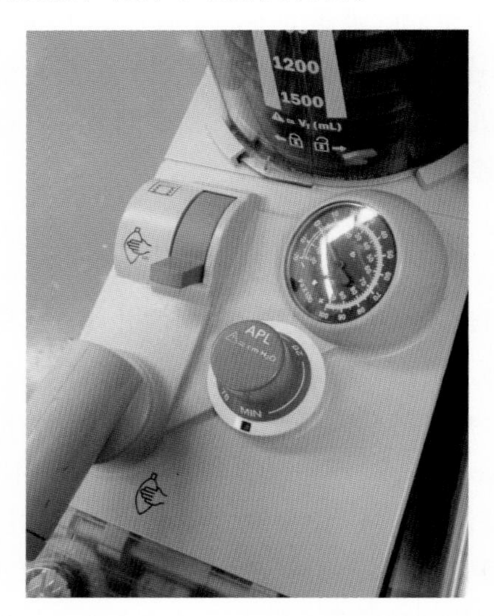

图9-3 Datex-Ohmeda Aestiva 5的转换开关

图9-4 Dräger的转换开关。由储气囊切换至呼吸机时，打开呼吸机。APL阀和气道压力表。

APL 阀连接回路与废气回收系统。使用呼吸回路进行手控通气或自主呼吸时，APL 阀控制呼吸回路的压力。APL 阀完全开放时，多余气体排放至废气回收系统。多余的气流量取决于新鲜气流量（fresh gas flow，FGF），所有进入麻醉机的气体均以不同形式排出机器，包括通过废气回收系统或回路内泄漏（诸如面罩漏气等）。

顺时针方向旋转 APL 阀，阀门开放逐渐变小，进入废气回收系统的气流减少。临床出现面罩通气困难时，麻醉医生往往维持 APL 阀紧闭，以促进更多气体进入患者肺内。逆时针方向旋转 APL 阀则阀门开放。调节 APL 阀时有相应的压力显示，一些 APL 阀压力调至 30 cmH_2O 会发出“卡嗒”声。

如同水龙头设计，APL 阀的内部是一个盘状弹簧阀，旋转把手即打开了阀门底座。APL 阀也有类似单向阀门的设计，以防止反向压力，比如废气回收系统的负压过大而造成气压伤。

APL 阀并非串联于回路系统，更像侧枝并联于环路系统，手控通气压力过高时，可打开 APL 阀释放压力。使用呼吸机时 APL 阀完全处于旁道位置，多余气流通过呼吸机系统排入废气回收系统。虽然 APL 阀理论上可置于回路不同位置，但位于呼气单向阀下游、接近储气囊时，多余气流经过 CO_2 吸收装置前直接排入废气回收系统，避免了不必要的浪费。

不同厂家不同型号的麻醉机，APL 阀的位置不同，但通常接近储气囊。这种设计符合人体工程学，便于右利手的医生同时操作 APL 阀和储气囊。此外，APL 阀在不同麻醉机上的安装也不同，有水平安装，也有垂直安装。

（七）储气囊

储气囊是外行最为熟悉的麻醉机部件，电视节目中常以此为特写显示储气囊扩张和收缩。储气囊用于手控通气，自主呼吸时观察储气囊运动可藉以评估患者呼吸情况。顾名思义，储气囊在回路中还有储存气体的作用。此外，某些型号的麻醉机，例如 Dräger 活塞驱动麻醉机，储气囊和机器是一个整体，吸气时 FGF 可分流到储气囊。此类麻醉机若取下储气囊，机械通气时可导致大量漏气；而风箱式呼吸机的储气囊机械通气时无作用，取下储气囊不会导致麻醉机泄漏或功能异常。后一章节将详细描述。

储气囊通过旋转臂连接于麻醉机，视厂家型号不同，可以是硬质连接管，也可以是鹅颈灯式软连接。储气囊接口为直径 22 mm 接口。取下储气囊并连接在麻醉机回路患者端，可用作模拟肺来检查呼吸机功能，但 Dräger Apollo 等机型可能漏气。

储气囊在回路中位于呼气单向阀与 CO_2 吸收装置之间。如前所述，储气囊的功能与 APL 阀紧密相关。但某些机型的储气囊可能位于回路其他位置。储气囊一般为乳胶材质，非乳胶材质可用于乳胶过敏者；分为成人型（3 L）、儿童型（1 L）和中间型（2 L）。

（八）转换开关

转换开关即手控 / 机控呼吸选择开关，有机械型也有电子型，用于储气囊、APL 阀和呼吸机之间切换气流。当从储气囊切换至呼吸机时，APL 阀即隔出回路，呼吸机自动打开，反之亦然。

（九）呼吸流量计

呼吸计测量每次呼吸中气体的容量。麻醉呼吸机包括多种容量测量计，基于连接在回路内的叶片旋转次数，叶片式风速计可计算每次呼吸的容量；也有基于超声技术测定容量。现代 Dräger 麻醉机采用的是热线风速计，通过测定热敏电阻丝温度下降幅度来测定气流容量。多孔呼吸计则通过感应气流经过小孔的压力变化测量和计算气流量。

一种称为 D-Lite（图 9–5）的呼吸计可作为插件，连接于 Y 形接头前。类似飞机上测飞行速度的皮托空速管，插件内两根皮托管背相而置，分别测量吸气、呼气相压力变化。

D–Lite 呼吸计，成人与儿童型号不同，Datex–Ohmeda 麻醉机常用。D–Lite 呼吸计可测定气体流量，同时也用于呼吸气体的监测。现代麻醉机回路的吸气支和呼气支各有一套呼吸计，可反馈性地纠正 FGF 供气变化导致的 V_T 变化。

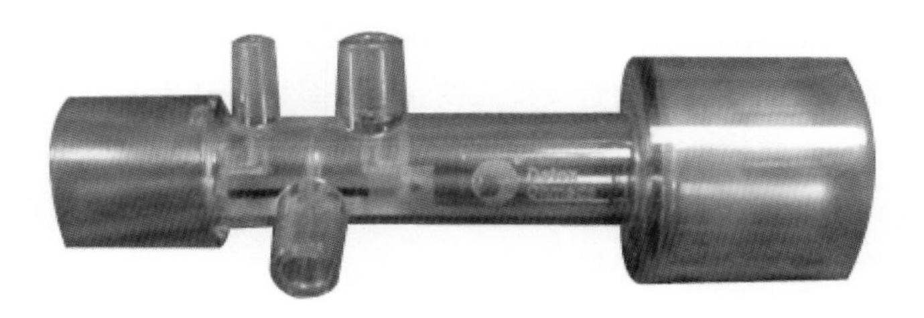

图9–5　Datex Ohmeda D–Lite之固定孔的呼吸流量计

（十）气道压力计量器

气道压力计量器位于环路内，用于监测气道压力。现代麻醉机压力监测系统可测定气道正压和负压。气道正压的监测和报警可进一步分为气道压力低、持续气道压力变化及气道压力高。气道压力异于正常范围时机器报警，这是非常重要的监测功能，如气道压过低，可能提示回路接口脱开、FGF 极低或其他异常。参数正常值可由操作者设置或由机器提供默认值。正确设置报警值范围非常重要，机器报警时绝不可置之不理，必须究其原因。就像飞行员在飞行中，不可将报警置于静默状态而盲目飞行。

（十一）压力监控和报警

压力报警装置在回路中位置与麻醉机生产厂家及型号有关。当测定的气道压异常于设定的低限、高限，或持续气道压力及吸气负压发生异常时，触发报警装置。

气道压力低限报警是重要的安全警报，简言之，若系统在设定时间段内未监测到一定数值的压力，即触发报警器发出警报，提示可能存在回路泄漏，但并非万无一失。报警设置的气道压力低限也称阈值。达到或超过阈值，机器接受其为一次呼吸，15 s 内至少有一次呼吸压力超过阈值，否则压力报警装置报警。气道压力过低的原因很多，包括：V_T 过低，气管导管套囊漏气，回路泄漏以及回路断开等。低压报警是麻醉回路系统出现异常的警报，其目的是告知用户回路系统某处肯定存在相关问题，但解决问题须依靠医生临床知识和经验。

同时，压力报警器也提供气道压力高限报警。报警阈值可由操作者自行设置或机器默认。正确设置压力高限同样具有重要意义，应加强对设定此值必要性的认识。气道压力过高可能造成损伤，其中气道峰压也是一个重要的诊断参数。持续气道压力及吸气负压报警，可来自于患者及机器等诸多因素。

因麻醉机生产商和型号不同，压力监测装置在回路中的位置也不一致。绝大多数机器采用电子传感器探测压力，大多数现代麻醉机采用模拟“刻度”型标尺，并且将数值显示于屏幕。即使屏幕及整个电子系统死机，模拟刻度标尺仍然能工作。目前多数麻醉机可利用软件，处理每个呼吸周期的 V_T、气道压力变化，实时屏幕显示流速容量环。

（十二）呼气末正压阀

麻醉机呼气末正压（positive end-expiratory pressure, PEEP）的产生在呼吸回路内，而非呼吸机；PEEP 经由增加呼吸相阻力产生。PEEP 阀位于循环回路的呼气支部分，为呼气单向阀，通过弹簧增加压力而增加呼气阻力并产生 PEEP。

过去，通过转动呼气单向阀手柄，改变装置内弹簧张力而形成 PEEP，类似于目前简易呼吸器的PEEP活瓣。但根据刻度调节PEEP比较粗糙，患者获得的PEEP可能与刻度并不相符。更老式的 PEEP 装置为外置式，如 HME（人工鼻）一样连接于回路呼气支与其接口间。老式 PEEP 装置内含一钢珠，钢珠的重量转变为呼气相阻力。使用时应与地面保持水平，方能正确产生相应的 PEEP，PEEP 高低不可调节，钢珠也不可重复使用。若将 PEEP 从 5 cmH_2O 调节至 10 cmH_2O，必须取下 5 cmH_2O PEEP 阀更换另一个，而 10 cmH_2O PEEP 阀的钢珠重量更大。这类 PEEP 阀若错误反向安装，回路将完全梗阻。若使用老式 PEEP 阀，由机控转为手控通气时，呼气相阻力依旧存在。

现代麻醉机 PEEP 阀由电子控制，可根据输入值精确输出相应 PEEP。使用电子控制 PEEP 阀时，当麻醉机由机械通气转变为手控模式时，PEEP 为 0。

（十三）过滤器

过滤器不仅保护患者免受机器污染，也保护机器免受患者污染。过滤器可独立包装，也可直接安装于一次性麻醉回路。考虑到麻醉机管路氧浓度高，且机器内部相对比较干燥，CO_2 吸收装置又为高碱环境，因此，人们过去一直认为麻醉机污染患者的可能性不大。然而许多病例报道和研究发现麻醉机管路内存在致病性细菌和病毒。有资料显示，结核杆菌可存活于 CO_2 吸收装置的高碱环境。

目前关于是否应强制使用过滤器仍有争论，除价格因素外，过滤器可增加气道阻力，儿童患者更为明显。若过滤器堵塞会影响通气。ASA 建议，活动性肺结核患者必须使用过滤器。

机械型（而非静电型）过滤器对于麻醉机而言最有效。机械型过滤器由疏水性材料折叠而成，在潮湿环境中，抓捕微小粒子比电子型过滤器更强。

有人为了重复使用一次性回路系统而使用过滤器，在两个患者之间更换 Y 形接头处的过滤器。这个处于 Y 形接头处的过滤器一定程度上可同时保护患者和机器；但是过滤器并不能保护重复使用的诸如气体采样管、储气囊等回路组件。

（十四）CO_2 吸收装置

CO_2 吸收装置已在其他章节详述。CO_2 吸收装置位于 APL 阀下游，这种设置可保证多余气体在流经 CO_2 吸收装置前已排出系统，从而减少 CO_2 吸收剂的用量。

二、循环回路的优点

（一）熟悉度

循环回路是广大麻醉医生和麻醉护士最为熟悉，应用最为广泛的麻醉回路系统，也是Bain回路系统之外应用最多的呼吸回路系统。

（二）吸入麻醉药的重复利用

吸入麻醉药的浓度达到所需水平后，可减少循环回路的FGF，患者重复呼吸回路内气流。在循环回路中，患者呼出的吸入麻醉药、氧气和N_2O重新进入回路，重复呼吸，不被废气回收系统排出。与无重复吸入的Bain回路相比，循环回路吸入麻醉药用量少，麻醉费用降低，手术室环境污染也减少。

（三）减少热量丢失

研究证明，降低FGF可减少患者热量丢失，而降低FGF只有在循环回路中才能得以实现。低流量也可减少患者水分的丢失，但低流量麻醉方式并不能为患者提供有效保温。

（四）机械通气

循环回路是唯一用于机械通气的麻醉回路系统。

三、循环回路的缺点

（一）复杂

Bain回路可以独立使用，但循环回路必须与麻醉机配合使用。循环回路构件较多，各组件之间脱开、漏气的机会也因而增加。

（二）增加呼吸做功

循环回路对呼吸阻力增加很小，临床甚至婴儿也常可忽略不计。但循环回路系统Y形接头处的死腔对婴儿的影响远大于成人，可能导致二氧化碳潴留，因此麻醉中更值得关注。

四、循环回路的应用风险

（一）接头脱开

循环回路中多处接头可能有意外脱开的风险，例如呼吸管道的接头处、Y型接头和弯头处、气体监测的取样管处以及储气囊。接头脱开时，气道压降至零，严密监测气道压力，可避免发生意外。

（二）泄漏

一般而言，接头断开时气体泄漏较大，少量漏气不会导致正压通气失败。泄漏偶发于多种情况，诸如呼吸管道与机器接头未紧密联接、有圈领的呼吸机接口与塑料呼吸管松开，以及未发现的螺纹管细微裂口等等。气道压力及潮气量监测可以及时发现漏气问题。

（三）气压伤

若 APL 阀未完全开放，容量与气压增加会导致气压伤。插管后，机械通气前，若发生储气囊过度充气变成篮球样，这是非常可怕的事情！麻醉前应设置好气道压力限制。

（四）CO_2 重复吸入

CO_2 重复吸入的常见原因是未及时更换 CO_2 吸收剂，这将在其他章节中讨论；另一原因是呼气或吸气单向阀故障。

（五）过热，一氧化碳和 A 物质

有关 CO_2 吸收装置的问题已在其他章节讨论，由于 CO_2 吸收装置是整个循环回路系统中不可或缺的部分，必须认识其潜在风险。

第二节　Mapleson回路系统

详见第四章小儿麻醉机的要求和特点。

（陈怡绮　张马忠）

参考文献:

[1] Oprea AD, Ehrenwerth J, Barash PG. A case of adjustable pressure-limiting (APL) valve failure [J]. J Clin Anesth, 2011, 23(1): 58-60.

[2] Shober P, Loer SA. Closed system anaesthesia-historical aspects and recent developments [J]. Eur J Anaesthesiol, 2006, 23(11): 914-920.

[3] Parthasarathy S. The closed circuit and the low flow systems [J]. Indian J Anaesth, 2013, 57(5):516-524.

[4] Vecil M, Stefano CD, Zorzi F. Low flow, minimal flow and closed circuit system inhalational anesthesia in modern clinical practice [J]. Signa Vitae, 2008, 3 suppl 1: S33-36.

[5] Shandro J. A coaxial circle circuit: comparison with conventional circle and Bain circuit [J]. Can Anaesth Soc J, 1982, 29(2): 121-125.

[6] 曾因明,邓小明. 米勒麻醉学[M]. 北京:北京大学医学出版社,2006:296-298.

[7] Kaul TK, Mittal G. Mapleson's Breathing Systems [J]. Indian J Anaesth, 2013, 57(5):507-515.

第十章 定量吸入麻醉的理论与实践

传统的吸入麻醉理念就是给麻醉系统中提供充足量（其实有相当大的过剩）的麻醉气体以完全满足麻醉的需求。低流量循环紧闭麻醉（low-flow closed circuit anesthesia, LFCCA）是指采用紧闭回路，在新鲜气流量 500~1 000 ml/min（有少量过剩）条件下施行的吸入全身麻醉。而现代定量麻醉（quantitative anaesthesia，QA）理念就是根据患者的需求给麻醉系统提供精确量（没有过剩）的麻醉气体以满足麻醉的需求。强效吸入麻醉药的问世和精密挥发器的出现，以及美国的 Lowe 提出了完整的吸入麻醉药摄取平方根法则是促使高流量向低流量和定量吸入麻醉方向发展的真正动力。多年的临床研究业已肯定，LFCCA 和 QA 具有麻醉平稳，用药量少，不污染环境等显著优点。尤其重要的是其对年轻医生掌握吸入麻醉的有关理论极有帮助。因此，很多教学医院都将此列为住院医生必须掌握的方法来加以训练。

第一节 定量麻醉的理论基础

一、再吸入技术简史

1850 年 John Snow 观察到呼出气中麻醉性气体未发生变化，因此他断定如果能以某种方式阻止呼出气的挥发，那么气体呼出模式的结果必然会延长药物的麻醉作用。通过试验，他证明再吸入呼出气体确实能延长麻醉作用，但要充分地吸收 CO_2。

在随后的几年里，Coleman, Jackson, Waters, Gauss, Sudeck, Schmidt, Drager 和 Sword 采用吸收 CO_2 方法首先使用了再吸入系统。1924 年，Ralph Waters 提出这种麻醉方法的优点包括减少热量和湿气的丧失，节约麻醉药用量以及减少手术室污染。使用爆炸性强的麻醉药，如乙醚和环丙烷，刺激了重复吸入技术和 CO_2 吸收系统的使用，几乎达到全部重复吸入。然而开发了三氯乙烯和氟烷后，三氯乙烯与碱石灰不相容，氟烷在低流量范围内对新鲜气流和蒸发器控制不当导致低流量麻醉几乎被废弃。因此在许多国家，高流量新鲜气体麻醉成为常规操作。麻醉医生可以通过新鲜气流的设置来估计患者吸入麻醉气体的成分。这就是为什么至今在美国和英国仍有 80% 的麻醉医生仍使用新鲜气流达 4~6 L/min，而没有使用现代麻醉机特别设计的可以使用重复吸入的技术。

依据新鲜气体的流速，重复吸入系统包括半开放、半紧闭和紧闭系统。当新鲜气体的流速很低时，大部分呼出气会再循环至肺内。低流量麻醉就是使用重复吸入系统，CO_2 吸收后至少有 50% 的呼出气再次进入肺，如果使用现代的重复吸入系统，只有当新鲜气流降至 2 L/min 时才能达到上述重复吸入的分压。

二、吸入麻醉方法的分类

根据有无重复吸入以及重复吸入的程度将吸入麻醉的方法分为以下三类：

（1）无重复吸入系统（Non-rebreathing Systems） 是指系统中所有呼出气体均被排出的一种麻醉方法，它有以下三个特点：①吸入系统与呼气系统隔离；②新鲜气流量大于分钟通气量；③新鲜气中各气体浓度等于吸入气中浓度。这种麻醉方法也就是传统上所称的开放麻醉，现在几乎不采用。

（2）部分重复吸入系统（Partial Rebreathing System） 是指系统中部分呼出混合气仍保留在系统中的一种吸入麻醉方法，它有以下三个特点：① CO_2 吸收剂将呼出气中的二氧化碳滤除；②新鲜气流量低于分钟通气量、高于氧摄取量；③新鲜气流中的麻醉气体浓度高于吸入气中浓度（诱导、维持阶段）。这种麻醉方法是当今最普遍采用的麻醉方法。根据新鲜气体量（FGF）大小又将这种麻醉方法分为高流量（FGF 3~6 L/min），低流量（FGF 1 L/min 以下），最低流量（FGF 0.5 L/min 以下）。前者也就是传统意义上的半开放麻醉，其更接近于开放麻醉，而后者也就是传统意义上的半禁闭麻醉，更接近于完全禁闭麻醉。

（3）完全重复吸入系统 （All Rebreathing System） 是指系统中没有呼出气排出的一种麻醉方法，它有以下三个特点：① O_2 新鲜气流量等于 O_2 摄取量 ；② N_2O 新鲜气流量等于 N_2O 摄取量；③麻醉药用量等于麻醉药摄取量。这样的一种麻醉方法也就是传统意义上的全禁闭麻醉即现在所指的定量麻醉（quantitative anesthesia）。

三、麻醉过程中患者对麻醉气体的摄取

机体对氧气的摄入是一个恒量，它取决于患者的代谢摄取率，与体重的 3/4 次方成正比即符合 Brody 公式：$V_{O_2}=10 \times Bw$（kg）3/4（ml/min）。

N_2O 不在体内代谢，其摄取率定义为肺泡-动脉血气体的分压差，该值在麻醉的初始阶段很高，但随着组织中气体分压升高并趋于饱和时，摄取率降低。与时间的-1/2 次方成正比即符合 Severinghaus 公式：$V_{N_2O}=1\,000 \times t-1/2$（ml/min）。

麻醉药进入脑的时间常数可表述为$(V \times \lambda t)/f$。V 为脑容积，λt 为脑组织/血分配系数，f 为脑血流。常用麻醉药的脑时间常数为（min）N_2O 2.2，氟烷 4.8，恩氟烷 3.3，异氟烷 5.0。脑/血达到 95%

平衡时需 3 倍的时间常数。因此，即使当某种麻醉药的动脉血中分压已达到预定水平，脑分压仍需 10~15 min 才能达到（假定脑血流不变，3 倍时间常数）。组织溶解度高的药物时间常数也长，因同样组织容积可溶解更多的药物。反之，通过增加脑血流使进入脑组织的麻醉药增加，可缩短时间常数。有关缩写词的含义（1 dl=100 ml）：C_A：肺泡气浓度（ml 蒸汽 /dl），Ca：动脉血中分压（ml 蒸汽 /dl），CD：新鲜气流中浓度（ml 蒸汽 /dl），MAC：最低肺泡有效浓度（ml 蒸汽 /dl），λt：组织 / 血液分配系数，$\lambda_{B/G}$：血 / 气分配系数，Q'：心排血量（ml/min），Q'_{AN}：麻醉气体摄取率（ml 蒸汽 /min），Q_{AN}：总摄取率（ml 蒸汽），$V'O_2$：分钟耗氧量（ml/min），Q't：组织血流量（dl/min），t：麻醉气体吸入时间（min），Vt：组织容量（dl），V_A：分钟肺泡通气量（dl/min）

假定麻醉气体所占比例在麻醉系统中保持不变，那么吸入性麻醉药在麻醉过程中的摄取率应呈指数形式下降，符合 Lowe 公式：$Q'_{AN} = f \times MAC \times \lambda_{B/G} \times Q \times t^{1/2}$(ml/min)。在动脉血麻醉分压恒定下，任意时间 t 的麻醉气体摄取率 Q_{AN} 均等于自给药开始各器官摄取之和：$Q'_{AN}=Ca\Sigma Q'\text{texp}(-Q'\text{t} \times \text{t}/V\text{t} \times \lambda\text{t})$，经验证明，$Q'_{AN}$ 可近似于下式：$Q'_{AN} = Ca \times Q' \times t^{-0.5}$，由于 $Ca=CA \times \lambda_{B/G}$，将上式积分得到特定麻醉时间 t 的累积麻醉气体摄取量 Q_{AN}。$Q'_{AN}=2 \times Ca \times Q' \times t^{-0.5}$。

由此可知，Q_{AN} 与 $t^{1/2}$ 成比例，Q'_{AN} 与 $1/t^{1/2}$ 成比例。这就是摄取率的时间的平方根法则，即在各个时间的平方的间隔之间吸收的麻醉药量是相等的。即 0~1，1~4，4~9 min 之间的剂量都是一样的，这个剂量称为单位量（unit dose）。1 单位量 =2（Ca）（Q）（$1^{1/2}$），2 单位量 =2（Ca）（Q）（$4^{1/2}$），3 单位量 =2（Ca）（Q）（$9^{1/2}$），4 单位量 =2（Ca）（Q）（$16^{1/2}$）等等。

体重的 $kg^{3/4}$ 法则是 LFCCA 和 QA 的重要理论基础。它是通过体重与代谢成正比的假设，以体重的 $kg^{3/4}$ 的不同位数，得到一系列生理近似值，构成实施 LFCCA 时计算单位量的基础。

$kg^{3/4} \times 10 = V'O_2$(ml/min),$kg^{3/4} \times 8 = V'CO_2$(ml/min),$kg^{3/4} \times 2 = Q'$(dl/min){ 设($a-v$) O_2=5% 浓度 }，$kg^{3/4} \times 1.6 = V'_A$（dl/min）（设 P_ACO_2=5%）。

四、影响麻醉药在新鲜气吸入气肺泡气内的平衡的因素

（1）新鲜气与吸入气之间的平衡　①回路容量的大小　回路大小与新鲜气流量的关系　当气流量大时，回路和功能残气量将很快达到平衡。如一个 10 L 的回路，以 10 L/min 的气流供气，2 min 即可达到 86% 的平衡；但如以 2 L/min 的气流供气，则需 10 min 才能达到 86% 的平衡。②新鲜气流量的影响　除在①中所谈到的因素外，如新鲜气流量低于患者的分钟通气量，则导致复吸入。复吸入的呼出气麻醉药浓度低，加入到吸入气后，使吸入麻醉药浓度降低。③回路内各部分对麻醉的吸收　螺纹管和钠石灰均可吸收麻醉药。在未达到与吸入麻醉的浓度相平衡前，吸入浓度将因这些部分的吸收而下降。麻醉药的脂溶性越高，这一影响越明显。

（2）吸入气与肺泡气的平衡　一般来说，肺泡内麻醉药浓度与离开肺泡的血中麻醉药浓度相关。因此，凡影响肺泡内麻醉药浓度上升速率的因素都将显著影响麻醉的诱导速度。麻醉药进入肺泡和从肺泡被摄取这两个相对的过程，决定某种吸入麻醉药自给药开始到某一特定时间的肺泡浓度（FA）与吸入气中浓度（Fi）的比值为 FA/Fi。在一个紧闭回路内 麻醉药和释放可以是一个

恒量。如无复吸入，则下列因素影响麻醉药进入肺泡的量：①肺泡通气量：肺泡通气量改变可显著影响FA/Fi，特别是使用血中溶解度高的药物更为明显。不改变其他条件，仅增加肺泡通气量就可使FA/Fi增加。②通气/灌流比值（V/Q）：当$PaCO_2$不变，而通气肺泡的灌注下降时，将使动脉血中麻醉药分压的上升速率减慢。这一效应在低溶解度的药物（如N_2O）更为明显。③浓度效应：吸入气中麻醉药浓度与肺泡气中麻醉药浓度呈正相关。吸入气中浓度越高，肺泡气浓度升高越快。④第二气体效应：同时吸入高浓度气体（如N_2O）和低浓度气体（如异氟烷）时，低浓度气体的肺泡气浓度及血中分压的上升速度较单独使用该气体时为快。目前认为,在上述4因素中，①③两因素作用更为明显。

（3）影响麻醉药摄取的有关因素　①心输出量：心输出量增加使麻醉药摄取增加。但如影响FA/Fi的其他因素不变，则心排血量增加将肺泡浓度上升减慢，这可以解释何以小儿哭闹时或患者极度紧张时，吸入麻醉诱导时间明显延长。反之如心排血量降低，肺泡气浓度上升速度加快。这一效应不论使用有复吸入和无复吸入的回路均有影响，但在无复吸入回路和麻醉开始后早期影响更为明显。②麻醉药的溶解度：血中溶解度增加使摄取增加，从而减慢的FA/FI的上升速率。这与心排血量的影响相似。低温和高脂血症将使氟类麻醉药的血中溶解度增加。③麻醉药的丢失：吸入麻醉药可经皮肤、黏膜排泄，也可经代谢而丢失，但这一影响不大。

第二节　定量麻醉的实施

一、施行定量麻醉时有关生理量及单位量的计算

（1）计算各生理量　根据患者的实际体重，依$kg^{3/4}$法则分别求出预计V'_{O_2}、V'_{CO_2}、Q'和V'_A。

（2）计算控制呼吸时呼吸机的潮气量（VT）　V_T=VA/RR+VD+Vcomp，RR=每分钟呼吸次数,VD=解剖无效腔（气管内插管时=1 ml/kg），Vcomp=回路的压缩容量（ml），当V_{O_2}确定后，在假设呼吸商正常（0.8）和大气压101.3kPa条件下，通过调节呼吸机V_T来达到要求的$PaCO_2$水平。$PaCO_2$=（kPa）={570×V_{O_2}/RR×（V_T−VD−Vcomp）}/7.5,570={（760−47）×0.8}。

（3）计算定量麻醉的单位量　定量麻醉的麻醉深度是按1.3MAC设计的。如加用N_2O，则每增加1%的N_2O，其他吸入麻醉药的浓度相应要减少其浓度的1%。前已述及，麻醉后任意时间t的吸入麻醉药摄取率为QAN=f×MAC×$\lambda_{B/G}$×$t^{0.5}$，f=1.3−%N_2O/100，蒸汽单位量（ml）=2×f×MAC×$\lambda_{B/G}$×Q，液体单位量约为蒸汽单位量的1/200。根据以上公式，即可计算各种吸入麻醉药的单位量和给药程序。由于N_2O的实际摄取量仅为预计值的70%，因此N_2O的计算单位量应乘以0.7。

（4）有关生理量及单位量的速查表（表10−1、表10−2、表10−3）　为方便临床医生施行定量麻醉，现已有多种速查表可供使用。只要测出患者体重，即可按表查出有关的生理量、单位量及给药程序。如果体重与表10−1内数值不符，可取相邻的近似值。

表10-1　体重与相应的生理量

体重(kg)	$kg^{3/4}$	V_{O_2}(ml/min)	V_{CO_2}(ml/min)	V_A(dl/min)	Q(dl/min)
5	3.3	33	26.4	5.28	6.6
10	5.6	56	44.8	8.96	11.2
15	7.6	76	60.8	12.16	15.2
20	9.5	95	76.0	15.20	19.0
25	11.2	112	89.6	17.92	22.4
30	12.8	128	102.4	20.48	25.6
35	14.4	144	115.2	23.04	28.8
40	15.9	159	127.2	25.44	31.8
45	17.4	174	139.2	27.84	34.8
50	18.8	188	150.4	30.08	37.6
55	20.2	202	161.6	32.32	40.4
60	21.6	216	172.8	34.56	43.2
65	22.9	229	183.2	36.64	45.8
70	24.2	242	193.6	38.72	48.4
75	25.5	255	204.0	40.80	51.0
80	26.8	268	214.4	42.88	53.6
85	28.0	280	224.4	44.80	56.0
90	29.2	292	233.6	46.72	58.4
95	30.4	304	243.2	48.64	60.8
100	31.6	316	252.8	50.56	63.2

表10-2　吸入麻醉药的物理特性

麻醉药	MAC(%)	$\lambda_{B/G}$	蒸汽压(20℃)kPa	37℃时液态蒸发后气态体积(ml)
氟烷	0.76	2.30	32.37	240
恩氟烷	1.70	1.90	24	210
异氟烷	1.30	1.48	33.33	206
氧化亚氮	101.00	0.47	5306.6	–

表10-3　吸入麻醉药的单位量(ml)

体重(kg)	相	氟烷	恩氟烷	异氟烷	65%N_2O
10	气	50	92	55	475
	液	0.21	0.44	0.27	
20	气	86	160	95	813
	液	0.36	0.76	0.46	
30	气	116	215	128	1095
	液	0.48	1.02	0.62	
40	气	145	269	160	1368
	液	0.61	1.28	0.78	
50	气	172	319	190	1625
	液	0.72	1.52	0.92	
60	气	195	361	215	1839
	液	0.81	1.72	1.04	
70	气	218	403	240	2053
	液	0.91	1.92	1.16	
80	气	241	445	265	2267
	液	1.00	2.12	1.29	
90	气	264	487	290	2481
	液	1.10	2.32	1.41	
100	气	286	529	315	2694
	液	1.20	2.52	1.53	

注：表中剂量为不加N_2O的剂量，如加用65%N_2O，则剂量应减半。

二、用传统麻醉机进行低流量麻醉

(一)诱导阶段操作步骤

①术前用药同往常。②起始阶段（持续 10~20 min），高流量新鲜气流约 4 L/min，蒸发器设置：七氟烷 2.0~2.5% 浓度，异氟烷 1.0~1.5% 浓度，恩氟烷 2.0~2.5 % 浓度，氟烷 1.0~1.5% 浓度。③充分去氮。④快速达到所须的麻醉深度。⑤在整个回路系统中充入所需要的气体成分。⑥避免气体容量失衡（新鲜气体流量必须满足个体摄取量的需要）。

(二)诱导阶段时间长短的控制

起始阶段的长短主要取决于新鲜气流的大小和不同个体对麻醉气体和氧的摄取率。起始阶段可因下列因素缩短：①非常高的新鲜气流以加速去氮和吸入麻醉药的洗入；②选择合适的吸入麻醉药（low blood solubility）；③增加麻醉药吸入浓度以加速麻醉药达到预定浓度；④逐步降低新鲜气流量（分级降低）。

（三）诱导阶段应注意的问题

①在一般情况，起始阶段约持续 10 min；最低流量麻醉时往往需要 15 min；而代谢十分旺盛的患者则需要 20 min。②正常成年人在麻醉诱导后的前 10 min，总的气体摄取量约为 570 ml。此时，若将新鲜气体降至 0.5 L，可引起麻醉机系统内的气体短缺。③由于吸入麻醉药蒸发器的输出能力有限，因此，当新鲜气体流量太小时，不能提供足够的麻醉深度。

（四）新鲜气流量降低时氧浓度的变化

新鲜气流量下降后，增加了重复吸入，由于 N_2O 摄取率的逐渐下降和个体的氧耗量差异，而使吸入气中的氧浓度逐渐降低，最终使新鲜气体中的氧浓度和吸入氧浓度之差增加。那么如何设定新鲜气流量以保证安全呢？ ①必须提高新鲜气流中的氧浓度；②必须连续监测吸入气的氧浓度（通常维持于 30% 以上）。具体的做法是：为保证吸入气中氧浓度至少达到 30%，设定如下：低流量：50% 浓度 O_2（0.5 L/min），最低流量： 60% 浓度 O_2 （0.3 L/min）。③快速调整氧浓度升至最低报警限以上：将新鲜气流中的氧浓度升高 10% 浓度将新鲜气流中 N_2O 的浓度降低 10%。

（五）低流量麻醉时麻醉深度的调整

新鲜气流量下降后，新鲜气体中的吸入麻醉药浓度和麻醉回路内吸入麻醉药浓度之差增加。欲想改变回路中麻醉气体的浓度，蒸发器上的设置必须显著高于或低于目标麻醉气体浓度。由于新鲜气流量下降后，麻醉机回路系统的时间常数增加，时间常数被用来表述新鲜气体成分改变后，麻醉机系统内气体成分发生相应改变所需要的时间。时间常数 T=Vs/（VFg−VU），即与系统的总容积 Vs 成正比（通气系统和肺）与新鲜气流量（VFg−VU）成反比，而新鲜气流量即为新冲入回路的新鲜气体 VFg 减去少量泄露 VU。表示回路中麻醉气体浓度与新鲜气流中气体浓度平衡有一定的时间滞后。时间常数如用数字表示可描述如下：1 × T 时：回路中麻醉气体浓度达到 63% 设定值，2 × T 时：回路中麻醉气体浓度达到 86% 设定值，3 × T 时：回路中麻醉气体浓度达到 95% 设定值。新鲜气流量越小，时间常数越大（表 10−4）。

表10−4　新鲜气流量越小，时间常数越大

新鲜气流量 L/min	0.5	1	2	4	8
时间常数/(min)	50	11.5	4.5	2.0	1.0

过长的时间常数可使呼吸回路中的气体成分变化严重滞后，可以通过下列措施迅速改变麻醉深度：①静脉补充镇痛剂和催眠剂；②增加新鲜气流量，比如增至 4.4 L/min（按蒸发器刻度设定目标浓度）。

（六）苏醒阶段的控制要点

由于低流量时时间常数长，蒸发器可在手术结束更早前关闭，冲洗回路所需时间随着下列因素而延长：①流量下降的程度；②麻醉维持时间。所以低流量麻醉的苏醒应做到：①手术结束前 15 min 关闭蒸发器，长时间麻醉可以提早为 30 min；② 让患者尽早过渡到自主呼吸，可能的话采用 SIMV 模式以避免意外的通气不足或低氧血症；③拔管前 5~10 min 关闭 N_2O 并增加氧流量至 5L/min。

（七）低流量麻醉中的监测

当新鲜气流非常接近患者氧摄取量时可以通过监测下列参数以避免通气回路中气体的变化：气道压、分钟通气量、吸入气氧浓度、呼吸气中麻醉药的浓度（如果新鲜气流量≤ 1 L/min）。

另外，机器及患者自身方面的因素可以造成某些生命体征的变化，而这些变化与低流量并无关系，应监测：心电图、血压、体温、脉搏氧饱和度、二氧化碳值和二氧化碳描记图。

（八）实施低流量 / 最低流量麻醉对麻醉设备系统的要求

①精确的新鲜气供气系统（设置稳定、精确、可靠）；②极低的系统泄漏情况自动泄漏检测（连接处要少，呼吸活瓣及 CO_2 吸收罐的漏气要少）；③采样气可回收；④自动检测出低流量状态；⑤分钟通气量不受新鲜气流量的影响，如新鲜气体隔离阀 (fresh gas decoupling valve)；⑥有关气道参数的监测：分钟通气量 MV、气道压 Paw、吸入氧浓度 FiO_2、吸入气麻醉药浓度。

三、专用麻醉机进行定量麻醉

所谓的专用麻醉机是指专用于定量吸入麻醉的 Drager PhsioFlex 麻醉机，它有如下特点：①吸入麻醉药通过伺服反馈注入麻醉回路，而不是通过蒸发器输入。②输入麻醉回路新鲜气流量的大小也是通过伺服反馈自动控制。③自动控制取代了手动调节。④现有麻醉设备的许多操作习惯和理念在 PhsioFlex 麻醉机均不适用。

（一）PhsioFlex 麻醉机的回路特点

PhsioFlex 麻醉机的回路是完全紧闭回路（图 10–1），其中含有一些与传统麻醉机完全不同的配置以实现其不同的工作方式，如膜室（menbrane chamber）、鼓风轮（blower）、控制用计算机、麻醉剂注入设备、麻醉气体吸附器（V.A.filter）、计算机控制的 O_2 、N_2、N_2O 进气阀门。这些配置的有机组合达到自动监测各项参数并通过计算机伺服反馈控制这些设备的工作状态。

（1）膜室（menbrane chamber）　膜室相当于传统麻醉机的风箱或气缸，由计算机控制膜的位置以达到吸气与呼气的切换，将膜压向患者侧即给患者吹气，将膜拉离患者侧则使患

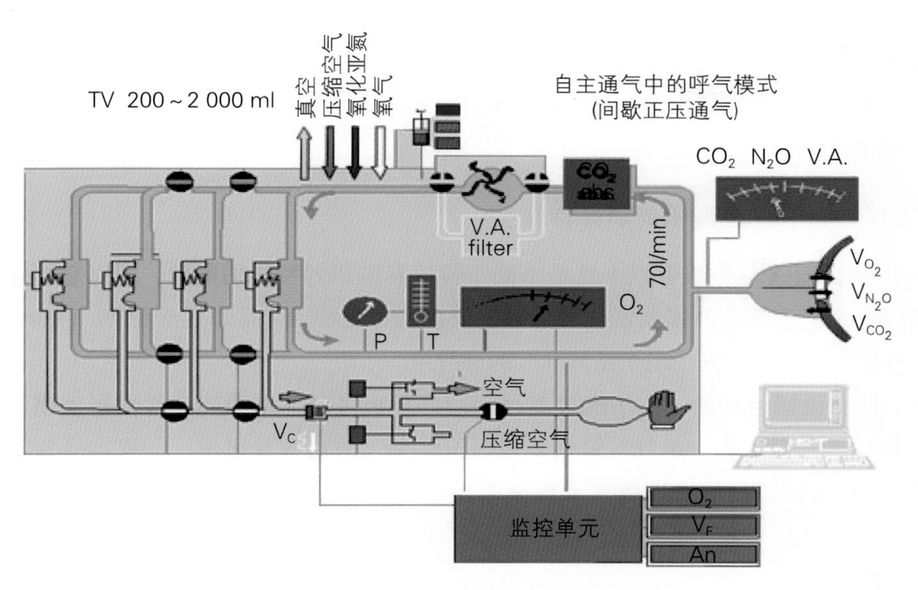

图10-1 PhsioFlex麻醉机通气模式图

者呼气，如使膜固定在基础位则是呼吸暂停。膜室在回路中可单独或四个并联存在以实现不同通气量的目的，单室的潮气量范围为 50~500 ml，通常用于＜ 275 ml 的情况。双室的潮气量范围为 100~1 000 ml，通常用于 275~575 ml 的情况。四室的潮气量范围为 200~2 000 ml，通常用于＞ 575 ml 的情况。该膜室通气系统一般可做 PCV 和 IPPV 模式。

（2）鼓风轮（blower） 鼓风轮可使紧闭回路中气流速度达到＞ 55 L/min 以上，在紧闭回路中配制鼓风轮的目的主要有两点：①利用其高速气流达到新鲜气流与回路中气流的迅速平衡，以缩短时间常数，使麻醉诱导与清醒更为快速。②还是利用其高速气流使注入到回路中的吸入麻醉药迅速汽化，从而取代传统麻醉机配制蒸发器的作用。麻醉回路中麻醉气体的浓度经自动监测后，由计算机伺服反馈调节麻醉药的注药速度来实现精确控制麻醉深度的目的。传统麻醉机进行低流量麻醉的最大问题就是回路气与新鲜气平衡的严重滞后，所以，在麻醉中需要不断改变新鲜气流量，不能做到始终是真正意义上的低流量麻醉。由于鼓风轮有以上两大功能，所以可以克服传统麻醉机的这些缺点，使定量麻醉更方便可靠。

（3）控制用计算机 在紧闭回路中配置计算机主要有以下作用：①根据麻醉开始时输入的有关患者的信息，不断计算患者的氧的需求量、二氧化碳的产生量、吸入麻醉药及氧化亚氮的需求量，不断采集系统中自动测量的这些参数的实时浓度值，并根据目标浓度不断伺服反馈控制这些气体的输出输入设备，达到定量麻醉的目的。②在计算机上输入通气模式及通气量，再由计算机控制膜室的开放数量及工作状态，最终达到精确进行机械通气的目的。③对麻醉机的安保中心（Guardian Unit）进行实时控制和指挥，以避免麻醉过程中缺氧、通气不足、二氧化碳蓄积、麻醉系统泄漏、麻醉过深过浅等危险情况的发生。

（4）麻醉气体吸附器及二氧化碳吸收器 在紧闭回路中配制高效的主要由活性炭组成的

麻醉气体吸附器，是为了在麻醉清醒过程中快速吸附麻醉气体，缩短麻醉清醒的时间。而二氧化碳吸收器的作用与传统麻醉机没什么两样，只不过 PhsioFlex 是完全紧闭回路，重复吸入的程度更高，需要二氧化碳的吸收效能更高。当然这两部分吸收装置均由计算机监测和控制以策麻醉的安全。

（二）PhsioFlex 麻醉机的功能特点

由于 PhsioFlex 麻醉机有以上这些不同于传统麻醉机的特殊的配置，所以它有许多特殊的功能以满足定量麻醉的需要，使定量麻醉更容易也更精确，可以这么说 PhsioFlex 麻醉机是目前世界上唯一一台真正用于定量麻醉的麻醉机。

（1）伺服反馈的功能　由于配置高性能的计算机可对下述功能进行伺服反馈调节：①瞬时新鲜气流包括氧气、氮气、氧化亚氮、压缩空气的比例及流量；②根据吸入麻醉药的 MAC 控制吸入麻醉药的快速吸入及快速吸出；③呼吸的模式及通气量；④多种监测报警功能。

（2）监测显示功能　PhsioFlex 麻醉机比传统麻醉机有更强大的监测显示功能：①各种麻醉气体以及负载气体的瞬时浓度及趋势曲线；②机体氧摄取曲线，可以看到术中用药及外科操作对氧摄取的影响并通过伺服反馈功能而增加新鲜气流中氧气的比例；③麻醉药的累积消耗曲线，可以了解瞬时及一定时间段的麻醉药的消耗，而不像传统麻醉机的蒸发器那样不了解麻醉药的精确消耗；④在进行 PCV、IPPV 机械通气、手控呼吸及自主呼吸时肺功能和呼吸力学的各项参数；⑤机体代谢率的计算与显示。

（3）保持呼吸气流的温度与湿度　由于麻醉回路的高度密闭以及新鲜气流量非常之小，所以系统中有很少的温度和湿度丢失，这对术后保护支气管纤毛功能有非常重要的意义。

（4）采样气体的补偿功能　为了监测各种气体的浓度以便反馈调节系统中各种气体输入，回路中的检测设备必须以 250 ml/min 的速度从系统中采集气样，如果这部分气体不断丢失，那么系统中的总气体量必然会越来越少。但 PhsioFlex 麻醉机在检测完毕后会把这部分气体重新注入回路中，避免上述情况的发生。

（5）系统总容量的计算与控制　全紧闭麻醉最担心的就是系统中气体的短缺，所以系统总容量的计算与控制尤为重要。PhsioFlex 麻醉机通过如下方式进行容量估算，即先在控制计算机上将氧浓度设置到 90%，系统通过伺服反馈机制打开氧气阀门使氧气快速输入，当系统中氧浓度达到 90% 时，又将氧浓度设置到 70%，这时系统又通过伺服反馈机制打开氧化亚氮阀门，使氧浓度逐渐降到 70%，如同时通过氧化亚氮流量计记录氧化亚氮的输入量为 623 ml，则通过如下公式计算系统的总容量：F1：（F1−F2）=Vsys：Vdrg 即 90%：（90 %−70%）=Vsys：623 ml 计算结果 Vsys = 2 790 ml。

总之，PhsioFlex 麻醉机是一台专用于定量麻醉的高智能理想麻醉机，使吸入麻醉尽量做到定量节能安全的程度，由于其高度自动化使麻醉医生掌握定量麻醉更省时省力，并为更好地理解定量麻醉的理论提供了很好的武器。

第三节 定量麻醉的优缺点和注意事项

一、定量麻醉的优点

改进麻醉教学，有利于住院医生的培养。

环境方面：①减少工作场所 N_2O 的浓度 (采用极低流量时可降至 15 ppm)。②减少吸入性全麻醉药向大气中的发散 (温室效应 / 臭氧层的破坏)；③麻醉药方面的支出最多可节省 75%，节省麻醉药情况取决于下列因素：麻醉的长短；麻醉药品的价格；流量减低的程度；临床方面：提高麻醉气体的温度和绝对湿度，改善手控呼吸的特性。

二、定量麻醉的注意事项

由于 LFCCA 是以体重的 $kg^{3/4}$ 法则为基础，以估计 VO_2、VCO_2、Q 等参数为依据实施的麻醉，当机体因手术、失血等影响而引起代谢改变时，有可能导致缺氧、高碳酸血症或麻醉过深。因此，实施 LFCCA 必须慎重。在 LFCCA 的过程中如怀疑有缺氧、高碳酸血症或麻醉深时，最简便有效的处理方法就是停止麻醉药的吸入，开放回路，以 100% 氧气施行人工呼吸。

（1）新鲜气流不足的表现为气道峰压、平台压和每分钟通气量降低，呼吸机皮囊扩张不足，呼气时皮囊从上向下都不能碰到底座，从下向上者不能上升到顶点，以及 Dräger 麻醉机（SA_2）的储气囊排空较多。新鲜气流不足时应立即加大气流，以免缺氧。水蒸汽凝聚在螺纹管时，可阻碍呼吸气体自由活动，应脱开螺纹管，排空积水，然后接上呼吸回路。

（2）麻醉时间较长者在手术结束前，持续保持低流量，同时关闭蒸发器，麻醉作用还可维持 20~30 min。

（3）在决定气管拔管之前 5~10 min，应增加气流量 4~5 L/min，可把麻醉气体从肺中冲洗出来。

（4）为了安全起见，低流量麻醉期间应加强监测，监测项目包括 O_2 浓度，N_2O 浓度和挥发性全麻醉药浓度，以及脉率–血氧饱和度和呼气末 CO_2，尤其是呼气末 CO_2 监测不仅能发现钠石灰耗竭，而且可监测许多肺通气和血流变化情况，并及时发现呼吸接头与气管接头脱落和心跳骤停等，以便早期处理，避免发生不幸事故。

三、定量麻醉潜在危险

（一）缺氧的危险

低流量麻醉时，如果吸入混合气体，那么吸入气中氧浓度和新鲜气中氧浓度有相当大的差别。

新鲜气流越少，则重复吸入的比例越高，吸入气的氧浓度就越低（假定新鲜气中氧浓度是一定的）。因此，为了确保吸入气中的氧浓度在安全范围内，新鲜气体流速降低时，新鲜气中氧浓度应该升高。只要遵循这一简单的原则，就可避免低流量麻醉时低氧混合气的产生。

机体对 N_2O 的摄取随时间的延长而减少。N_2O：O_2 为 1：1，麻醉 60 min 后，N_2O 的摄取量为 130 ml/min，而氧摄取量仍保持恒定，为 200~250 ml/min。除非麻醉前先用高流量新鲜气流，否则由血中释出的氮会导致蓄积，很多年以前 Foldes 和 Virtul 就提出如何安全地控制新鲜气流的成分。因此出于安全方面的考虑，如果不能持续地监测吸入气氧浓度，就不要使用低流量麻醉，在发达国家，已有法规要求麻醉医生在行低流量麻醉时要使用吸入气氧浓度监测仪。

缺氧并非低流量麻醉时专有的特点，如果麻醉机有氧比率控制装置，那么长时间低流量系统是安全的。它会显著地延长低氧混合物到达肺的时间。低流量麻醉比高流量麻醉系统的反应周期（出现报警后至采取有效的处理措施所需时间）要长。

（二）吸入性麻醉药过量和不足的危险性增大

现已很少使用环路系统内的蒸发器，因它易导致系统内吸入性药物的蓄积。如果采用机械通气，使用低新鲜气流时，几分钟后就会使吸入性麻醉药的浓度上升到蒸发器设定浓度的 5 倍。环路系统外的蒸发器，对气流无补偿作用，吸入药的浓度不会像低流量麻醉一样高于蒸发器设定的浓度。

有几个因素可以减少低流量麻醉时吸入性麻醉药过量的危险。由于一些国家制定了指令性标准，只允许使用经最大输出量校准过的蒸发器。现代蒸发器具有流量补充的特点，从而即使在低流量新鲜气流时也可保证准确的输出设定浓度的气体。现代的麻醉机几乎都将蒸发器设在环路以外。如果麻醉医生未能意识到吸入气中吸入性麻醉药的浓度可明显低于蒸发器设定的浓度，就有发生麻醉药不足的可能。

假定吸入气中 N_2O 的浓度为 8%，那么可用 Seringhas 提供的公式来估计 N_2O 的摄取率：V_{N_2O}（ml/min）=1 000 · t^{12}（t= 用药的时间）。

如果新鲜气体的成分恒定，由于 N_2O 的摄取呈指数性下降，那么吸入气中 N_2O 和 O_2 的浓度会持续性的变化。若 N_2O 的摄取仍然很高，那么 N_2O 的浓度会下降，若摄取减少，N_2O 的浓度会升高。如果新鲜气流很早就减少，同时新鲜气中氧含量不恰当的升高，就有可能出现 N_2O 不足。

使用环路外蒸发器时，挥发气与吸入气中吸入性麻醉药的浓度有一定梯度，后者取决于新鲜气体流速。若使用低流量新鲜气流，以恒定的浓度维持麻醉 30 min 后，肺泡中氟烷的浓度仅为蒸发器设定浓度的 1/4。在环路系统，必须向通气系统供应大量的麻醉药供机体摄取，以维持肺泡浓度在理想的水平。在麻醉的早期，用低流量新鲜气流无法达到此目的。为达到此目的，可应用去氮的方法清除体内呼吸系统潴留的氮，因此在麻醉的最初 15~20 min 应使用 3~4 L/min 以上的新鲜气流。此后只要有合适的气体监测，就可以安全、有效地使用 0.5~1 L/min 的新鲜气流。

新鲜气与呼出气中吸入性麻醉药的浓度的差异与药物的血液和组织溶解度有关。低溶解度的药物，如地氟烷和七氟烷，挥发气与吸入气的药物浓度可很快达到平衡。而溶解度大的药物摄取率低，达到平衡所需时间要长。挥发气与吸入气浓度的差异随时间减少，可溶性药物亦是如此，但不溶性药物更快，这是因为混合体积浓度升高及摄取率降低，可用临床实践中简单的剂量曲线对吸入气与挥发气中的浓度差异进行可靠的估计。尽管不少因素可影响设定浓度与肺泡气浓度的差异，但其中最重要的两个因素是麻醉药的溶解度和气体的流量。例如，流速为 1 L/min 吸入地氟烷麻醉 10 min 后，蒸发器设定的浓度可减少到患者所需浓度的 40%，如改用可溶性强的异氟烷，则蒸发器的设定浓度必须是患者所需浓度的 200%。

用气体监测仪对麻醉气体成分进行广泛的分析可促进低流量麻醉的应用及麻醉医生更容易的掌握此技术。出于安全，如果新鲜气体流量少于 1 L/min，就应常规连续监测药物的浓度。多气体分析仪相当可靠，并已越来越广泛的应用于临床工作。许多分析仪可测定 O_2、CO_2 及当前使用的所有麻醉药的吸入气及呼出气的浓度。在相当多的国家，麻醉机必须配备有广泛的气体监测，才能得到官方的许可，不久通用欧洲标准 EN740“麻醉工作台及其调节”使广泛的气体监测成为必备的安全标准。

如果蒸发器调节错误及未注意蒸发器已空，低流量麻醉的时间常数较长，可以减少吸入不恰当浓度麻醉药的危险性。在麻醉的最初 30~60 min，如果气流保持恒定低值，使用极低流量及环路外限制输出的蒸发器时，挥发性麻醉药过量或不足很少见。

（三）高 CO_2 的危险增加 CO_2

吸收剂的利用周期主要取决于重复吸入的程度及吸收罐的容积。如果持续使用 4.4 L/min 的新鲜气流，装有一升小粒碱石灰的简单吸收罐可使用 43~62 h，装有 1.5 L/min 单纯“Jumbo”吸收剂可使用 98 h。如果流量降至 0.5 L/min，使用时间降至 10~15 h，单纯“Jumbo”吸收剂则降至 25 h。若使用两个 1∶1 罐或双“Jumbo”罐就可保证吸收一天麻醉中生成的 CO_2，每天只需常规地更换一次碱石灰。持续 CO_2 监测可以发现意外的 CO_2 重新吸入，CO_2 吸入浓度升高超过 0 时可很快发现钠石灰是否已耗光。欧洲标准 EN740 规定 CO_2 监测为必须的安全指标，同时在监测心肺功能方面也有价值。

（四）增加危险性微量气体蓄积的危险性

在闭合系统及极低流量麻醉中，由于气体排出较慢，可能会出现微量气体的蓄积。低溶解度的气体，如甲烷和氢的临床意义不大，因为即使在长时间低流量麻醉的条件下（新鲜气流 < 0.5 L/min），蓄积浓度也不会达到有害的水平。但是，甲烷浓度大量升高会影响氟烷的红外分光测量，用高流量新鲜气流进行简短的间断冲洗可将这些气体清除至满意水平。

氮亦是如此，氮的蓄积会降低氧或吸入性麻醉药的浓度，常发生于早期去氮不足或空气经漏气处进入呼吸系统。在完全封闭或低流量系统，氮浓度升高可超过 10%~15%，用广泛的气体监测系统测量气体的全部浓度可容易地发现氮的升高。即使只监测氧，在低氧性吸入混合气发生前即可辨别出低氧浓度的发生。向环路系统运输短时间的高流量 O_2，可清除蓄积的氮。

对血有高溶解度或高亲和力的微量气体，如丙酮、乙醛或一氧化碳，不易被短时间持续大量的新鲜气流冲洗。为了安全起见，存在下列情况：失代偿性糖尿病、长期饥饿、长期饮酒、大量抽烟伴严重区域性灌流、急性酒精中毒，新鲜气体的流速应不低于 1 L/min。这可以确保持续的冲洗作用，避免丙酮达到有害浓度或乙醛潴留。即使长时间闭合系统麻醉，一氧化碳浓度升高仍相当低，对患者无危险。

第三类微量气体是吸入性麻醉药的降解产物，如氟烷和七氟烷与碱石灰发生化学反应生成的挥发性降解产物，氟烷的降解产物，1，1-2 氟-2-溴-2-氯乙烷的浓度可达到 5 ppm(百万比浓度)，但即使在长时间低流量麻醉时对人也不会产生毒性作用。七氟烷的降解产物复合物 A（$CF_2=C(CF_3)OCH_2F$）在长时间低流量麻醉时估计可达到 60 ppm，但常规下其浓度远低于此值。其最大值易导致鼠肾小管组织的损害。关于七氟烷是否会引起潜在性的肾损害尚需进一步阐明，目前建议在吸入七氟烷或氟烷时流速不应低于 2 L/min，以确保可以持续缓慢的冲洗潜在的毒性降解产物。

（俞卫锋）

参考文献：

[1] Frink EJ, Malan TP, Morgan SE. Quantification of the degradation products of sevoflurane in two CO_2 absorbants during low-flow anesthesia in surgical patients [J]. Anesthesiology, 1992, 77:1064-1069.

[2] Gonsowski CT, Laster MJ, Eger EI. Toxicity of compound A in rats: Effect of increasing duration of administration [J]. Anesthesiology, 1994, 80:566-575.

[3] Baum J. Inhalationsarkose mit niedrigem Frischagasfluss. 2nd rev. Ed. Stuttgart: Thieme. 1992.

[4] Schulte AM, Esch J, Gefahren der Narkoseplatzbelastung am Arbeitsplatz [J]. Anasthesie Intensivmedizin, 1994, 35:154-161.

[5] Huber E. Rechtliche Aspekte und MAK-Werte [J]. Anasthesie Intensivmedizin, 1994,35:162-166.

[6] Radke J, Fabian P. Die Ozonschicht und ihre Beeinflussung durch N_2O und Inhalationsanasthetika [J]. Anaesthesist, 1991,40:429-433.

[7] Beams DM, Sasse FJ, Webster JG. Model for the administration of low-flow anaesthesia [J]. Br J Anaesth, 1998, 81(2):161-170.

[8] Baum JA. Low-flow anaesthesia: the sensible and judicious use of inhalation anaesthetics [J]. Acta Anaesthesiol Scand Suppl, 1997,111:264-267.

[9] Baum JA. Low-flow anaesthesia [J]. Eur J Anaesthesiol, 1996,13(5):432-435.

[10] Baum J. Low flow anesthesia [J]. Anaesthesist, 1994, 43(3):194-210.

[11] Reinstrup P, Slots P, Jorgensen BC. Low-flow anesthesia systems [J]. Ugeskr Laeger, 1992, 154(50):3577-3579.

[12] Mapleson WW. The theoretical ideal fresh-gas flow sequence at the start of low-flow anaesthesia [J]. Anaesthesia, 1998, 53(3):264-272.

[13] Bengtson JP, Sonander H, Stenqvist O. Gaseous homeostasis during low-flow anaesthesia [J]. Acta Anaesthesiol Scand, 1988,32(7):516-522.

[14] Imberti R, Preseglio I, Imbriani M. Low flow anaesthesia reduces occupational exposure to inhalation anaesthetics. Environmental and biological measurements in operating room personnel. Acta Anaesthesiol Scand, 1995,39(5):586-591.

[15] Versichelen L, Rolly G, Vermeulen H.Accumulation of foreign gases during closed-system anaesthesia. Br J Anaesth, 1996, 76(5):668−672.

[16] Bito H. Low-flow, closed-circuit anesthesia [J]. Masui, 1994, 43 Suppl:S149−153.

[17] Baxter AD. Low and minimal flow inhalational anaesthesia [J]. Can J Anaesth, 1997, 44(6):643−652.

[18] Cotter SM, Petros AJ, Dore CJ. Low-flow anaesthesia. Practice, cost implications and acceptability [J]. Anaesthesia, 1991, 46(12):1009−1012.

[19] Kleemann PP. Humidity of anaesthetic gases with respect to low flow anaesthesia [J]. Anaesth Intensive Care, 1994, 22(4):396−408.

[20] Baum J. Clinical applications of low flow and closed circuit anesthesia [J]. Acta Anaesthesiol Belg, 1990, 41(3):239−247.

[21] Gregorini P. Effect of low fresh gas flow rates on inspired gas composition in a circle absorber system [J]. J Clin Anesth, 1992, 4(6):439−443.

[22] Morimoto Y, Tamura T, Matsumoto S. Carbon monoxide concentrations during low flow anesthesia [J]. Masui, 1998, 47(1):90−93.

[23] Kharasch ED, Erink EJ, Artru A. Long-duration low flow severflurane and isoflurane effects on postoperative renal and hepatic function [J]. Anesth-Analg, 2001,93:1511−1520.

[24] Baum JA.Low-flow anesthesia: theory,practice, technical preconditions, advantage, and foreign gas accomutation [J]. J Anesth, 1999,13(3):166−174.

[25] Proietti L,Longs B, Gulino S.Techniques for administering inhalation anesthetic agents, professional exposure, and early neurobehavioral effects [J].Med Lav, 2003,94(4):374−379.

[26] Hirabayashi G,Mitsui T, Kakinuma T.Novel radiator for carbon dioxide absorbents in low-flow anesthesia [J]. Ann Clin Lab Sci, 2003,33(3):313−319.

[27] Kennedy RR, French RA,Gilles. The effect of a model-based predictive display on the control of end-tidal sevoflurane concentrations during low-flow anesthesia [J]. Anesth Analg, 2004,99(4):1159−1163.

[28] Lucangelo U, Garufi G, Marras E, Ferluga M, Turchet F, Comuzzi L, Berlot G, Zin WA.End-tidal versus manually-controlled low-flow anaesthesia [J].J Clin Monit Comput, 2014,28(2):117−121.

第十一章 麻醉呼吸机

麻醉机配备的呼吸机称为麻醉呼吸机，可对患者进行机械通气，以替代麻醉医生用手间断挤压呼吸皮囊，进行人工通气。20 世纪 80 年代后期，麻醉呼吸机还仅仅是麻醉机的附件之一。目前，在新型麻醉机或麻醉工作站中，麻醉呼吸机除具有一般呼吸机的功能外，还整合了许多 ICU 型呼吸机的先进功能，更接近 ICU 呼吸机，在临床麻醉中已发挥着重要作用。

第一节 麻醉呼吸机的分类

麻醉呼吸机可按其驱动源、驱动机制、转换机制和风箱类型加以分类。

一、驱动源

按驱动的动力，麻醉呼吸机可分为气动、电动或两者兼有。老式的气动呼吸机只需压缩气源就能工作。当代电动呼吸机，如北美 Dräger Medical、Datex-Ohmeda 等麻醉呼吸机需要电动和压缩气源两种驱动源。

多数麻醉机采用双回路形式的呼吸机，这种传统的呼吸机通常由气体驱动。在双回路系统中，驱动力（压缩气体）挤压推动储气囊（风箱），将气体输送给患者。Datex-Ohmeda 7000 、7810 、7100 和 7900 的驱动气为纯氧，北美 Dräger AV-E 和 AV-2+ 呼吸机采用 Venturi 装置，将氧气和空气混合并作为驱动气。

二、转换机制

多数麻醉呼吸机属于时间转换的控制模式定时装置触发吸气。有些老式的气动呼吸机采用射流定时装置。现代的电动呼吸机多采用固态电子定时装置，属于定时、电控模式。诸如

SIMV、PCV 和 PSV 等更多的高级呼吸模式，具有一个可调节压力的阈值，以提供同步呼吸等功能。在上述模式中，压力传感器为呼吸机控制系统提供反馈数据，便于其判断何时开始或终止一次呼吸周期。

三、呼吸气输送方式

按储备和输送呼吸气体的方式，麻醉呼吸机可分为风箱型和活塞型两类（图 11-1）。

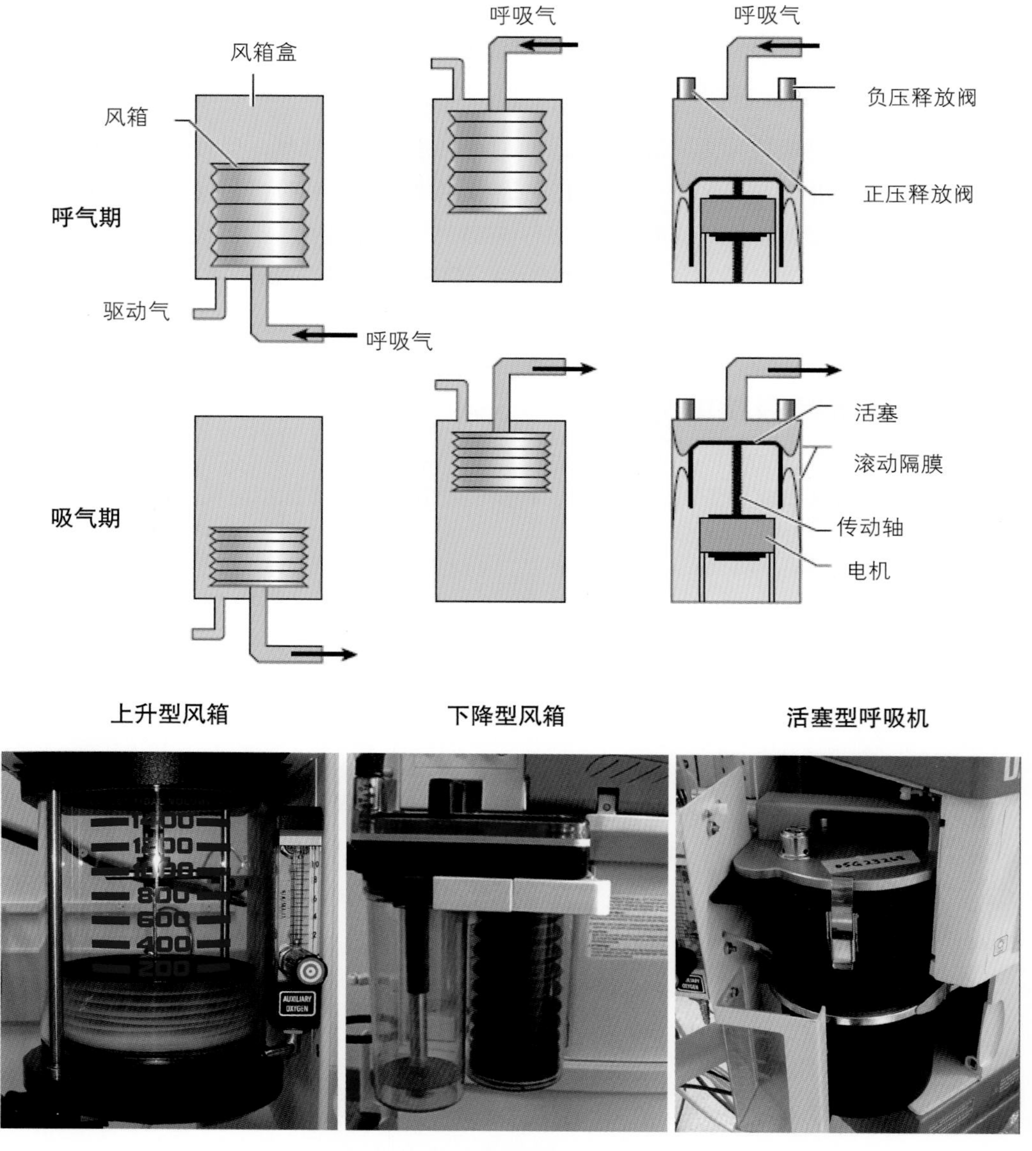

图11-1　麻醉呼吸机分类示意图

（一）风箱型麻醉呼吸机

风箱型麻醉呼吸机属于双回路气动呼吸机。在双回路系统中，驱动气体挤压风箱，风箱再将新鲜气体送入患者肺内。驱动气体由压缩气源提供（氧气或空气，默认为氧气），故称为气动呼吸机。风箱型麻醉呼吸机的特点：设计简单，活动部件少，部件损耗低；手控和机控分离，需要开关切换和关闭可调压力限制阀（APL 阀）；风箱活动较为直观，泄漏显示明显；上升型风箱具有自动呼气末正压（PEEP）；消耗较多的医用压缩空气和氧气，驱动气体成本较高；呼吸回路内的压缩容量较高。

按呼气期风箱的移动方向，风箱型麻醉呼吸机又可分为上升型（立式）风箱和下降型（挂式）风箱两类。当呼吸回路管道发生脱开时，上升型风箱将不再被完全充盈，容易被麻醉医生发现，因此较为安全，为多数麻醉呼吸机所采用（图 11-2）。与此相反，下降型风箱在呼吸回路管道脱开时，风箱的上下活动无异常表现，甚至压力和容量监测装置亦无异常表现，故应引起警惕。一些老式气动呼吸机和部分新式麻醉工作站采用下降型风箱，而多数呼吸机采用的是上升型风箱设计。某些新型麻醉工作站（ Dräger Julian 和 Datascope Anestar）仍采用下降型风箱，以便与新鲜气体隔离系统整合。配备下降型风箱的麻醉工作

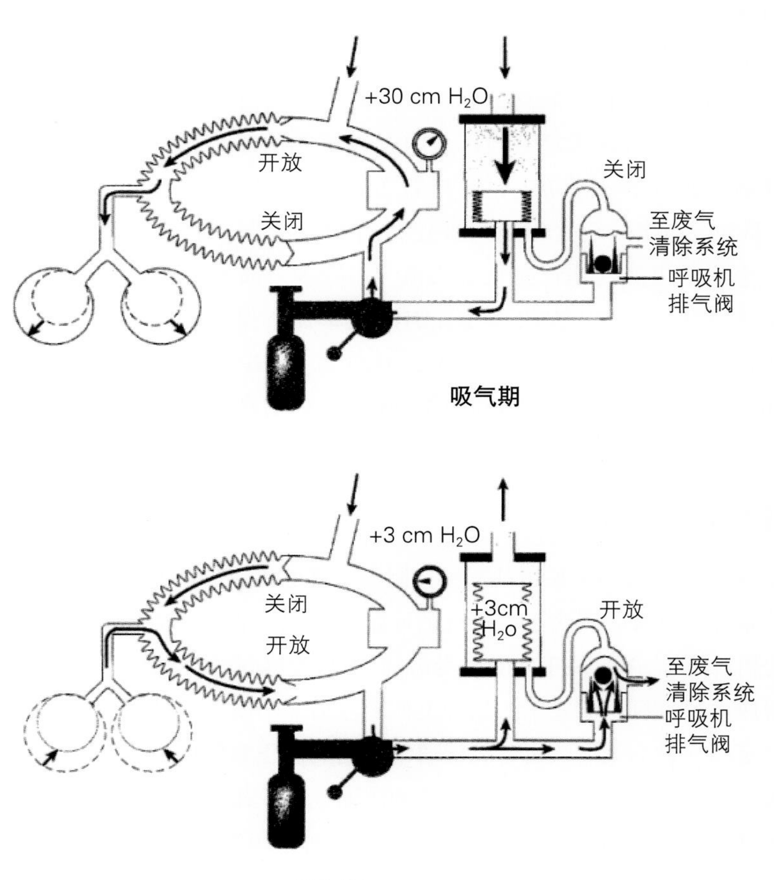

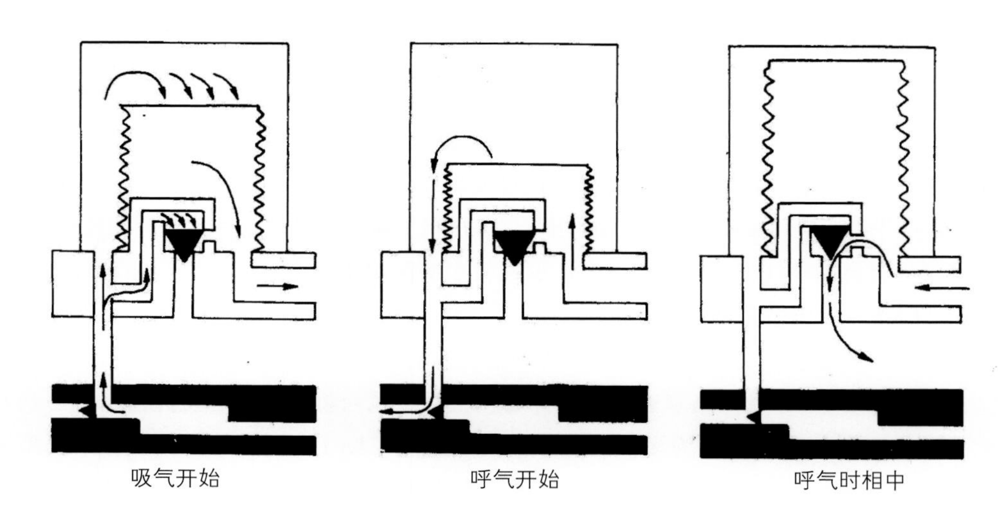

图11-2 上升型风箱呼吸机示意图

站的重要安全特征之一是整合了二氧化碳监测和窒息报警系统，且在呼吸机运转期间，不能设置为禁用状态。

上升型风箱呼吸机的工作原理见（图 11-2）。呼吸皮囊（风箱）位于透明塑料风箱盒内。驱动气与患者回路的气体相互隔离，驱动气回路位于风箱外，而患者的呼吸回路位于风箱内。在吸气期，驱动气进入风箱盒内，盒内压力随之升高，呼吸机的排气阀首先关闭，以防止麻醉气体泄入废气清除系统内，风箱随之受驱动气的挤压，风箱内的气体进入患者肺内。呼气期，驱动气泄出风箱盒，风箱盒内压力下降，呼吸机排气阀部位压力下降至大气压，排气阀开放，患者呼出的气体首先充盈风箱，然后多余部分泄入废气处理系统。呼吸机排气阀内有一个重量球，能产生大约 2~3 cmH_2O 的回压，保证气体优先充盈风箱。因此，上升型风箱呼吸机将在呼吸回路产生有 2~3 cmH_2O 的 PEEP 压力。Dräger Medical AV-E 和 AV-2+ 及 Datex-Ohmeda 7000、7800 和 7900 等系列的麻醉呼吸机均属于上升型风箱、双回路、电控呼吸机。

（二）活塞型麻醉呼吸机

活塞型呼吸机（图 11-3）采用计算机控制的步进电机取代压缩驱动气，驱使气体在回路系统内流动。系统内只有一路为患者供气的回路，又称为活塞驱动、单回路呼吸机。活塞型呼吸机的结构相对简单，多数位于麻醉机身内部，不易观察到活动状态。活塞型呼吸机由汽缸、活塞和电机组成。呼吸机内活塞工作原理类似于注射器活塞，电机推动活塞前后运动，为患者输送预先设定潮气量的气体。由于机械通气期间无需压缩气体来驱动风箱，因不需要气体驱动，只需电力驱动就能工作，呼吸机消耗的压缩气体较传统气动呼吸机明显减少，更适合于氧气供应短缺的地方。汽缸需经适当的加温，以防止潮湿的呼吸气体在呼吸机凝聚积水，影响电器元件的性能稳定。

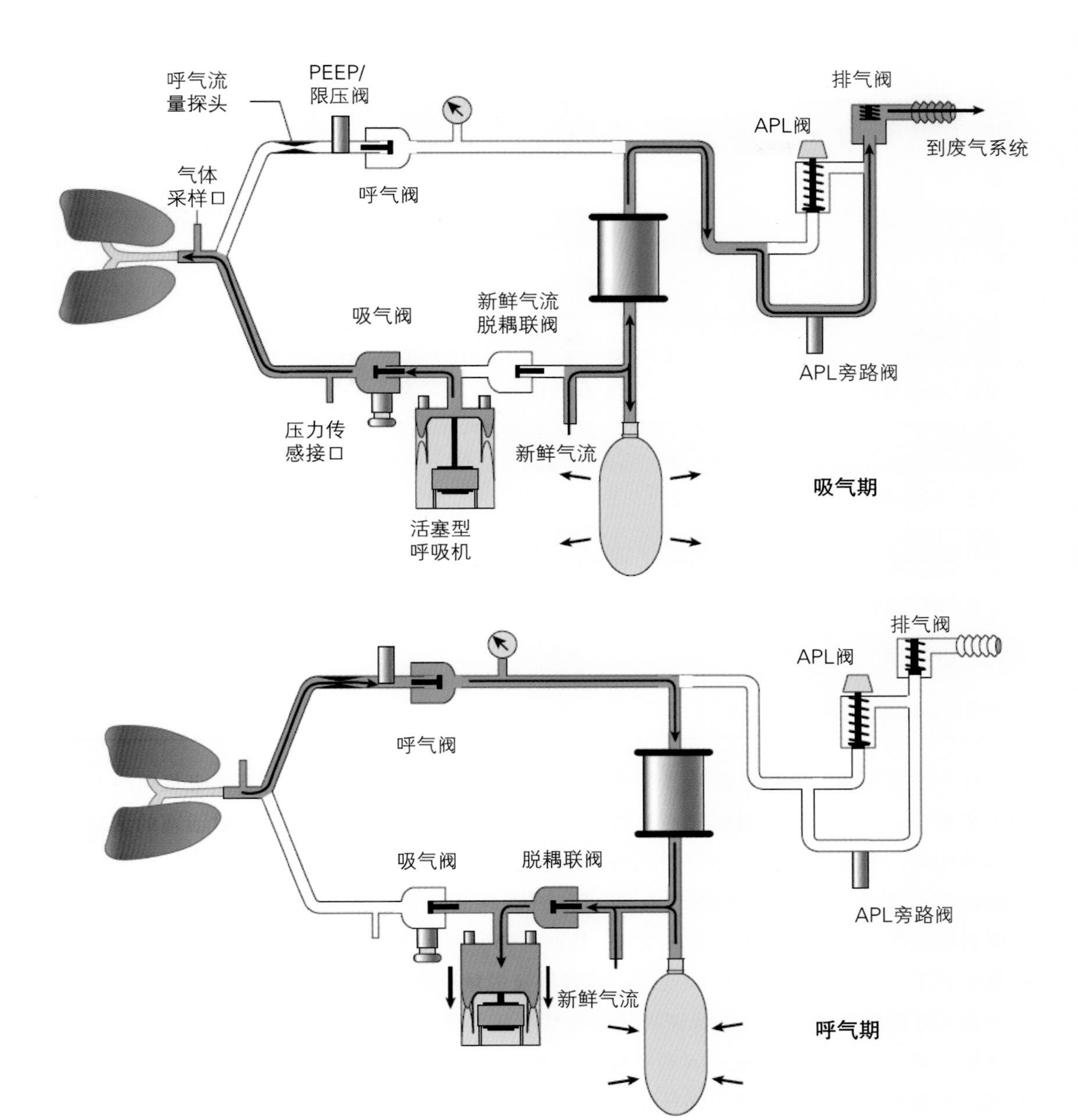

图11-3　活塞型麻醉呼吸机示意图

活塞型呼吸机的优点：高峰值流速，高品质的通气性能；低压缩容量，仅用来满足潮气量的需求；无内源性的 PEEP 存在；可用于多种通气模式；具有泄漏补偿；无需医用压缩空气和氧气驱动，节约成本；能快速控制流速的变化；在呼气期，活塞运动能与患者的呼气期配合，最大限度地重复利用呼吸回路中的气体，减少新鲜气体的消耗和呼气的阻力；活塞型呼吸机较少受到患者顺应性的影响。精密的计算机控制系统能提供多种高级呼吸支持模式，如同步间歇指令通气（ SIMV）、压力控制通气（PCV ）、压力支持通气（ PSV ）以及传统的机械控制通气（ CMV ）等。风箱型呼吸机和活塞型呼吸机的比较（表 11-1）。

表11-1 风箱型麻醉呼吸机和活塞型麻醉呼吸机的比较

	风箱型	活塞型
动力	电源	电源
驱动	气动	机械活塞
驱动气体	需要	不需要
新鲜气代偿机制	新鲜气代偿	新鲜气脱耦联
婴幼儿时更换配件	是（老旧机）	否
	否（现代机）	
容量控制模式	是	是
压力控制模式	是	是
容易观察回路脱开	是	否
压力支持模式	是（现代机）	是
手动呼吸囊是呼吸回路的组成部分	否	是

自主呼吸期间，活塞没有明显可视的活动表现。手动呼吸囊是活塞型呼吸机回路系统的组成部分。因此，当呼吸回路脱开时，手动呼吸囊出现萎瘪。机械通气时活塞的活动不如风箱明显，被认为是活塞型呼吸机的缺点之一。此时，手动呼吸囊出现萎瘪是重要的观察指标之一。此外，当呼吸回路漏气或脱开时，呼气期活塞气缸仍能被充盈。呼吸回路漏气时，活塞型呼吸机会从漏气处吸入室内空气，从而稀释麻醉气体，并使氧浓度下降，可能导致低氧血症和术中知晓。机械通气吸气时，新鲜气流脱耦联阀在呼吸机吸气时关闭，新鲜气流不能进入呼吸机皮囊，因此能保证吸气潮气量不变（等于设定的潮气量）。呼气时，新鲜气流脱耦联阀打开，新鲜气流进入到呼吸机皮囊内（图 11-3）。Datex-Ohmeda 7900 等系列的麻醉呼吸机依靠吸气流量传感器和呼气流量传感器调整潮气量的变化，以此来保证潮气量的精确性。

第二节 常用麻醉呼吸机

一、气动呼吸机

气动呼吸机曾是手术室内机械通气的主要类型，主要有 Ohio 麻醉呼吸机、北美 Dräger AV 等型号。其特点可以归纳为气动、双回路、下降式风箱、时间转换、潮气量设定、和控制呼吸模式等，多数采用 Venturi 装置的空氧动力驱动。气动呼吸机只需气源就能工作，在电源故障或无电源的边远地区仍能正常运转。该类呼吸机的设计简单，易于搬运和操作使用，维修方便。主要缺点是管道脱开时不易发觉。此外，一般只配备低压报警装置。

二、电动呼吸机

近年来电动呼吸机发展迅速，主要代表有北美 Dräger AV-E、Detax-Ohmeda 7000 系列等。

（一）北美 Dräger AV-E 麻醉呼吸机

北美 Dräger AV-E 麻醉呼吸机属于气动和电动双动力，双回路、气体驱动、上升型风箱、时间转换、电控型呼吸机。主要部件分为控件部分和风箱部分。控制部分主要有呼吸机开关、频率控制、I∶E 调节和吸气流速等控制键。潮气量则由风箱盒上的旋钮设定风箱上移动的位置来进行控制。

（二）Detax-Ohmeda 7000 系列麻醉呼吸机

Detax-Ohmeda 7000 系列麻醉呼吸机属于气动和电动双动力，双回路、气体驱动、上升型风箱、时间转换、电控和分钟通气量预调型呼吸机。控件部分有 6 个旋钮，包括分钟通气量、频率、I∶E 比、动力开关、信号开关和手动转换钮等。不直接调节潮气量，而是调节分钟通气量呼吸频率，间接调节潮气量。Detax-Ohmeda 7000 麻醉呼吸机的驱动由 5 个螺纹阀精确调节，容量与潮气量相当，风箱在吸气期部分压缩，排出潮气量。Ohmeda 7810 麻醉呼吸机的控制部分还增加了氧浓度、气道压力和容量的监测和报警等功能。吸气流速旋钮调节 I∶E 比，比例从 1∶0.33~1∶999。此外，增设吸气屏气钮，按下时，可使吸气时间增加 25%。

三、麻醉工作站

现代麻醉工作站大多采用气动、电动或微机电动、电控型呼吸机，潮气量精准，最小潮气量可达 10~20 ml，适用于成人、小儿、及新生儿等各种患者，无需更换皮囊。具有 IPPV、PCV、SIMV 和手动 / 自动等多种呼吸模式，适合不同患者的需要。具有制动的泄漏和顺应性补偿功能。压力限制通气可限制过高气道压力，防止气压伤。

第三节　麻醉呼吸机的常见问题和解决

一、传统呼吸回路系统

麻醉过程中，呼吸回路错接和脱开是引发严重并发症的主要原因。 Y 形接头连接处是最常见的脱开部位之一。呼吸回路可全部或部分脱开(即泄漏)。老式的麻醉机,开启机械通气的同时,未关闭 APL 阀是呼吸回路泄漏的常见原因。现代麻醉机一般均配备呼吸囊/呼吸机选择开关,可防止这类问题的发生。因 APL 阀置于呼吸回路之外,选择呼吸机模式时,就不会影响到呼吸回路。一次性可伸缩型的螺纹管也可能存在难以察觉的泄漏。术前进行呼吸回路泄漏试验前,需预先将螺纹管完全拉伸开。采用立式风箱的呼吸机系统,因风箱存在泄漏情况下不能充盈,回路脱开或有泄漏更容易表现出来。监测仪能监测呼吸回路是否脱开,但最重要的监控还是麻醉医师本身,如在麻醉期间仔细观察患者胸壁起伏、呼吸音、呼吸容积监测、气道压力监测等。

气道压力监测有助于判断回路是否脱开。影响气道压力监测仪的因素包括:脱开部位、传感器位置、压力报警阈值、吸入气流速度和脱开后呼吸回路阻力等。不同的麻醉机,压力传感器位置和压力报警阈值各异。压力报警阈值可在机器出厂前预设,也可人工调节。如呼吸回路内吸气峰压超过报警阈值,就会触发声或光报警。某些麻醉工作站如 Dräger Medical 产品,压力报警阈值可以调节,操作者应将压力报警阈值设定在比吸气降压低 5 cmH_20 的水平。具备"自动设置"功能的麻醉机启动时,报警阈值一般会设定在比吸气峰压小 3~5 cmH_20 的水平。压力报警阈值设定太低,或出厂前预设值较低,回路出现部分脱开(即泄漏)时,低压监测仪也可能不会及时报警,如图 11-4 所示。

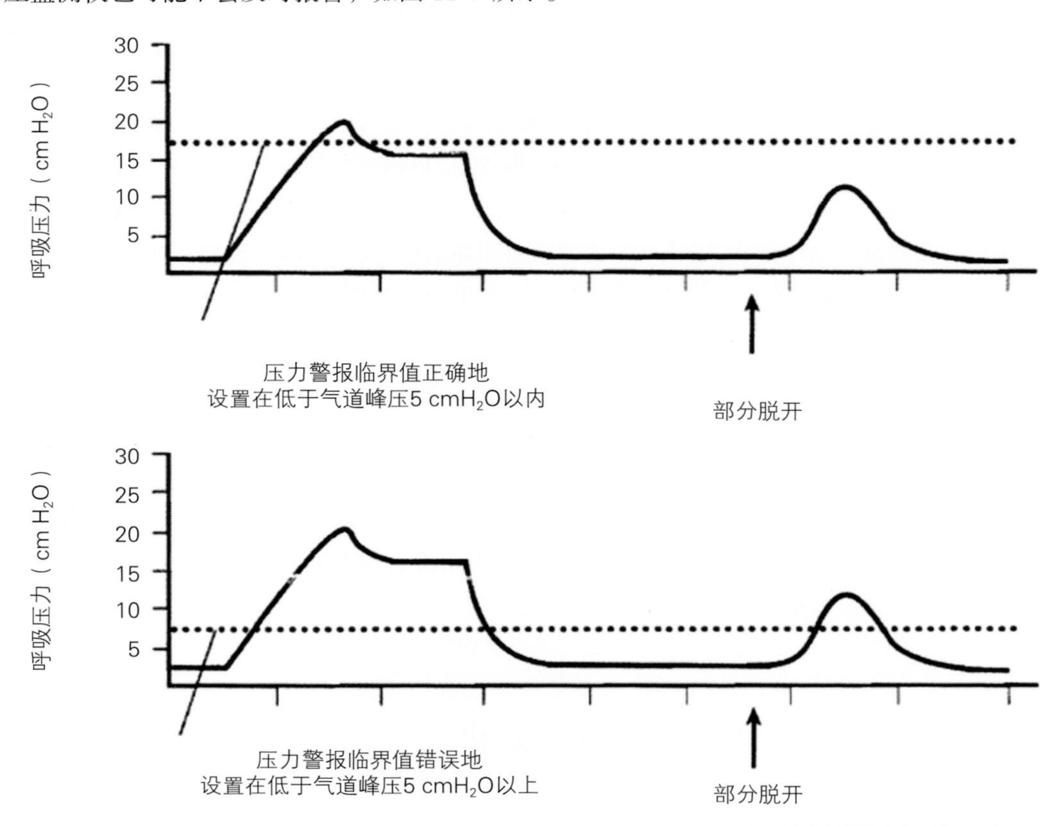

图11-4 压力报警阈值。上图,压力报警阈值(虚线)设定位置适当,回路出现部分脱开时(箭头),呼吸回路内压力未超过阈值,故而触发报警。下图,由于压力报警阈值设定过低, 压力监测仪未能识别出回路部分脱开。

呼吸容量监测可用于监测回路是否脱开，可同时监测吸入 / 呼出潮气量、分钟通气量。临界容积设定应恰当。如患者的呼出气流量 10 L/min 时，报警限应设为 8~12 L/min。多数 Datex-Ohmeda 呼吸机容量传感器采用红外线或涡轮技术。传感器常位于呼吸回路呼气侧，用以测量呼出潮气量。Datex-Ohmeda S/5 ADU 麻醉工作站，在呼吸回路内设有专用装置，称为“D-Lite”呼吸监测接头，该装置通常位于或接近患者端，可同时测量呼出和吸入容量和压力。Datex-Ohmeda Aestiva 、Aespire 和其他配置了 7100 型呼吸机或 7900 SmartVent 的麻醉工作站系统，通常采用压差式传感器来测量吸入、呼出容量和气道压力。Dräger Medical Narkomed 6000 系列、北美 2B 和 Fabius GS 工作站通常在呼气回路内设置超声流量传感器。另一些 Dräger 系列设备采用“热敏式”传感器测定呼出气容量。这种传感器设计中，采用电流加热两组细如发丝、相互垂直的铂金丝使其温度升高，气流经过加热的铂金丝时，其温度下降。铂金丝保持原温度所需能量与通过铂金丝的气体容量呈正比。

二氧化碳监测是发现回路与患者端脱开的敏感设备，可直接测定（主流型）或将气体标本吸入仪器内测定（旁流型）。如吸气-呼气末二氧化碳分压差值突然发生较大变化，或突然测不到二氧化碳分压，则提示呼吸回路脱开、患者未进行机械通气或其他问题。

为消除回路系统错接问题，国际标准化委员会对不同的管道及其终端设备指定了不同的口径，但管道错接仍时有发生。麻醉机的呼吸回路系统、麻醉呼吸机和废气清除系统存在大量此类特殊口径的管路，但这些“防误系统”仍无法杜绝某些错误连接发生。原本不应相互连接的管路,可因某种原因被“巧妙地”连接到一起,不匹配的接口错误地被错误地暴力连接。

呼吸回路可能发生各种阻塞：气管导管扭由，整个回路可因内部梗阻或外力作用而发生阻塞，影响气体顺利通过，并产生严重后果。如呼吸回路呼气端的细菌过滤器堵塞，有可能导致双侧张力性气胸。气流导向的敏感组件安装错误会导致呼吸回路的阻塞，包括 PEEP 阀及串联加湿装置。根据阻塞部位与压力传感器相对位置，高压报警装置可提醒麻醉医师警惕发生类似问题。

过量的气流于吸气期自麻醉机进入呼吸回路，如快速充氧操作不当，可能造成气压伤，吸气期，呼吸机排气阀关闭， APL 阀位于回路外，过量气体不能从呼吸回路排出。气道压力过高时，高压报警被激活，发出声、光报警。Modulus II Plus 系统中，回路内压力一旦超过可调节峰压的阈值，Datex-Ohmeda 7810 型呼吸机能自动从吸气期转为呼气期。

多数麻醉机配备了可调节吸入压力限制阀（APL 阀），一般将预定最大气道压力设定在略高于患者气道峰压的恰当水平。当呼吸回路内压力达到预定压力时，APL 阀自动开放，以防止发生气道压过高。若预定压力设定的太低，会出现通气压力不足，达不到预定的分钟通气量；而若预定压力设定过高，可能引发气压伤。活塞驱动的 Fabius GS 和其他系统还配备了吸入压力安全阀，压力由厂家预设，当回路内压力达到预设气道压（如 75cm H_20）时，安全阀会自动开启，以降低气压伤的发生率。

二、新鲜气流代偿和脱耦联机制

麻醉机进入呼吸回路的新鲜气流是持续的，而排气阀只在呼气期开放。因此，在机械通气的吸气期，患者不仅接受风箱内的气体，还接受来自流量表的气体。因此，可能影响设定潮气量和呼出潮气量之间差别的因素很多：如流量表的设定、吸气时间、呼吸回路顺应性、漏气以及潮气量传感器位置等。一般说来。呼气期来自新鲜气流的容量与在呼吸回路中丢失的容量大致相等。这样，设定的潮气量约等与患者的实际潮气量。然而，吸气期如快速充氧不当，就有可能发生气压伤。

现代麻醉机为保证设定潮气量与实际潮气量之间的一致性，避免新鲜气流的影响，可采用新鲜气流代偿、新鲜气流脱耦联机制等方法。

(一)新鲜气流代偿机制(fresh gas flow compensation)

设置在呼吸回路内的容量传感器持续的检测输送潮气量和呼出潮气量，并与设定的潮气量进行比较。当新鲜气流变化时，潮气量随之发生变化。但是，随后的反馈回路会让呼吸机自动改变驱动气流进入风箱盒的大小，从而调节风箱的输送量。这样，经过 3 至 4 个呼吸周期，潮气量就能大致恢复至原先设定的数值。Datex-Ohmeda 系列麻醉机较常采用这种新鲜气流代偿机制。

(二)新鲜气流脱耦联机制(fresh gas flow decoupling)

新鲜气流脱耦联机制多用于活塞型的麻醉呼吸机，有时也用于某些风箱型的麻醉呼吸机。在吸气期，从活塞开始移动直至吸气期结束，新鲜气流经阀门转流入手控呼吸囊。一旦呼气开始，阀门转向，使新鲜气流、患者的呼出气和手控呼吸囊内的气体一起充满活塞气缸（图 11-3）。

因此，随着活塞型呼吸机的周期通气，可见到手控呼吸囊呈现周期性胀缩活动。虽然，手控呼吸囊在胀缩活动形式上类似于患者的自主呼吸活动，但是活动方向却是相反的。吸气期因为新鲜气流的流入，手控呼吸囊膨胀；呼气期因为呼吸囊内部分气体进入活塞气缸，手控呼吸囊缩小。这样，避免了新鲜气流量对患者潮气量的影响，这就是新鲜气体与呼吸机之间的脱耦联机制，从而提高了麻醉机的可控性和安全性。

三、风箱

风箱可能发生泄漏。风箱的塑料盒与底座不匹配，部分驱动气就会排到外界空气中，导致通气不足。风箱上有裂缝，高压的驱动气就有可能进入呼吸回路，造成患者肺泡过度充气，甚至发生气压伤。当驱动气为纯氧时，患者回路中的氧浓度就有可能升高；而驱动气为空气时，回路中氧浓度就有可能下降。

麻醉呼吸机的排气阀可能会出现某些问题。如排气阀门功能不全，吸气期部分气体进入废气清除系统而未能输送给患者，造成患者的通气不足。因废气系统的压力较低，有时甚至低于大气压，故气体会优先进入废气系统。呼吸机排气阀功能不全的常见原因有：导引管脱开、阀门破裂等。呼吸机排气阀黏在关闭或半关闭位置时，可能发生 PEEP 甚至气压伤。当废气清除系统被过度吸引时，会将呼吸机排气阀拉向底座，使阀门关闭，过量的麻醉气体不能被排出，回路内压力逐渐上升。呼气期，某些新式 Datex-Ohmeda 呼吸机（S/5 ADU、7100 和 7900 Smart Vent）能自动清除来自患者的多余气体，同时清除呼吸机排出的驱动气。即当呼吸机排气阀开放，麻醉废气自呼吸回路排出时，风箱盒内的驱动气与麻醉废气一并排出。某些情况下，过量待清除气体会超出清除系统的工作能力，导致手术室环境被麻醉废气污染。其他可能发生的机械故障包括：系统泄漏、压力调节器故障和瓣膜故障等。Dräger AV 呼吸机消声器可能出现阻塞，此时，驱动气的流出端阻塞，使呼吸机排气阀关闭，过量麻醉气体不能排出，可能造成气压伤。

四、控制系统和电源问题

控制系统可能会发生电源或机械问题，电气系统可能全部或部分故障，前者更容易被发现。由于麻醉工作站越来越依赖于完整的计算机控制系统，供电突然中断已成为重要问题。备用电源（电池）系统可在短暂断电时，维持基本电器组件继续工作数小时。但是，当电源断电时，备用电池系统偶尔也有可能出现故障，使机器重新启动，这时某些麻醉工作站所具备的实用性功能，如手动或机械通气，就能派上用场。

第四节　通气模式

传统的麻醉呼吸机只配备手控 / 自发呼吸和间隙正压通气（机控）两种通气模式。现代麻醉机和麻醉工作站还能提供类似 ICU 呼吸机的多种通气模式（表 11-2），以适应患者的需求。

表11-2　多种通气模式的比较

通气模式	启动	限制	转换
容量控制通气（VCV）	时间	容量	容量/时间
压力控制通气（PCV）	时间	压力	时间
间歇指令通气（IMV）	时间	容量	容量/时间
同步间歇指令通气（SIMV）	时间/压力	容量	时间
压力支持通气（PSV）	压力/流速	压力	流速/时间

一、手动 / 自主呼吸模式

切换到手动 / 自主呼吸模式，并加以确认。通过可调节压力释放阀（APL 阀）调节气道压力：自主呼吸时，APL 阀设置在开放位置；手动辅助通气时 APL 阀设置在手动位置，同时调整 APL 阀的调节释放压力水平。当气道内压力高于 APL 阀的预设水平，阀门开启，自动排出多余的气体。

二、间隙正压通气

间隙正压通气（Intermittent Positive Pressure Vent-ilation，IPPV）（图 11–5），是一种控制容量的机械通气方法，特点是保持通气容量的恒定，又称为容量控制通气（volume controlled ventilation，VCV）。选定 IPPV 模式后，需设定潮气量（或每分钟通气量）、通气频率和吸 / 呼比例（I：E）。同时设定最大压力警报值（Pmax），当气道内压力超过该警报值时，通气中断，同时发出声光报警。需要时，也可设定 PEEP 和吸气平台占呼气期的百分比。该模式也可开启同步模式，即为同步间隙正压通气（Synchronous Intermittent Positive Pressure Ventilation，SIPPV ）。

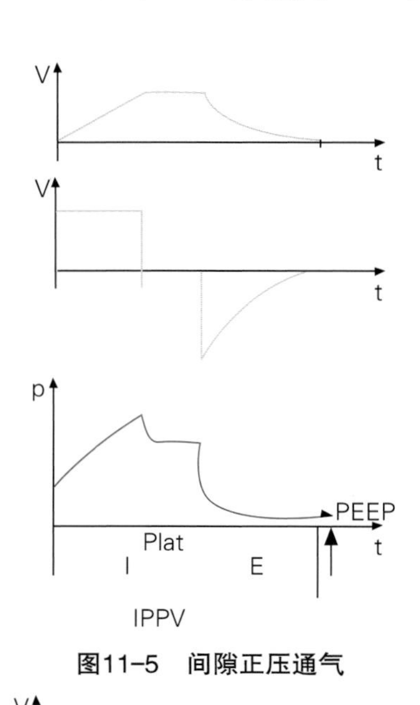

图11–5　间隙正压通气

三、压力控制通气

压力控制通气（ Pressure Controlled Ventilation，PCV）（图 11–6）是一种控制压力的机械通气模式。选定通气模式后，需设定通气压力（Pinsp）、通气频率和吸 / 呼比例（I：E）。需要时,也可设定 PEEP 和吸气平台占呼气期的百分比。呼吸机首先以较高的恒定流量向患者供气，直至达达到设定的通气压力（Pinsp），然后以递减流量的方式向患者供气,以保持所达到的设定压力。监测分钟流量具有重要意义，当吸气时间过短而不能达到设定的通气压力时，就需要了解气道的通畅情况，必要时调整通气压力。

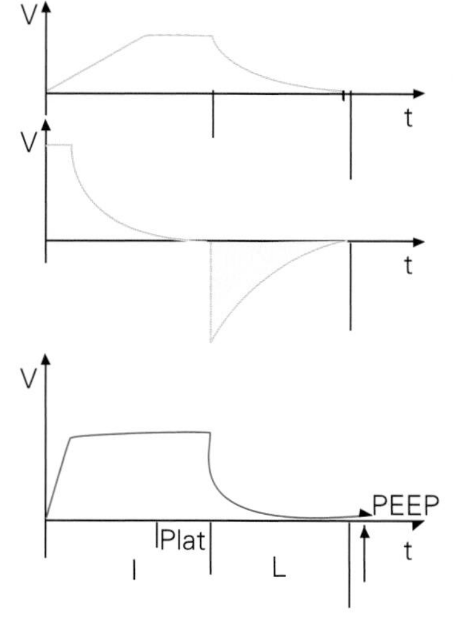

图11–6　压力控制通气

四、同步间歇指令通气

同步间歇指令通气（ Synchronous Intermittent Mandatory Ventilation, SIMV）（图 11–7）是一种机械通气与自主呼吸相结合的一种通气模式。患者能够以自己的节奏呼吸，同时还能够得到呼吸机同步强制供应的气体（患者的呼吸触发呼吸机的强制供气）。在 SIMV 模式下，指令控制的机械通气一般为容量控制通气，也可以为压力控制的通气。分别按相应的机械通气控制模式，设定潮气量或通气压力，控制通气频率一般在 8 次 / 分以下，同时设定吸 / 呼比例（I：E）、“触发”水平、吸气平台占呼气期的百分比和 PEEP 水平等。当根据设定的频率发生机械通气时，呼吸机将会产生“触发”。这时患者的吸气便会引发机械通气。“触发–激发”的时间段约为呼气时间的 30%，称为“预期窗口”。在这段时间内，如“触发”没有被激活，发生非同步的机械通气。在紧接着的时间段，患者可以进行自主呼吸，直至下一个“预期窗口”。在这种通气模式下，机械通气的长短是固定的，即在机械通气的吸气时间段，患者是不能呼气的。这样，当患者试图用力呼气时，可能发生气道压力过高。SIMV 期间，应注意监控通气容量。

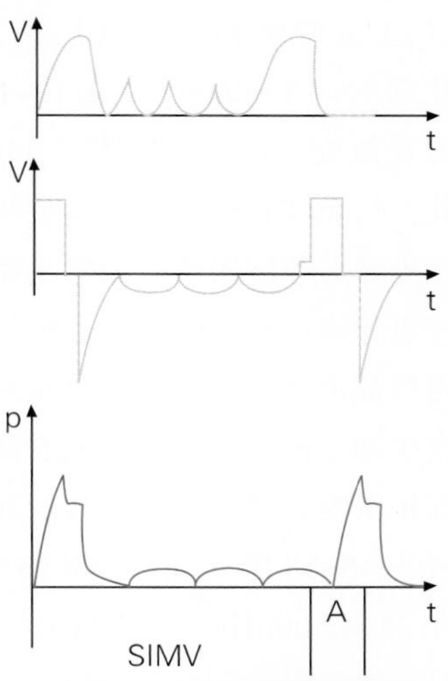

图11-7　同步间歇指令通气

五、压力支持通气

压力支持通气（Pressure Support Ventilation，PSV）（图 11-8）模式为自主呼吸较弱的患者提供压力支持。呼吸频率有患者决定，呼吸机承担呼吸过程中可以调节的部分功能。呼吸机通过可以调节的“触发”点，对患者的每一次呼吸过程都提供一个正压力的支持。在患者触发吸气过程后，如果吸气流速降至此前出现过的最大流量的 25% 时，呼吸机开始提供呼气。运行该模式时，还需设定后备通气时间（Backup）4 s~10 s，患者呼吸停止超过该时间时将触发后备通气。后备通气提供呼吸机内设定的间隙正压通气参数，也可人工预先调定。期间，也可随时进行手控通气。

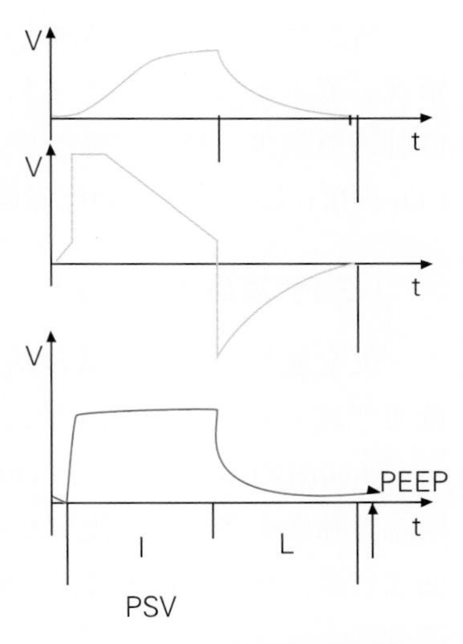

图11-8　压力支持通气

六、复合模式

同步间歇指令通气复合压力支持通气（SIMV + PSV）最为常用。即在 SIMV 通气模式基础上，用压力支持通气（PSV）替代患者的自主呼吸。该模式同时需设定这两种通气模式的各个参数。

第五节　麻醉呼吸机的调节和注意事项

一、麻醉呼吸机的调节

（一）通气量

正确估计和调节通气量是保证有效机械通气的根本条件，每分钟通气量 V_E ＝潮气量

（V_T）× 呼吸频率（RR），V_E 按每千克体重计算较为方便实用，一般成人为 100~120 ml/kg，儿童 12~13 ml/kg，婴儿 13~15 ml/kg。小儿个体差异较大，潮气量微小变化可引起通气效果明显改变，$V_E = V_T$（5~7 ml/kg）×RR（30~40 次 /min），可预定 V_T 和 RR，不管成人和小儿，V_T 和 RR 应按具体需要组合。成人用较大潮气量和较慢频率有一定优点：①较大潮气量使患者对呼吸困难的敏感性降低，微弱的自主呼吸容易消失，患者感觉舒适；②潮气量较大，呼吸频率变慢，吸 / 呼比率的呼气时间延长有利于 CO_2 排出和静脉回流；③使吸气流速减慢，慢气流产生层流，气体分布均匀，肺泡容易扩张，气道阻力低，并减少肺气压伤和肺不张的发生率。但近年来有不同看法，肺气肿和顺应性差的老年胸腔或腹腔大手术患者，应实施肺保护策略，减轻机械通气引起的肺损伤。主张用小潮气量，一般 6~8 ml/kg, 呼吸频率成人一般为 15~18 次 /min，小儿略快，且年龄越小，呼吸频率越快。调整呼吸参数，维持 $P_{ET}CO_2$ 在 35~45 mmHg，并进行血气分析核对。

（二）吸 / 呼比（I∶E）

从吸气开始到呼气结束为一个呼吸周期。吸气时间和呼气时间的比值即为吸呼比。一般情况，成人 1∶2；小儿 1∶1.5。正常吸气时间为 1 ~1.5 s。如 I/E 大于 1 则使吸气气流加速，静脉回流减少。慢性阻塞性肺部疾病及高碳酸血症患者呼气时间宜长，用 1∶2.5~1∶4，以利 CO_2 排出；限制性呼吸功能障碍及呼吸性碱中毒患者用 1∶1，使吸气时间适当延长。

（三）气道压力（Paw）

决定通气压力的高低包括胸肺顺应性、气道通畅程度及潮气量等 3 个因素，力求以最低通气压力获得适当潮气量，同时不影响循环功能。气道压力（Paw）一般维持在（成人）15~20 cmH_2O 和小儿 12~15 cmH_2O，下列情况下通气压力升高：①胸肺顺应性降低，如慢性阻塞性肺部疾病，体位改变及肺受压（机械性或血气胸）等；②呼吸道不通畅，包括导管扭曲或过深，分泌物过多等；③麻醉浅、咳嗽和呼吸不合拍。发现上述 Paw 升高应迅速处理和调节。

（四） 吸入氧浓度（F_IO_2）

具有空氧混合装置的呼吸机，F_IO_2 可随意调节。麻醉手术过程中可调节 F_IO_2 = 0.8~1.0，长期时间手术的患者机械通气时 F_IO_2 小于 0.6。如 F_IO_2=0.7 时有低氧血症，不要盲目提高吸入氧浓度，可试用：① PEEP 或 CPAP；②延长吸气时间。

二、使用麻醉呼吸机的注意事项

（1）使用者应熟悉所用麻醉呼吸机的结构原理，特别是手动与机械通气的转换机制。

（2）根据个体情况，设置合理的机械通气参数，应加强呼吸监测，特别是监测 SpO_2、$P_{ET}CO_2$, 和 Paw（详见第十二章），并根据血气分析结果指导通气参数的精确调整（表 11-3）。

表11-3 血气分析结果和各项参数调节

血气变化	呼吸参数调节
$PaCO_2$过高，PaO_2变化不大	V_T↑，RR↑，Paw↓
$PaCO_2$过低	V_T↓，RR↓，Paw↓
$PaCO_2$过高	V_T↑，RR↑， PEEP↓
PaO_2过低	F_IO_2↑，PEEP↑，吸气时间↑，加用EIP
$PaCO_2$过高+PaO_2过低	V_T↑，RR↑，PEEP↑，吸气时间↑， F_IO_2↑
$PaCO_2$过高+PaO_2正常	V_T↑，RR↑，Paw↑，PEEP↓

（3）麻醉前应先开机自检，观察呼吸机的活动情况，并进行报警上下限的设置。

（4）及时处理报警信息，找出原因，合理解决。

（5）麻醉机从手动通气转为机控通气时，如果对呼吸机结构及操作不熟练，错误的按压按钮等会造成人为操作错误；例如，部分的麻醉机在面板上按压机控按钮后，还需将 APL 阀转向机控方向，并应观察呼吸机工作情况，不然呼吸机不能正常工作。

（6）使用麻醉呼吸机，同时应在手边备好简易呼吸回路，以防万一断电、断气时可进行人工通气。

（7）有关气道压力，传统麻醉机在机器呼吸环路中安装有压力限制器，但有时也需要事先手动设置以维持压力低于临床极限。但有些麻醉机在气道压超出事先设定值时仅有报警而无限压装置，患者可由于吸气期使用快速充氧装置而发生危险。各种麻醉机气道压力监测仪器的位置各不相同。压力监测设备多位于设备端与吸气阀处，也可位于 Y 形接头处。现在大多数 APL 阀都具有调节器，可提供 CPAP 通气，麻醉机应能迅速地完全打开 APL 阀，及时释放气道压力，以免造成气压伤。

（8）小儿或肺顺应性差的 COPD 患者压力控制通气（PCV）时，通过给予减速吸气流速可以很快达到预期的气道压力。麻醉机最初应自动提供高流速气体，这样能快速达到预期压力设置；若预设的流速太低，可能达不到预期的压力水平。

（陈锡明）

参考文献：

[1] Bachiller PR, McDonough JM, Feldman JM. Do new anesthesia ventilators deliver small tidal volumes accurately during volume-controlled ventilation [J]. Anesth Analg, 2008, 106 (5):1392–1400.

[2] Ball C, Westhorpe RN. The first anaesthetic ventilators [J]. Anaesth Intensive Care, 2012, 40 (3):381–382.

[3] Beh T. A design fault of the Drager Cato anaesthesia workstation [J]. Anaesth Intens Care, 2006, 34 (1):125–126.

[4] Coisel Y, Millot A, Carr J.How to choose an anesthesia ventilator [J]. Ann Fr Anesth Reanim, 2014, 33 (7–8):462–465.

[5] Coxon M, Sindhakar S, Hodzovic I. Auto triggering of pressure support ventilation during general anaesthesia [J]. Anaesthesia, 2005, 61 (1):72–73.

[6] Dorsch JA, Dorsch SE. Understanding Anesthesia Equipment [M]. 5th ed. Philadelphia: Wolters Kluwer, Lippincott Williams & Wilkins, 2008.
[7] Feldman JM. Ptimal ventilation of the anesthetized pediatric patient: Anesth Analg, 2015, 120 (1):165–175.
[8] Helwani MA, Saied NN. Intraoperative plateau pressure measurement using modern anesthesia machine ventilators [J].Can J Anaesth, 2013, 60 (4):404–406.
[9] Jaber S, Tassaux D, Sebbane M. Performance characteristics of five new anesthesia ventilators and four intensive care ventilators in pressure-support mode: a comparative bench study [J]. Anesthesiology, 2006, 105 (5):944–952.
[10] Jain RK1, Swaminathan S. Anaesthesia ventilators [J]. Indian J Anaesth, 2013, 57 (5):525–532.
[11] Kern D, Larcher C, Cottron N. The choice of a pediatric anesthesia ventilator [J]. Ann Fr Anesth Reanim, 2013, 2 (12): 199–203.
[12] Klemenzson GK, Perouansky M. Contemporary anesthesia ventilators incur a significant "oxygen cost" [J]. Can J Anaesth, 2004, 51 (6):616–620.
[13] Lampotang S, Sanchez JC, Chen B. The effect of a bellows leak in an Ohmeda 7810 ventilator on room contamination. Inspired oxygen, airway pressure and tidal volume [J]. Anesth Analg, 2005, 101 (1):151–154.
[14] Miller RD, Eriksson LI, Fleisher LA. Miller's Anesthesia [M]. 8th Ed. Philadephia: Churchill Livingstone, 2014: 752–820.
[15] Mychaskiw G, Morris S. Dangerous design flaw in the Ohmeda Aespire anesthesia system [J]. Anesth Analg, 2005,100 (5):1543–1544.
[16] Reddy VG. Auto-PEEP: how to detect and how to prevent–a review [J]. Middle East J Anaesthesiol, 2005, 18 (2):293–312.
[17] Sandberg WS, Kaiser S. Novel breathing circuit architecture: new consequences of old problems[J]. Anesthesiology, 2004, 100 (3):755–756.
[18] Singh PM, Borle A, Trikha A. Newer nonconventional modes of mechanical ventilation [J]. J Emerg Trauma Shock, 2014, 7 (3):222–227.
[19] Stayer S, Olutoye O. Anesthesia ventilators: better options for children [J]. Anesthesiol Clin North America, 2005, 23 (4):677–691.
[20] Szpisjak DF, Lamb CL, Klions KD. Oxygen consumption with mechanical ventilation in a field anesthesia machine [J]. Anesth Analg, 2005, 100 (6): 1713–1717.
[21] Tung A, Drum ML, Morgan S. Effect of inspiratory time on tidal volume delivery in anesthesia and intensive care unit ventilators operating in pressure control mode [J]. J Clin Anesth, 2005, 17 (1):8–15.
[22] Uyar M, Demirag K, Olgyn E. Comparison of oxygen cost of breathing between pressure-support ventilation and airway pressure release ventilation [J]. Anaesth Intens Care, 2005, 33 (2):218–222.
[23] Wallon G, Bonnet A, Guérin C. Delivery of tidal volume from four anaesthesia ventilators during volume-controlled ventilation: a bench study [J]. Br J Anaesth, 2013, 110 (6):1045–1051.
[24] Weinberg L, Sawhney S, Skewes D. Safety warning with Datex-Ohmeda S/5 anaesthetic delivery unit design [J]. Anaesth Intens Care, 2004, 32 (5):719–720.
[25] Wong DT, Li AQ. Ventilator bellow standstill [J]. Can J Anaesth, 2005, 52 (7):774–775.
[26] 杭燕南,王祥瑞,薛张纲等.当代麻醉学[M].第 2 版.上海:上海科学技术出版社, 2013:26-42,997–101226.
[27] 邓小明,姚尚龙,于布为等.现代麻醉学[M].第 4 版.北京:人民卫生出版社, 2014: 2151–2186.

第十二章 麻醉机的监护系统

麻醉机的监护系统主要包括麻醉气体监护和麻醉机相关的呼吸功能监测，而更高级的麻醉机和工作站常常会整合如体温、ECG、脉搏-血氧饱和度（SpO_2）及血流动力学等参数的监护功能，即将原来属于生命体征监护仪的功能部分或全部整合进来。一体化和智能化麻醉机的研发和改进也是现代麻醉机的一个重要发展方向。本章节主要介绍麻醉气体监护、呼吸功能监护及麻醉回路加温和温度监测等内容。

第一节 麻醉气体监护

监测麻醉患者呼吸气体中各种麻醉气体的含量有多种技术。现在临床应用的麻醉气体监测技术包括测量技术和气体采样技术两方面内容。在这两方面选取哪种技术决定了模块的制作方案和结构设计。

一、测量技术基本原理

测量技术按原理可分为质谱法、拉曼光谱法以及红外吸收法三种。质谱法和拉曼光谱法虽然测量精度较高，但由于其具有体积比较笨重、价格昂贵且维护费用高等缺点，现在已基本不被采用。 当前麻醉气体浓度测量的主流方法是非弥散红外吸收光谱法，其原理是利用不同的气体吸收具有不同的红外光吸收谱这一现象，测量混合气体中各成分的含量。

气体分子是由几个原子连接在一起构成的，这些连接不断地在振动与转动。振动与转动的频率是原子的大小和连接的强度的函数。由于自然特性，这些频率与红外光谱的中间部分（叫做中红外区）相互重叠。大多数气体当受到红外光辐射时，气体分子将吸收其振动 / 转动频率的红外能量。每一种气体在结构上的唯一性意味着其具有唯一的红外吸收特性，大多数气体的红外吸收光谱在 2~14 μm 范围，利用气体的这种特性就能够鉴别气体类型和定量检测气体的分压。

临床手术中需要监测的气体为地氟烷（desflurane）、异氟烷（isoflurane）、氟烷（halothane）、七氟烷（sevoflurane）、恩氟烷（enflurane）、CO_2、氧化亚氮（N_2O）。因为 CO_2、N_2O 各自有其独立的吸收峰，所以仪器监测技术比较简单，也比较成熟。图 12–1 是五种麻醉气体和 CO_2、N_2O 吸收光谱。

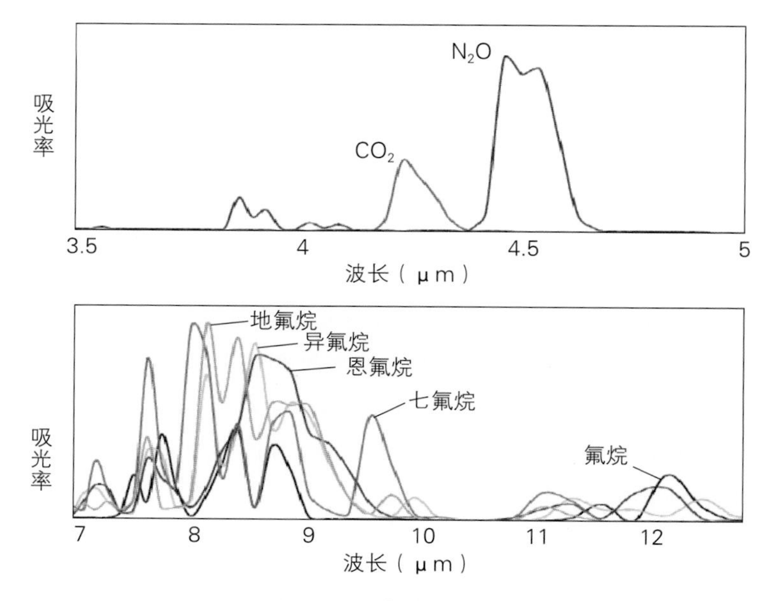

图12–1　气体吸收光谱

当红外光通过上述某种气体之后，某些波段的能量就会被吸收掉一部分，吸收规律满足 Beer-Lambert 定律：

$$I = I_0 \cdot e^{-\alpha LC}$$

式中：I_0——通过被测气体前的初始光强；

I——通过被测气体后的光强；

α——被测气体在其吸收谱内的吸收系数；

L——光程；

C——被测气体的分压；

根据此公式，如果一个装置固定了 I_0、α、L，则浓度 C 和光强 I 就成了一一对应关系。如果我们检测出光强 I，根据此公式就可计算出气体的浓度，这就是红外吸收光谱法麻醉气体分压检测装置的基本原理。装置应包括红外光源、气室、滤光片、光敏元件等，称为传感器组件。使用该方法设计的麻醉气体监测模块具有体积小、价格低的特点，因此被广泛应用在监护仪的生产中。但采用红外吸收光谱法设计的传感器组件用于检测麻醉气体浓度时，麻醉气体之间的吸收光谱存在较大耦合，所以在测量混合麻醉气体时，在未知气体种类的情况下采样并确定麻醉气体的浓度比较困难。

二、气体采样技术

临床气体监测技术按气体采样技术（机械形式）可分为两类：一类是测量探头直接接在呼吸环路上的主流式，测量探头外置；第二类是旁流式，气体样本是通过导气管抽入仪器内部来测量被测气体浓度的，红外传感器内置。主流式测量响应时间短，但要求测量探头体积小。因为红外传感器直接放在导气管接头上，探头体积过大容易使导气管扭曲或移位从而导致气路堵塞。由于麻醉气体监测模块的探头结构比较复杂，体积较大，所以基本上不采用主流式测量，而大多采用旁流式气路采样。气体样本是通过导气管抽入仪器内部来测量麻醉气体浓度的，红外传感器内置 。使用一根很细的采样管从患者导气管里抽气到浓度分析仪内的采样测量腔室。要求采样管不渗漏气，抽气系统能平稳地把气体抽入测量探头的采样气室内。采样管内径一定要小，通常不大于 2 mm，以保证快速、稳定、无湍流的线性抽气。该方式是在仪器内部进行气体分析，包括光源和光电探测器都在仪器内部。

由于气体样本必须抽入测量模块，所以从开始抽取气体样本到分析仪检测到其浓度需要一段时间，这一时间大概为 2~3 s。旁气流式采样的响应时间主要由气体的采样流速决定。大多数仪器的采样流速为 50~150 ml/min。流速太低会导致浓度波形曲线失真，流速太高则会影响患者呼吸。使用旁流式采样气路时，必须注意合理安放抽气管，防止抽入空气污染气体样本。此外采样管内的水蒸汽冷凝或者患者气管的分泌物沉积都会影响旁气流式气体浓度分析仪的气体采样。

三、探头的原理和结构设计

探头是红外吸收气体检测中的关键部件，其作用是将被检测气体的浓度信息转换为电信号。探头的基本组件通常有红外光源、斩波盘、滤光片、红外探测器。对红外光测量方式的不同可分为调制式探头和直接测量式探头。调制式探头分光源调制和斩波调制两种，采用的是热释电型传感器；直接测量式探头采用的是热电堆型传感器。常见的探头设计有：光源调制式探头、斩波式探头、直接测量式探头。

（一）光源调制式探头

这种探头由红外光源（IR emitter）、测量气室（chamber）、滤光片（filter）和热释电传感器（IR sensor）等组件构成。如图 12–2，红外光源发射红外光，经测量气室后被分光均匀地散射到多个不同波长的滤光片上，光线经滤光片过滤后投射到探测器，得到多个随气体浓度增加而呈指数减小的直流电压信号。光源调制方式一般采用电子开关控制的红外光源供电，使红外光源以一定频率间歇发光从而产生光脉冲信号。 这种探头设计方案与机械调制方式相比最大的优点就是结构简单，易于实现，又可获得较高的测量精度，但受红外光源响应时间的限制要求对光源的调制频率不能太高（一般在 10 Hz 以内），否则光源的发光效率会大大降低，光源工作寿命也会显著缩短，同时很难保持输出能量的稳定。因此对于频带为 0.2~2.5 Hz 的呼吸信号，光源调制方式很难满足对呼吸信号进行采样的要求。为克服上述缺点的一个改进方案是采用多个红外光源轮流开关的方式，从而保证了对呼吸信号采样的要求，也延长了光源的使用寿命。在麻醉气体监测模块中由于测量通道多，采用分光的方法比较困难，因此通常采用多通道的探头结构，除了用于气体分压检测的通道外，还引入了一个或多个参比通道，如 Datex 和 Dräger 公司麻醉模块的设计方案。

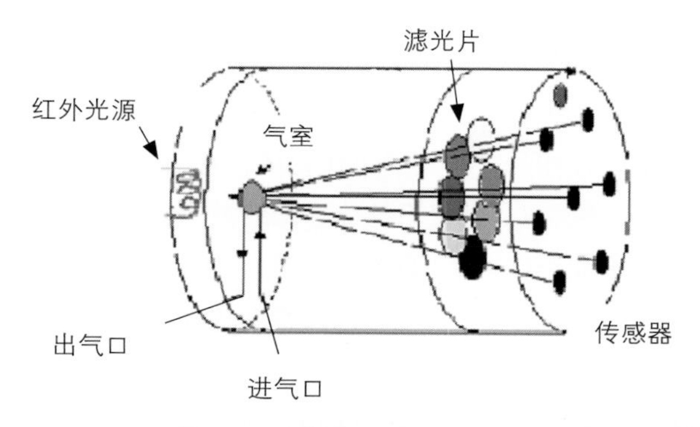

图12-2　光源调制式探头的设计方案示意图

（二）斩波式探头

这种探头由红外光源、测量气室、斩波盘、滤光片和热释电传感器等组件构成。斩波盘位于红外光源和检测室之间的光路上，斩波盘上安置滤光片，通过斩波盘的旋转产生周期性变化的红外光信号，该信号作为载波信号被检测室内变化的气体分压信号调制，然后经过红外光探测器转换为被调制的电压或电流信号。机械调制方式的优点是可以选择较高的调制频率，完全可以满足对呼吸信号采样的需要，缺点是增加了机械斩波结构，与采用光源调制方式的探头相比结构复杂，探头的尺寸和重量均较大，而且由于探头内有旋转部件，受震动的影响增大，可靠性也有所降低。

（三）直接测量式探头

直接测量式探头由红外光源、滤光片、测量气室、传感器组成。一般采用热电堆传感器，这种类型的传感器为直流响应器件，响应速度较低，而且易受环境温度的影响，温度漂移较大。为了抑制温漂，在直接测量方式的探头中引入参比信号的方法与光源调制的方式类似，采用多个传感器。这种探头结构简单、体积小、重量轻、安装和使用方便。但由于采用了热点堆型传感器，所以存在热响应时间长和抗温漂能力差的局限性，并且要通过一个通道来消掉多个通道的漂移，所以算法比较复杂，且效果不好致使测量精度不高。每个探头需要采用一套性能完全一致的放大电路，增加了电路的复杂性，而且也很难消除探头各通道之间和放大电路之间的差异对测量结果的影响。

（四）信号量的获取

信号量就是从载波信号中提取的与通过每个通道波段的红外光的光强成正比的电压信号。信号量的获取方式主要由传感器的吸收特性决定，如热释电传感器，其特点是室温下响应率随温度变化小 、响应快适于探测高速脉冲信号。根据热释电传感器原理，在把红外光信号转化成电信号时可分两步：第一步，是先吸收红外光把光信号转化为热信号；第二步，是把热吸收信号转化成电信号。进一步以斩波片对红外光源进行斩波时信号可分解为两部分，即载波信号和通道信号量。载波信号对于每个通道都是不变的，而通道信号量就相当于 P0。根据前边的分析可知，与 P0 成正比的载波信号是叠加在一交变信号之上的，它的交变幅值应等于峰值减去其对应点的叠加信号值，如图 12-3 所示，对载波信号进行只检峰值和经峰值减两边谷值平均值两种方式提取 后所得到的 8 个通道的波形，其中第三条波形为 CO_2 通道，其他各麻醉气体的通道也可获得。由图可看出只检峰值得到的波形通道之间互相影响比较大，而经峰值减两边谷值处理后的波形则已经近似消掉了通道之间的互相影响。

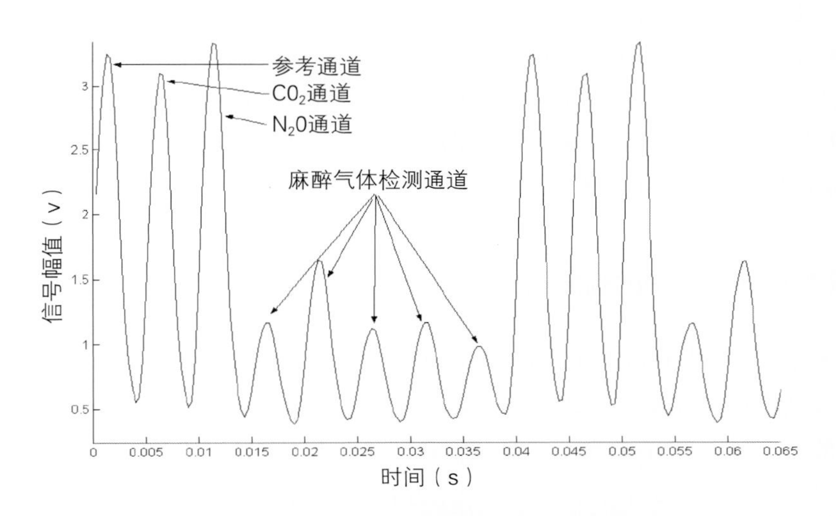

图12-3　采峰值提取的各种气体的通道信号示意

（五）气体分压算法

麻醉气体类型的识别是麻醉气体检测的难点所在。各种麻醉气体其吸收峰集中且互相成叠，所以，在通一种麻醉气体时几个麻醉气体通道都有衰减，这导致不能简单地通过某一波段红外光的衰减来判断是哪一种麻醉气体存在。当前的麻醉模块按气体分压算法可分为两类，一类是先识别后检测气体法，这种算法先识别气体类型，然后再根据识别的气体类型以定标的方式检测气体分压，技术上比较容易实现但只能对单种气体进行检测，如果是检测混合的麻醉气体，将会出错。另一类是同步识别检测气体算法，此种算法能直接由传感器输出信号得出气体的类型和分压，能够检测同时检测多种麻醉气体，需要对传感器输出信号与气体浓度之间的复杂关系有较清楚的认识，技术上比较难实现。

（1）区域识别　通过麻醉气体在各通道的相对吸收系数随时间变化的波形可以看出同一种气体在各通道的相对吸收系数是在某一个值附近变动。通过把相对吸收系数与固定的值作比较是很难准确地判别出气体的。但如果把每一个时间点各个通道的吸收系数值作为坐标映射到高维空间上，我们就可以更直观地发现气体的一些分布规律：即麻醉气体在不同时间不同分压的点的分布点虽然是分散的，但都各自集中于一个区域内。这样就可以轻易地利用其所在的区域来划分气体的类型。

（2）识别算法　在把各通道波形转化成高维的空间点以后，对于气体的类型的识别就成了空间归类问题。以二维空间为例，归类的方法是在二维空间上找到各类型点所占区域之间的分界线，用分界线来划分出区域。考虑到各类型麻醉气体的点都比较集中比较有规则，在区域划分上采取分界线为直线的划分方式。而分界线并不是以斜率的方式确定，而是以中心点的方式确定。以氟烷和七氟烷为例，在确定了两个区域的中心点后，计算空间上每一个点与两中心点的距离，然后比较大小。一个点离哪一个中心点最近，就把这个点归为此中心点对应的类型。

（3）分压定标　分压定标就是分别测出在通不同标准分压的各麻醉气体时的传感器输出电压。用这些数据进行曲线拟合分别得到各种麻醉气体的分压和传感器输出电压的关系曲线。将这五条曲线储存在单片机内，在测量时根据识别出来的麻醉气体类型信息调用相应的气体关系曲线实时地计算麻醉气体分压。在测量时，要针对不同的麻醉气体选择对此气体吸收最大的通道，用此通道的传感器输出电压进行定标。

四、麻醉机气体监护的临床意义

监测吸入麻醉药分压的临床意义包括：①了解患者对麻醉药的摄取和分布特征，以及患者接受麻醉药的耐受量和反应。②在低流量、重复吸人或无重复吸入装置中，安全地使用强效吸入麻醉药。③计算 MAC 值可指导调控麻醉和手术不同阶段麻醉深度。吸入麻醉药的 MAC 越低，相对麻醉作用越强，两种麻醉药合用时，其 MAC 值相加。④ MAC 系数计算方法为测得某一患者的呼气末异氟烷为 1.7%，则 1.7% / 1.3%=1.3，该患者的麻醉药分压相当于 1.3 MAC。⑤连续测定吸入气和呼气末麻醉气体分压，可计算麻醉气体药物代谢动力学的参数，为麻醉气体药物的临床药理学研究提供计算参数。⑥吸入气中的 O_2 / N_2O 比例如发生改变，蒸发器输出麻醉蒸汽的浓度也随之发生变化，因此，监测是非常必要的。⑦对专用蒸发器性能有怀疑时，应随时监测其输出的麻醉药分压。⑧可及时发现蒸发器的故障或操作失误，提高麻醉的安全性。

总之，监测麻醉手术中患者呼吸气体中的麻醉气体的含量在临床上有重要价值。基于红外吸收气体检测的麻醉气体监测模块能够进行长时间连续的监测，是临床常用的仪器。本节从测量技术、气体采样、探头设计以及信号获取和分压测定等各个方面做了简要介绍。当然，随着生物医学科技的高速发展，一系列新的技术层出不穷，目前国际上一非线性矩阵、高阶层次求解及 BP 神经元网络计算等技术也正在逐步应用于这一领域， 而现在国内几家麻醉机生产企业也开始研究。国产医用监护产品中所用的麻醉气体监测模块完全依赖国外进口，价格昂贵，推广受到限制的局面正在打破。相信不久的将来，新一代的快速精确、成本不高的气体监护设备将会面世。

第二节　吸入氧分压和脉搏氧饱和度监测

一、吸入氧分压监测

（一）监测方法

（1）电化学分析　电化学分析法测量吸入氧分压或分数（F_IO_2）需使用外部电源或自备电池的极谱电极进行电化学分析。无论使用何种电极，氧气经过还原反应产生的电流大小与混合气体中氧气量成正比，可以此估计 F_IO_2。电化学分析氧传感器常用于麻醉机与传统呼吸量机中，以测量吸入气氧分压。此法测量反应时间长，用于吸入气体测量。测氧分压的电化学传感器寿命一年左右，需定期更换。

（2）顺磁分析　氧分子具有磁性，通过其在磁场中的特殊表现可测量混合气体中氧气的分压。一些新型高级的麻醉机配备有顺磁氧分析仪，可监测呼吸回路吸气与呼气端的氧分压。与电化学分析仪相比，顺磁氧分析仪使用寿命长、测量迅速。

（二）临床意义

吸入氧分压监测的临床意义：①为麻醉机和呼吸机输送合适浓度的氧提供保证，防止仪器故障和气源错误，保障患者生命安全。②输送精确浓度的氧，以适应治疗患者的需要和防止氧中毒并发症。③测定吸入氧浓度（F_IO_2），计算患者 P_AO_2、呼吸指数等呼吸功能参数，为病情估计和预后提供有用指标。④测定吸入氧分压和呼气末氧分压差（$F_{I-ET}DO_2$），可早期发现通气不足、氧供需失衡和缺氧。

二、脉搏－血氧饱和度（SpO_2）监测

（一）生理基础

因血红蛋白氧离曲线呈 S 形，在 SpO_2 处于高水平时（即相当氧离曲线的平坦段），SpO_2 不能反映 PaO_2 的同等变化。此时虽然 PaO_2 已经明显升高，而 SpO_2 的变化却非常小。即当 PaO_2 已从 60 mmHg 上升至 100 mmHg 时，SpO_2 从 90% 升至 100%，仅增加了 10%。$SpO_2$95% 可信限为 4% 左右，所以当 SpO_2=95% 时，其所反映的 PaO_2 值可以从 60 mmHg（SpO_2=91%）至 100 mmHg（SpO_2=99%）。其间可变的幅度很大，所以有时 SpO_2 值就难以准确反映真实的 PaO_2。SpO_2 和 PaO_2 的相应变化（表 12-1、图 12-4）。

表12-1　血氧饱和度和氧分压的相应变化

（根据体温 37℃，pH=7.4 时的氧离曲线）

SO_2	PO_2
99.7	500
99.5	300
97.5	100
96	80
94	70
91	60
89	56
85	50
82	46
75	40
65	34
48	26

（二）测定原理

脉搏-血氧饱和度仪监测脉搏-血氧饱和度（SpO_2），是利用血红蛋白对光吸收的物理原理，根据不同组织吸收光线的波长差异，应用分光光度测定法对搏动性血流的血红蛋白进行光量和容积的测定（图 12-5），从而监测动脉内血红蛋白与氧结合的程度，并能同时显示脉率。其优点为不需定标，可以连续监测，即刻反映动脉的血红蛋白氧饱和度。

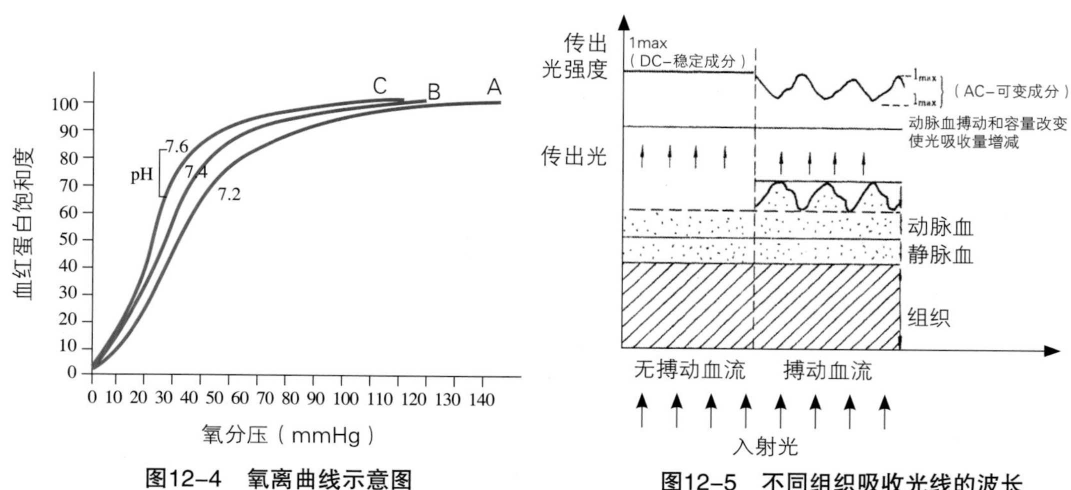

图12-4　氧离曲线示意图

图12-5　不同组织吸收光线的波长

（三）临床意义

（1）监测氧合功能了解 PaO_2，避免创伤性监测。新生儿处于相对低氧状态，其 PaO_2 在氧离曲线的陡坡段，因此 SpO_2 可以作为新生儿氧合功能监测的有效指标，正确评价新生儿气道处理和呼吸复苏效果。并且给予氧疗时，可根据 SpO_2 调节 F_IO_2，避免高氧血症的有害作用。

（2）防治低氧血症连续监测 SpO_2，一旦其数值下降低于 95%，即有报警显示，可以及时发现各种原因引起的低氧血症。

（3）判断急性哮喘患者的严重程度哮喘患者的 SpO_2 和 PaO_2 的相关性较正常值小（r=0.51），甚至可呈负相关（r = −0.88）。另一方面，却发现 SpO_2 和呼气最高流速相关良好（r=0.584）。因而，对判断急性哮喘患者的危险性，SpO_2 可提供一个简单的无创指标。同时根据观察重度哮喘患者发生呼衰时，PaO_2<60 mmHg, $PaCO_2$>45 mmHg 的 SpO_2 变化，提出若急性重度哮喘患者的 SpO_2>92% 时，则发生呼衰的可能性很小。

（四）影响因素

（1）血红蛋白脉搏–血氧饱和度仪是利用血液中血红蛋白对光的吸收来测定 SpO_2，如果血红蛋白发生变化，就可能会影响 SpO_2 的准确性。①贫血：临床报告贫血患者没有低氧血症时，SpO_2 仍能准确反映 PaO_2。若同时并存低氧血症，SpO_2 的准确性就受到影响。②碳氧血红蛋白（CoHb）和正铁血红蛋白（MetHb）：CoHb 和 MetHb 的光吸收系数和氧合血红蛋白，还原血红蛋白（HHb）的相同。SpO_2 监测仪是依据 CoHb 和 MetHb 的含量甚小，可以忽略不计而进行设计的，所以无法将 MetHb 和 CoHb 与 HbO_2 进行区分。因此当 CoHb 和 MetHb 增多时，将会影响 SpO_2 的准确性，结果为 SpO_2>SaO_2。于 CO 中毒患者（CoHb 平均为 16%），其 SpO_2 等于 HbO_2 和 CoHb 的总和。MetHb 增多，SaO_2 和 SpO_2 并不同步下降，SaO_2<SpO_2。MetHb 增加至 35% 时，SpO_2 仅下降至 85%，并且以后即使 MetHb 再进一步增加，SaO_2 也持续下降至最低水平，而 SpO_2 也绝不再下降，仍然保持 85%。

（2）血流动力学变化 SpO_2 的测定基于充分的皮肤动脉灌注。在重危患者，若其心排血量减少，周围血管收缩以及低温时，监测仪将难以获得正确信号。

（3）其他因素：亚甲蓝、靛胭脂、吲哚花青绿及荧光素都可吸收波长为 660 nm 的光波。静脉注射后可影响 SpO_2 的测定，使 SpO_2 低于 SaO_2。蓝色、绿色和黑色的指甲油都可影响 SpO_2 的监测，使其小于 SaO_2。而红色和紫色的指甲油无影响。此外，日光灯，长弧氙灯的光线和日光等也要使 SpO_2 小于 SaO_2。

（五）注意事项

（1）①准确性：SpO_2 与 SaO_2 有较好相关（γ=0.84 ~ 0.99）SaO_2 在 80% 以上，平方根误差（RMSE）≤ ±3%。$RMSE=[Bias^2+SD^2]^{0.5}$，$Bias=SpO_2-SaO_2$。② $SaO_2$70%~100%，误差 ±3%，SaO_2<50%，相关不显著。③碳氧血红蛋白（COHb）及高铁血红蛋白（MetHb）

使 SpO_2 读数过高；胆红素 >342 μmol/L（20 mg/dl），SpO_2 读数降低。④贫血（Hb<70 g/L）SpO_2 读数降低。

（2）根据年龄、体重选择合适的探头，放在相应的部位。手指探头常放在示指，使射入光线从指甲透过，固定探头，以防影响结果。

（3）指容积脉搏波显示正常，SpO_2 的准确性才有保证。

（4）避免外界因素干扰，红外线及亚甲蓝等染料均使 SpO_2 降低。

（5）如手指血管剧烈收缩，SpO_2 即无法显示，用热水温暖手指，或用 1% 普鲁卡因 2ml 封闭指根，往往能再现 SpO_2。

第三节　二氧化碳监测

二氧化碳监测包含呼吸末二氧化碳（$EtCO_2$）、吸入二氧化碳（ $InsCO_2$）和气道呼吸率（AwRR）等参数的监测，是生命信息监护中的高端配置监护参数技术之一，也是很多中高端临床使用的麻醉机和呼吸机非常重要的监护参数技术之一。主要用于评估患者通气状态以及麻醉呼吸机通气状态的重要指征，也是确保患者安全的重要参数。 多年来二氧化碳监测的应用一直受到临床医护人员的广泛重视，已经成为麻醉科及 ICU 等重点科室建设中的标准配置。现对医用二氧化碳监测技术的发展及应用情况进行讨论。

一、医用二氧化碳测量原理

二氧化碳测量原理大都是采用基于红外光谱吸收的特性（又称为 NDIR），就是二氧化碳在受到红外光谱照射时会在 4.26 μm 处产生一个选择性的吸收峰（图 12-6）。

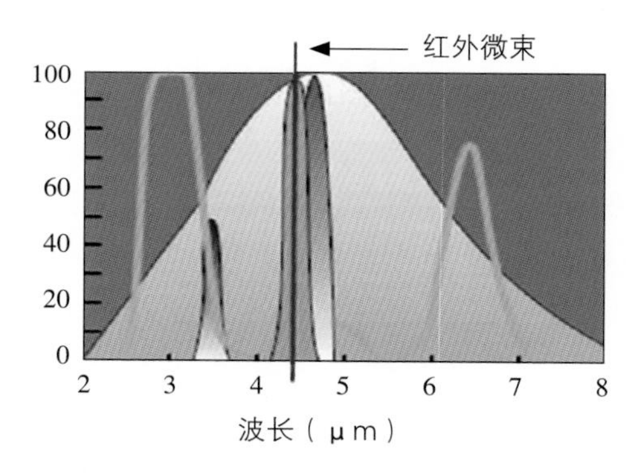

图12-6　红外光谱对二氧化碳的吸收特性

二氧化碳对红外光谱的吸收规律是服从物理学中的朗贝比尔定律（具体见上节所述）。在针对医用二氧化碳的监测中，由于呼吸是动态的，吸入是新鲜空气（氧气和氮气）；呼出是废气（二氧化碳，氧气和氮气等），需要对动态的呼吸气体中二氧化碳分压的变化特征进行识别。

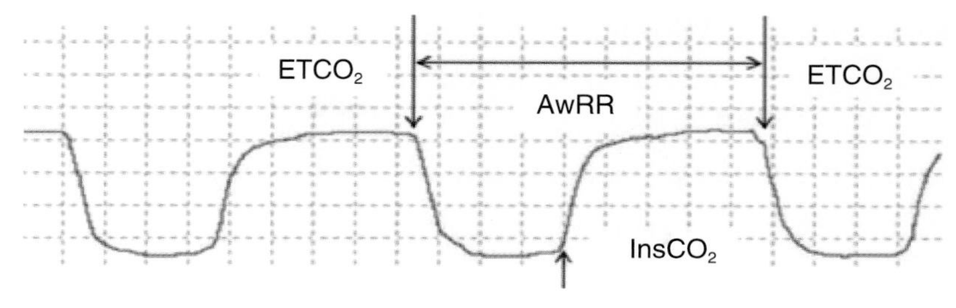

图12-7　呼吸末二氧化碳波形示意图

在依据二氧化碳分压的波形上找出呼吸末和吸入二氧化碳分压值即 $EtCO_2$ 和 $InsCO_2$，呼吸二氧化碳波形图（图 12-7）。其中呼吸末二氧化碳及吸入二氧化碳分压的取值位置见图中标示。考虑到计算值及显示的平稳性，常用的计算见下式：

$$EtCO_2=\frac{\sum_{i=0}^{N-1}EtCO_2|_i}{N}$$

$$InsCO_2=\frac{\sum_{i=0}^{N-1}InsCO_2|_i}{N}$$

$$AwRR=\frac{\sum_{i=0}^{N-1}AwRR|_i}{N}=\frac{60}{N\sum_{i=0}^{N-1}AwT|_i}$$

式中的N取1、2、3至 12 的值，并且是指气道呼吸周期（AwT）的倒数乘以60即为气道呼吸率（AwRR）的值。具体取值将依赖于对当前监测值所期待的响应时间。越快N的取值越小，越慢N的取值越大。

二、测定方法

基于红外光谱吸收的呼吸二氧化碳测量原理的实现方法多数是采用热释电传感器作为透射光谱信号的探测器件，其中利用测量室放置在呼吸道中的监测模式称为主流式，该模式需要主流适配器予以配合应用。而将呼吸气体通过抽气泵抽取一部分样气进入测量室的监测模式称为旁流式，它需要采样气路适配器、气路延长管及水槽等部件予以配合应用（图 12-8）。

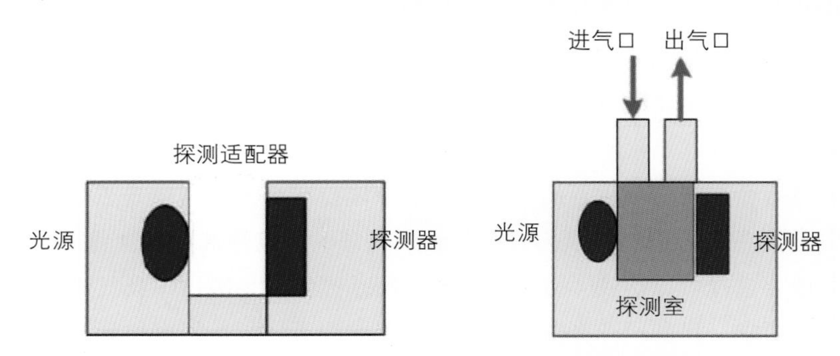

图12-8　主流式（左）及旁流式（右）二氧化碳测量装置示意图

现代麻醉机大部分呼出气体分析装置均包括红外吸收分析仪。这种分析法将气体样本收集入一个小室中，让红外光透过，根据散射光线的密度判定气体分压。现代红外气体分析仪可分析目前用于临床的所有吸入麻醉药、CO_2、N_2O。因为氧气不能吸收红外光，只能用电化学或顺磁分析等方法测量。现临床上最常用的方法是主流或旁流式红外线 CO_2 监测仪，可以连续监测呼吸周期中 CO_2 的分压，由数字和波形显示。

（一）主流式 CO_2 监测仪

主流式 CO_2 监测仪的红外线传感器 U 字形直接连接于呼吸回路之中，且紧邻气管导管，直接在回路中测 CO_2。优点是采样管无效腔减少，不需采集气体样本，无需安装额外的采样装置，无躁声，且测量的反应时间短，尤其适用于儿科。其缺点是测量室通常加热至 40℃以减少水汽积聚，且须避免与患者皮肤直接接触；它相对较重，需要支撑以防气管导管打折。由于位置更接近于患者气道，主流式 CO_2 监测仪需经常校准与清洁，以去除唾液与黏液的污染。

（二）旁流式 CO_2 监测仪

旁流式 CO_2 监测仪从呼吸回路中连续不断地采集定量气体进入测量式。采样管头端应尽可能靠近患者，以减少回路无效腔的影响。采样气流速度通常为 50~500 ml/min。若采样速度超过呼气流速，有噪声，可使回路吸气端气体进入采样管，导致测量错误；若采样速度超过新鲜气流量，可引起低通气。小儿患者呼出气流速度与新鲜气流量都很低，应特别注意以上两点。面罩吸氧与鼻导管吸氧的患者都可以进行 CO_2 及呼吸频率监测，但若采样管的位置远离鼻孔，呼气末 CO_2 分压的测量值将假性下降。目前已有特制的导管可在供氧时监测呼出气 CO_2。

三、二氧化碳测量技术的发展

红外探测器和红外光源是呼吸末二氧化碳分压探测的两个关键部件。噪声、寿命及响应时间等是系统设计的关键指标。随着科技的进步红外探测器和红外光源也得到了长足的进步。热释电红外探测器利用探测温度的变化率来探测辐射信号，对于红外光辐射的变化有极快的响应时间，为探测快速变化的信号带来了可能，已经完全满足呼吸气体测量中对响应时间和噪声的要求，是目前二氧化碳测量系统中的首选器件。目前单晶热释电传感器发展很快，并具有更好的响应时间和噪声水平，正在被应用系统所采用。红外光源对呼吸二氧化碳测量的稳定性及噪声及寿命起着至关重要的作用。一般分成稳定光源和调制光源两大类，用在机械调制和电调制的两种信号调制测量模式中。红外光源的稳定性和可靠性得到了极大地提升，其使用寿命一般要选择可以达到 4 万小时以上，则是能够满足医用呼吸气体测量中对长时间稳定性及噪声的要求。目前国产旁流式医用二氧化碳测量模块，依据国际标准设计，其性能和功能已经满足标准要求和临床的应用，仅在测量的响应时间上尚需要进一步的研究和提升。

可以预见，微型化、低功耗和高可靠是未来呼吸末二氧化碳测量技术的发展趋势。

四、呼吸末二氧化碳分压监测的临床意义

（一）主要临床意义

CO_2 的弥散能力很强，动脉血与肺泡气中的 CO_2 分压几乎完全平衡。所以肺泡的 CO_2 分压（P_ACO_2）可以代表 $PaCO_2$ 和呼气时最后呼出的气体（呼气末气体即肺泡气）。因此，$PaCO_2 \approx P_ACO_2 \approx P_{ET}CO_2$，故 $P_{ET}CO_2$ 应能反映 $PaCO_2$ 的变化。从监测 $P_{ET}CO_2$ 间接了解 $PaCO_2$ 的变化，具有无创、简便、反应快等优点。

将 CO_2 分压与时间或呼出气体容积做关系曲线，可得到 CO_2 描记图，提供许多有用的临床信息。其临床意义包括：①反映 $PaCO_2$，儿童、青年、孕妇、无明显心肺疾患患者、先天性心脏病儿童、有左向右分流者，$Pa\text{-}_{ET}CO_2$ 值很小，为 1~5 mmHg，$P_{ET}CO_2$ 可反映 $PaCO_2$。②监测机械通气时的通气量。可根据 $P_{ET}CO_2$，调节呼吸机和麻醉机的呼吸参数。一般维持于 35 mmHg 左右。患者自主呼吸恢复后，若能维持 $P_{ET}CO_2$ 于正常范围，即可停止辅助呼吸。用半紧闭装置时，可根据 $P_{ET}CO_2$ 调节氧流量，避免 $PaCO_2$ 升高。③发现呼吸意外和机械故障。呼吸管道脱落是机械呼吸时最常见的意外。呼吸管道漏气、阻塞或脱落以及活瓣失灵时，CO_2 波形变化或消失。④反映循环功能变化。如肺栓塞、休克、心跳骤停时，$P_{ET}CO_2$ 立即下降，可至 0，变化早于 SaO_2 的下降。CPR 后，如 $P_{ET}CO_2$ 升高达 10 mmHg 以上，则可能心脏复跳成功。⑤确定气管导管位置。气管导管在气管内时才会有正常的 CO_2 波形。$P_{ET}CO_2$ 波形是确定气管导管在总气管内的最可靠指标。如果导管误入食管，则没有 CO_2 正常波形或其分压极低，此外，经鼻盲插管时，$P_{ET}CO_2$ 波形可指示导管前进的方向和正确位置。⑥体温升高和代谢增加时，$P_{ET}CO_2$ 升高是早期发现恶性高热的最敏感的监测指标。⑦心肺复苏时，若 $P_{ET}CO_2 \geqslant$ 10~15 mmHg, 说明已有充分的肺血流，复苏应继续进行。而 $P_{ET}CO_2 <$ 10 mmHg 者复苏均未获成功。⑧ $Pa\text{-}_{ET}CO_2$ 反映肺内 V/Q 关系，前者正常则 V/Q 适当。PEEP 可减少分流，改善 V/Q，使 $Pa\text{-}_{ET}CO_2$ 减少，PaO_2 升高。但 PEEP 压力过大，则影响心排血量，反而使 $Pa\text{-}_{ET}CO_2$ 增大。故 $Pa\text{-}_{ET}CO_2$ 最小时的 PEEP 压力值即为最佳 PEEP。但在临床上尚有争议，所以没能普遍应用。

（二）瞬时 CO_2 分压波形图分析

1. 正常呼气末 CO_2 分压波形图

传统上将曲线分为吸气相一个阶段和呼气相三个阶段(图 12-9)。0 相：吸气相，Ⅰ相：无效腔气，无或少量 CO_2，Ⅱ相：肺泡气与无效腔气的混合气体，Ⅲ相：肺泡平台，包含有呼气末 CO_2 的峰值 $P_{ET}CO_2$。

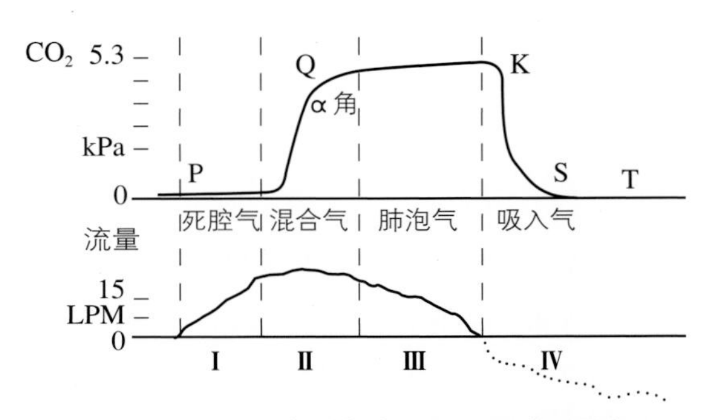

图12-9　正常呼气末CO_2分压波形图析

图示一个呼吸周期中呼气末 CO_2 分压或

压力的正常波形。死腔气（Ⅰ段），$PaCO_2$=0。随肺泡气排出和死腔气混合，$PaCO_2$ 迅速上升（Ⅱ段），呼出气全部为肺泡气，$PaCO_2$ 变化很小，形成肺泡平台（Ⅲ段），其最高点代表 P_ACO_2。吸气时，无 CO_2 进入气道，PCO_2 迅速下降至基线（0 段）。

分析 $P_{ET}CO_2$ 波形时应注意观察：①波形高度：代表肺泡 CO_2 分压，即 $P_{ET}CO_2$。②基线代表吸入气中 CO_2 分压，应等于 0。否则说明吸入气中含有 CO_2。③形态为距形。只有当出现肺泡平台时，$P_{ET}CO_2$ 才能代表 P_ACO_2。波形异常有特殊意义。④频率：为呼吸频率。⑤节律：反映患者呼吸中枢或呼吸机的功能。只有在呼吸和循环功能均维持正常时，才会出现正常的 CO_2 波形。患者肺功能正常时，由于某种原因存在少量肺泡无效腔，$P_{ET}CO_2$ 常较 $PaCO_2$ 低 1~5 mmHg，凡是能增加肺泡无效腔的因素都能增加 $P_{ET}CO_2$ 与 $PaCO_2$ 的差异，并增加Ⅲ相的斜率。麻醉中随着心输出量的降低，肺泡无效腔增大，肺尖灌注下降，$P_{ET}CO_2$-$PaCO_2$ 梯度轻度上升至 5~10 mmHg。$P_{ET}CO_2$ 突然下降，提示心输出量突然下降或肺栓塞。有时Ⅲ相斜率相当大，以至于 $P_{ET}CO_2$ 比 $PaCO_2$ 更高，这种现象常发生于麻醉状态下的肥胖患者与 50% 的正常婴儿与孕妇，也可能继发于胸部顺应性下降、功能余气量下降、心输出量增多与 CO_2 生成增加。混合静脉血 CO_2 分压增高与恶性高热均可引起负 $PaCO_2$–$P_{ET}CO_2$，此时 $P_{ET}CO_2$ 不能准确估计 $PaCO_2$，而根据容量 CO_2 描记图得到的平均肺泡 PCO_2 更能提示 $PaCO_2$。

描记图可用于指导呼气末气道正压的设置，因为随着肺泡的复张、V/Q 比例的改善，肺泡无效腔量减少、分流量减少、$PaCO_2$–$P_{ET}CO_2$ 梯度下降。上述变化在时间 CO_2 曲线上常只有轻微变化或改变，只有容量 CO_2 描记图可观察到这些变化（图 12–10）。若肺内各部分的 V/Q 和时间常数差异不大，其肺泡内的 CO_2 分压也相近，则肺泡平台就趋于平坦，否则就逐渐上升，其斜度增加，α 角度增大。所以 α 角度的大小可以反映 V/Q 的变化。

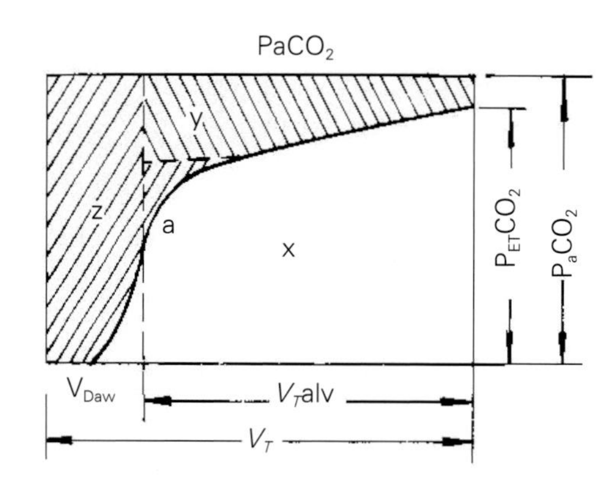

图12–10　容量CO_2描记图

2. 异常呼气末 CO_2 波形图（图 12–11）

呼气末二氧化碳的检测作为一种连续无创的检测方法，减少了需要血气检查的次数，在麻醉机工作时应用越来越广泛，特别是在呼吸、代谢与循环功能的监测中都具有重要的价值。

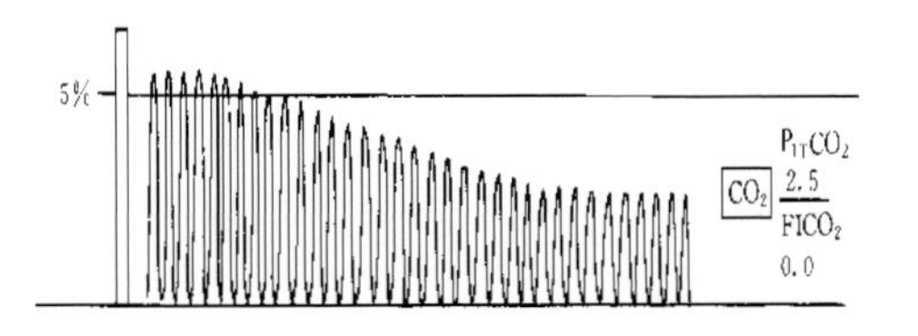

曲线逐渐降低—通气过度

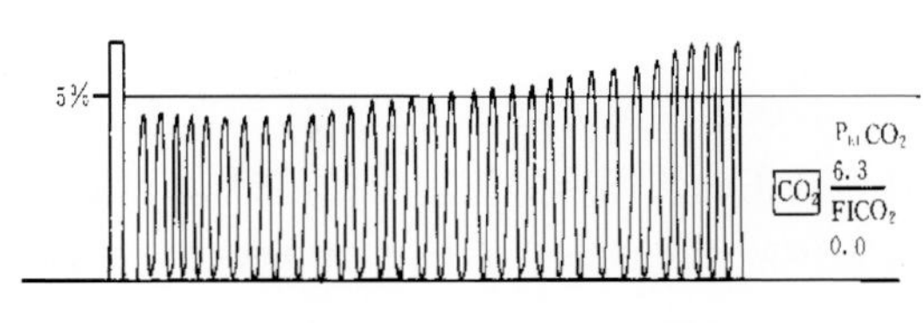

曲线逐渐升高—通气不足

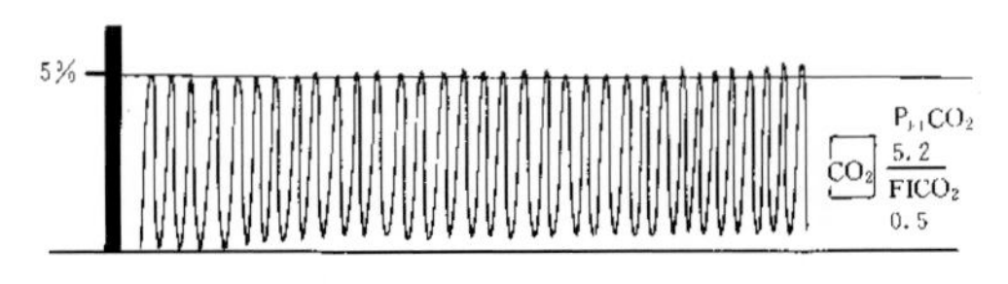

吸入基线抬高—钠石灰耗竭

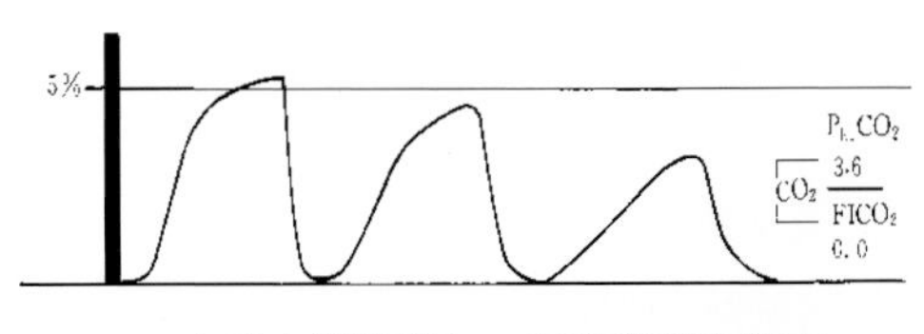

上升支斜坡增加—呼吸道部分阻塞

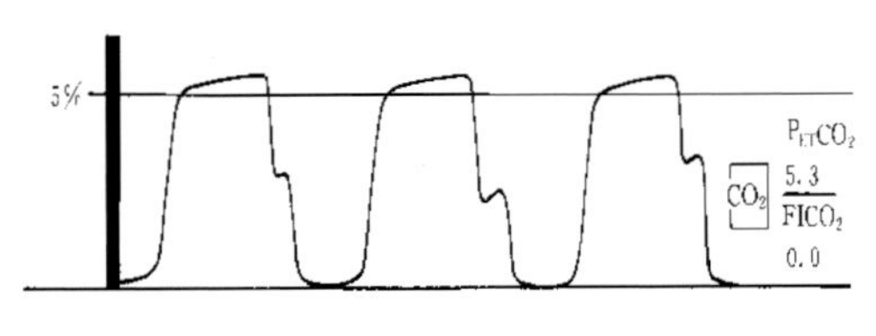

呼吸平台裂沟—肌松药作用即将消失

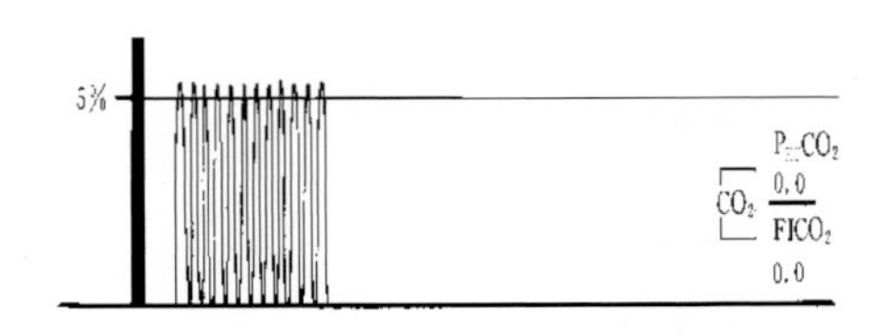

波形消失—接头脱落

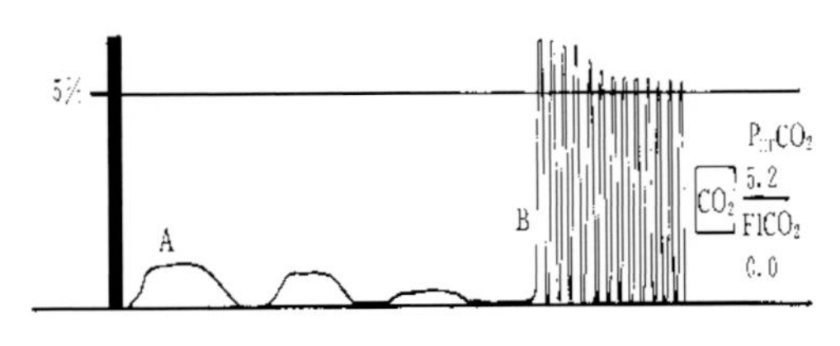

曲线平台低短—气管导管误插食管

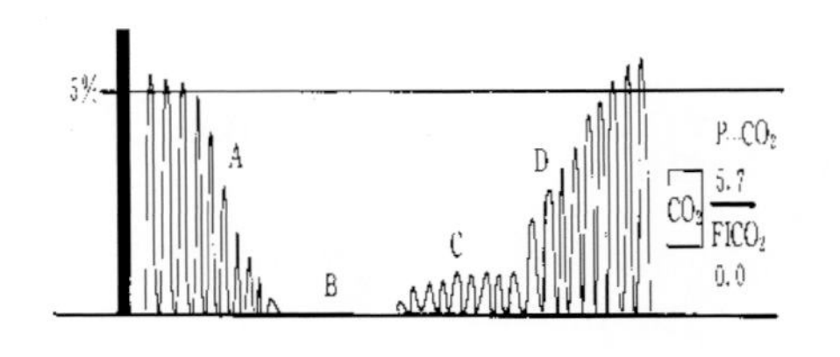

心肺复苏后CO_2曲线重现或心跳骤停

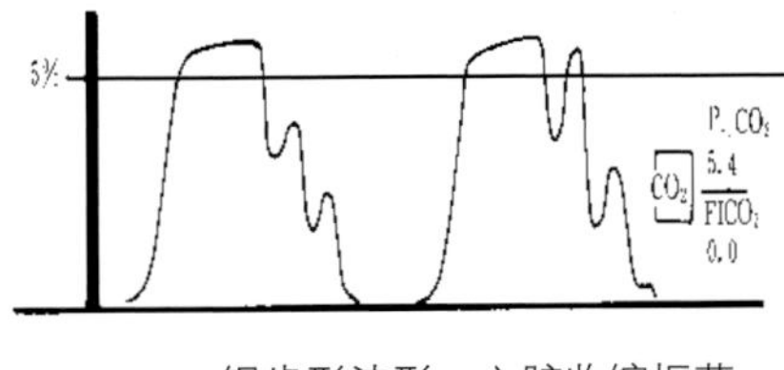

锯齿形波形—心脏收缩振荡

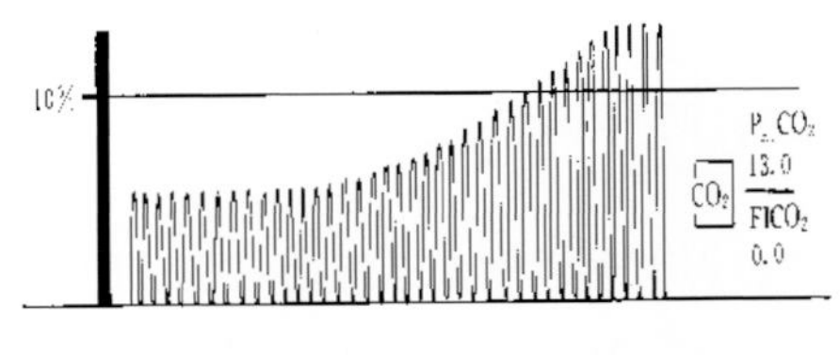

曲线明显升高—CO_2产量增多
（如恶性高热）

图12–11　异常呼气末CO_2波形图

第三节　呼吸力学参数监测

呼吸力学监测是术中机械通气重要的扩展参数，可靠地监测麻醉呼吸机的工作状态，又是保证正确使用麻醉机呼吸的前提。呼吸力学是以工程学的观点和方法研究呼吸生理学中呼吸系统的力学问题，有助于对呼吸病理生理的了解，也是手术患者麻醉过程中对呼吸功能动态评价的重要方法，具有重要的实际意义。

一、呼吸力学模块的设计原理

呼吸力学模块是基于流量压差传感器和压力监测方法对呼吸通道的相关参数进行实时监测，呼吸模块与麻醉监护仪通过串口进行通讯，并受到麻醉监护仪监控，同时借助于接在患者和麻醉机气道中的流量传感器对患者的呼吸生理参数和麻醉机的工作状态进行监测。同时还能对呼吸机工作状态进行监测、指导呼吸机参数的设置。其基本结构如图 12−12 所示。

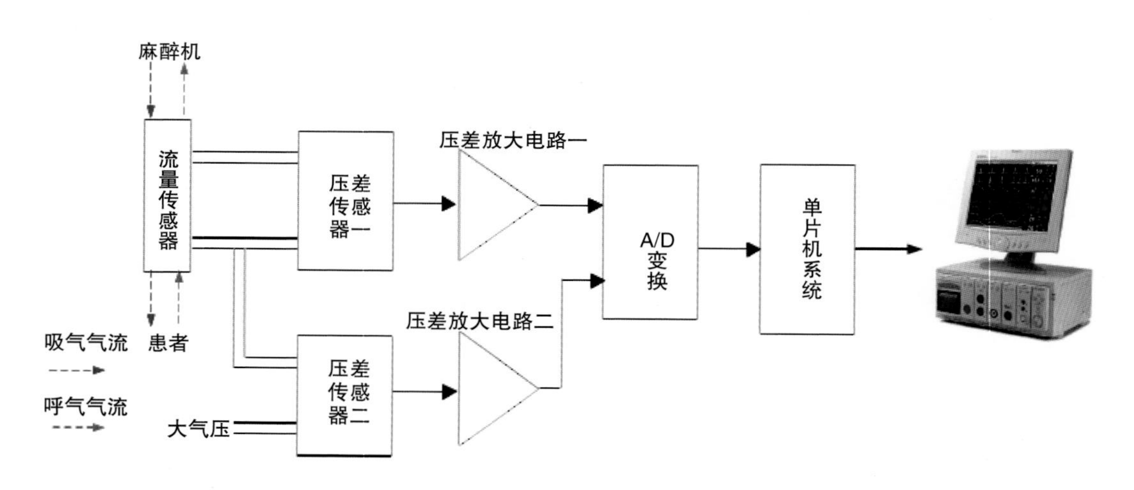

图12−12　呼吸力学监测模块原理示意图

二、呼吸模块设计构成

呼吸力学参数测量系统由三部分组成：硬件、软件和压差式流量传感器，其中硬件将完成信号放大、转换、软件运行和上位机通讯的平台；软件将完成电路控制、信号处理、相关参数计算等；压差式流量传感器将完成气道信号的感应和传递，最终结合上位机的显示、报警、存储、传输等功能完成呼吸力学模块的测量和应用功能。详见系统结构框图 12−13 所示。

呼吸力学模块的硬件系统是系统软件的载体，并借助于系统软件共同实现数据采集和处理、状态监测和呼吸参数的计算，并通过串口与上位机通信。模块的压力检测包括两部分，

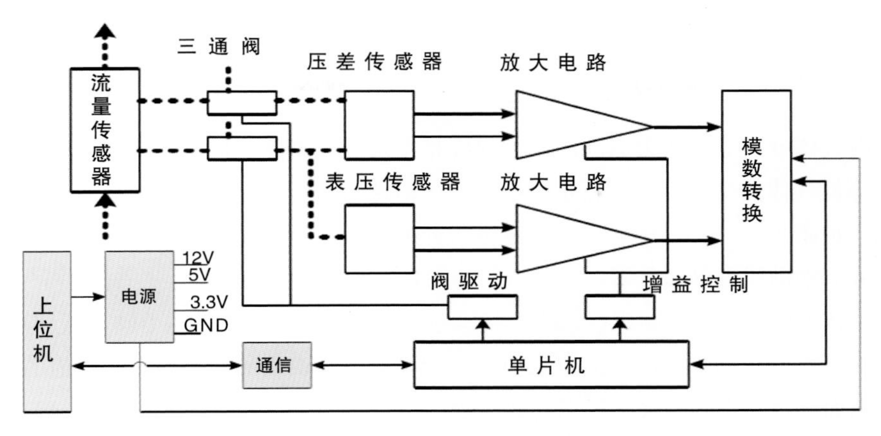

图12–13 呼吸模块的设计构成示意图

首先是气道压力检测电路，用于检测患者呼吸气道中的压力，以便实时了解患者呼吸气道的压力状况和其他呼吸参数的计算。其次还有流量传感器所感应出的压差的检测电路，用于检测流量传感器两侧的压差，根据流量与压差的标定，由压差来计算呼吸气道中的流量。压力的监测精度将是影响其他参数的关键，而影响压力监测因素主要有三个：压力传感器、压力信号放大电路和模数转换器。

在硬件系统基础上，软件主要完成数据采集、处理、呼吸力学参数的计算和串口通信功能。此外，为满足系统可靠性及功能安全需求，系统软件需要完成硬件系统上电后的自检和初始化设置，并具有工作状态监测和异常处理功能，对系统软、硬件出现的错误或异常进行及时处理。

三、主要可测量的呼吸力学参数

目前中高级麻醉机常用的可测呼吸力学参数包括：呼吸率 RR（BPM）、吸气与呼气时间比 I∶E、第一秒呼气量 FEV1.0（%），平均气道压力 MAP（cmH_2O）、吸入潮气量 TVi（ml）、呼出潮气量 TVe （ml）、每分吸入通气 MV i（L）、每分呼出通气 MVc（L）、呼气末正压 PEEP（cmH_2O）、峰值呼气流量 PEF（L/min）、峰值吸气流量 PIF（L/min）、吸气峰压 PIP（cmH_2O）、平台压 Pplat（cmH_2O）、动态顺应性 Cdyn（ml/cmH_2O、气道阻力 Raw（$cmH_2O/L/s$）、浅呼吸指数（RPM/L）、吸气负压（cmH_2O）、呼吸做功（J/L） 等。各参数的测量精度和范围基本可满足临床需要。

四、常见呼吸功能监测的参数和临床意义

常用的呼吸功能监测的参数一般包括潮气量、分钟通气量、呼吸频率、气道压力、呼气末正压、吸气流速、呼末 CO_2 分压、吸入气氧分压、血氧饱和度等。

五、呼吸力学波形

肺内气体吸入需要压力驱动。压力梯度越小则气体流速越低，较高气道阻力和肺泡内压力也能降低气体流速。健康人自主呼吸时，中枢神经系统发出冲动引起膈肌收缩，产生胸内负压和气道阻力下降，气体顺压力梯度进入肺泡内。呼吸功能不全的患者常使用呼吸辅助肌进行呼吸，辅助肌可以提升第一、第二肋和胸骨以激活吸气储备。

通常认为肺只有一条顺应性曲线，其实肺泡顺应性具有局部性，上肺和下肺顺应性不同；另外顺应性是变化的，不同时间点顺应性不同。重力与疾病的影响使一些肺泡的顺应性发生变化，从而导致整个肺的吸气状态受到影响。

胸内压对顺应性的影响较大，腹腔高压、胸腔积液、胸廓畸形的患者有不同的胸内压，胸内压测量临床上常通过食管内压的变化来计算。

（一）胸肺顺应性

1. 测定方法

胸肺顺应性是表示胸廓和肺扩张程度的指标，反映潮气量和吸气压力的关系（$\Delta V/\Delta P$）。测定肺顺应性需要计算跨肺压（transpulmonary pressure，P_{TP}）的变化。即吸气末和呼气末（无气体流动）的跨肺压之差。胸肺顺应性的计算公式为：

$$C_T = \frac{V_T}{\Delta P_{TP}}$$

吸气期的平台压力完全用于克服肺弹性阻力，其计算公式为：

$$C_T = \frac{V_T}{\text{平台压力}}$$

2. 临床意义

①了解各种病理情况下，特别是限制性肺疾患时，其顺应性的变化。②判断肺疾患的严重性，顺应性≥ 80 ml/cmH_2O 为正常，≥ 40 ml/cmH_2O 为轻至中度损害，<40 ml/cmH_2O 则提示可能有重度损害。③观察治疗效果：顺应性随治疗而逐渐增加，说明疗效显著。④判断是否可以停用呼吸机：顺应性 <25 ml/ cmH_2O 时，不能停机。

（二）气道压力

气道压力由潮气量（V_T）、呼吸道阻力和吸入气流速决定。机械通气时，吸气时压力为正压，成人约 12~15 cmH_2O，儿童约 10~12 cmH_2O，呼气时压力迅速下降至 0。平均气道压过高时影响循环功能。增大潮气量，加快呼吸频率和吸入气流速，以及使用 PEEP 时均使平均气道压升高。 气道压力升高，说明有呼吸道梗阻，顺应性下降以及肌张力增加等。如气道压力降低，说明管道漏气；如气道阻力和顺应性无变化，则说明潮气量减少。呼吸周期中气道压力的变化（图 12-14）。

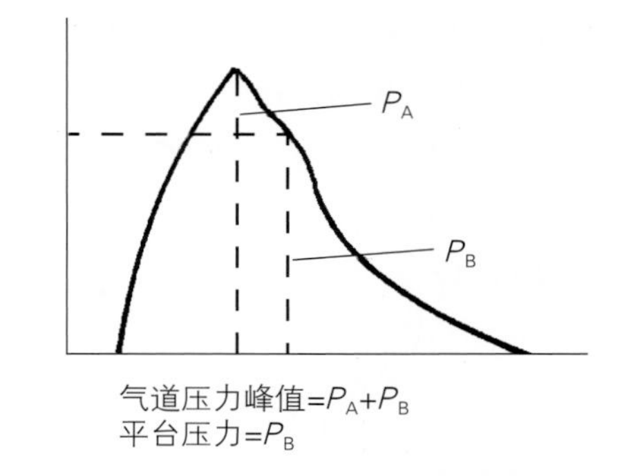

图12-14 吸气屏气时呼吸周期中气道压力变化

（三）呼吸道阻力

呼吸道阻力由气体在呼吸道内流动时的摩擦和组织黏性形成，反映压力与通气流速的关系即（P_1-P_2/V）。其正常值为每秒 1~3 cmH_2O /L, 呼气时阻力为每秒 2~5 cmH_2O /L。气道内压力出现吸气平台时，可以根据气道峰压和平台压力之差（P_A）计算呼吸道阻力。其计算公式如下：

$$气道阻力 = P_A/V(速流) = P_A \times \frac{60}{V_E} \times \frac{吸气时间\%}{100}。$$

气道阻力升高的原因：①气管内径缩小，如呼吸道黏膜水肿、充血、支气管痉挛、分泌物阻塞以及单侧肺通气等；②气管导管内径过小，或接头过细过长。临床意义：①了解在各种病理情况下，特别是阻塞性肺疾患时，气道功能的变化。②估计人工气道、加热湿化器和细菌滤网等对气道阻力的影响。③观察支气管扩张药的疗效。④帮助选择机械通气方式：如气道阻力增加明显，使气道压力上升过高大于 25~30 cmH_2O，机械通气时应选用压力控制（PCV）、压力支持（PSV）或双气道正压通气（BIPAP）的通气方式，以降低气道压及改善肺内气体分布。⑤判断患者是否可以停用呼吸机。

（四）压力－容量环

压力-容量环（pressure-volume loop）反映压力和容量之间的动态关系。各种通气方式其压力-容量环的形状相同（图 12-15）。其临床意义：①估计胸肺顺应性：压力-容量环的移动代表顺应性的变化。如向左上方移动，说明顺应性增加，向右下移动则为顺应性减少。如果吸气段曲，即虽然吸气压力继续上升，但潮气量并不再增加，就说明肺已过度膨胀。如呼气段曲线呈球形，并且压力-容量环向右下移动，则说明呼吸道阻力增加。②计算吸气面积和估计患者触发呼吸机送气所做的功：位于纵轴左侧的压力-容量环内的面积为吸气面积，反映患者触发机械通气所需做的功。在流量触发控制呼吸时的压力-容量环中，吸气面积明显减少，说明用流量触发可以明显减少患者的呼吸做功。③指导调节 PSV 时的压力水平：压力-容量环中纵轴左侧的吸气面积代表患者触发吸气所做的功。纵轴右面的面积代表呼吸机所做的功。可根据患者呼吸功能恢复的情况调节 PSV 的压力值，使患者的呼吸做功处于最佳状态。

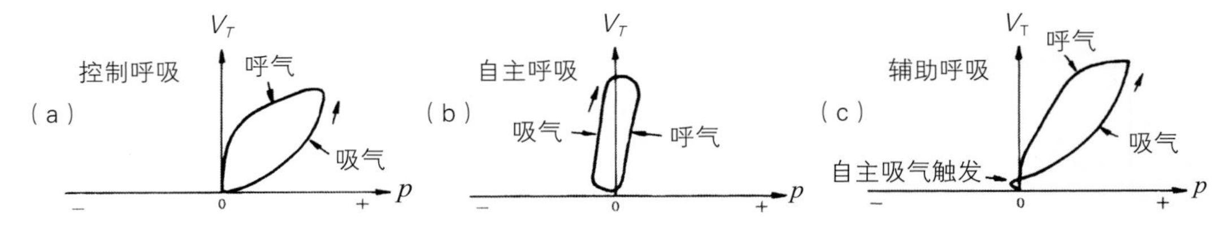

图12-15 压力-容量环

④发现呼吸异常情况：如气道压力显著高于正常，而潮气量并未增加，则提示气管导管已进入一侧支气管内。纠正后，气道压力即恢复正常（图 12-16）。如果气管导管扭曲，气流受阻时，于压力-容量环上可见压力急剧上升，而潮气量减少。⑤监测双腔导管在气管内的位置：双腔管移位时，其压力-容量环也立即发生变化。气道压力显著升高，而潮气量无变化（图 12-17）。

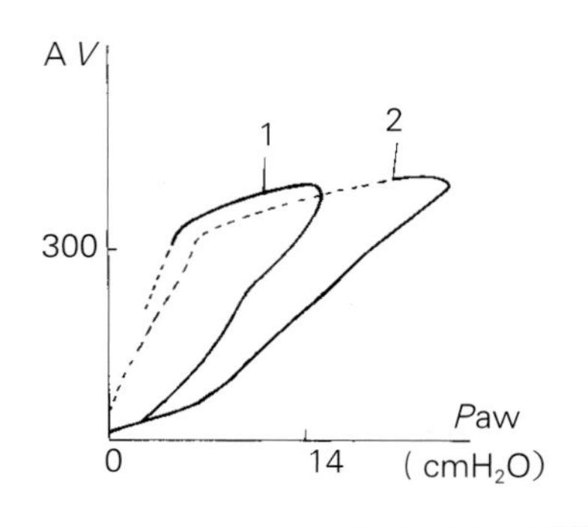

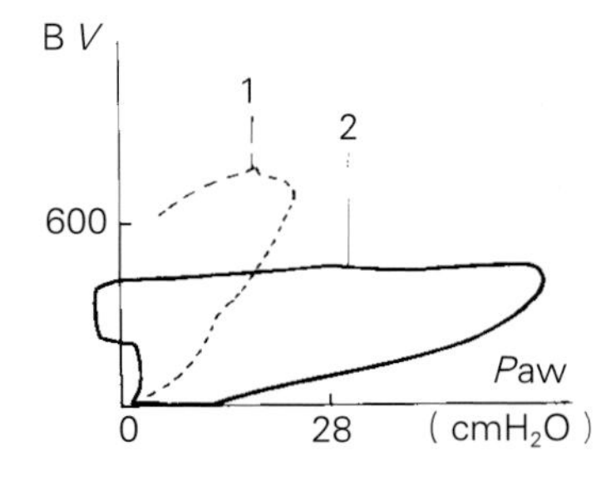

图12-16　气管导管位置及通畅情况
（1.正常压力容量环；2.异常压力容量环）

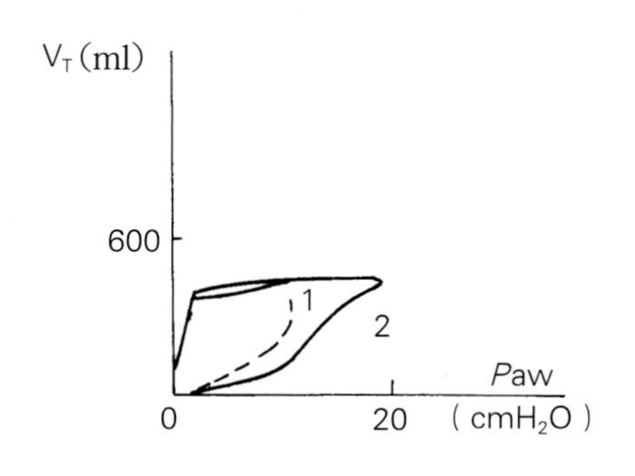

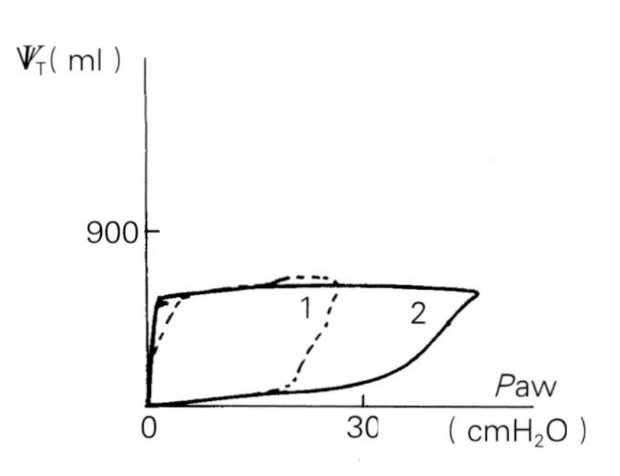

图12-17　双腔导管的压力-容量环
（1.双肺通气；2.单肺通气）

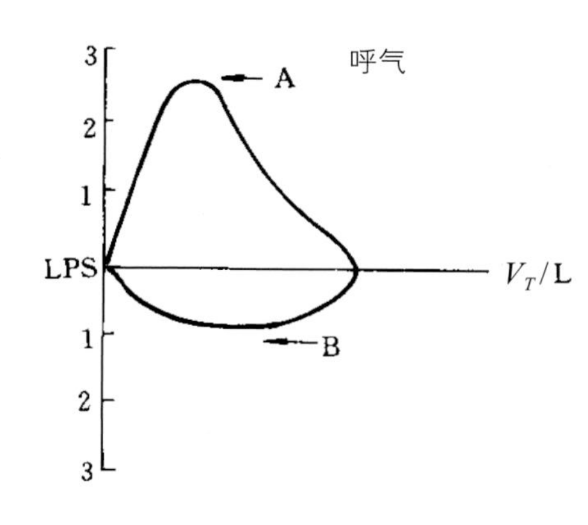

图12-18　正常流量-容量环

（五）流量-容量环（阻力环）

流量-容量环（flow-volume loop）显示呼吸时流量和容量的动态关系。其正常图形也因麻醉机和呼吸机的不同而稍有差异。图 12-18 为典型的流量-容量环。其临床意义是：

1. 判断支气管扩张药的治疗效果

呼气流量波形变化可反映气道阻力变化，如果用药后，呼气流量明显增加，并且波形下降，曲线较平坦，说明疗效好。

2. 监测呼吸道回路有否漏气

若呼吸道回路有漏气，则流量–容量环不能闭合，呈开放状，或面积缩小（图 12–19）。

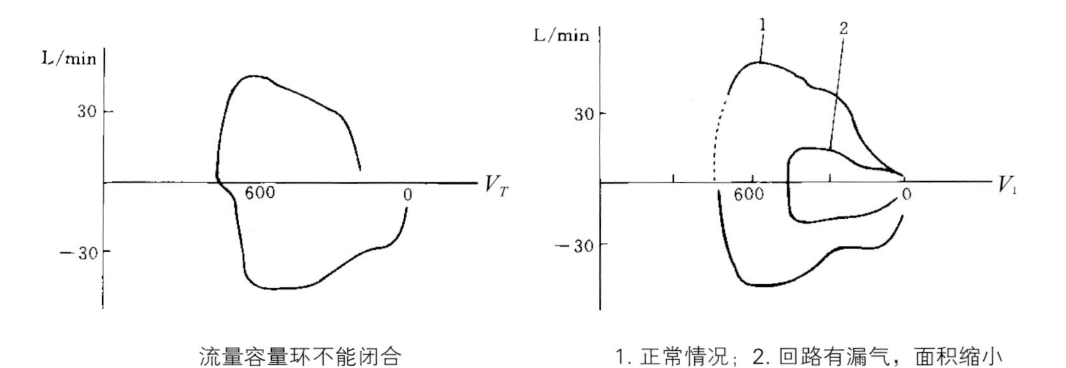

图12–19 流量–容量环示气道回路漏气

3. 监测双腔导管在气管内的位置和内源性 PEEP

双腔导管在气管内的位置移位，阻力环立即发生变化，呼气时流速减慢和阻力增加。如单肺通气时，气流阻力过大，流速过慢，致使呼气不充分，可发生内源性 PEEP，阻力环上表现为持续的呼气气流。

（六）用于鉴别诊断

1. 非固定性胸腔内呼吸道梗阻

阻力环的吸气流速波形无变化。当呼气时，由于胸腔正压压迫气道，使呼气流速被截断，其呼气高峰流速、中期流速、以及用力肺活量均明显下降，呈现独特的平坦的呼气流速波形。

2. 非固定性胸腔外上呼吸道梗阻

在吸气时，由于在梗阻部位以下的气管腔内的明显负压，影响了阻力环的吸气流速，表现为缓慢而稳定波形，其吸气流速，高峰流速，第 1 秒的用力吸气量均明显下降，或被截断，而其呼气流速波形可以正常。

3. 固定性上呼吸道梗阻

不论其梗阻部位是在胸腔内或外，其阻力环的波形变化均相似。呼气高峰流速中度下降，呼气和吸气的流速波形均呈平坦。

第四节 电阻抗断层成像技术与通气功能监测

电阻抗断层成像技术（electrical impedance tomography, EIT）是继形态与结构成像之后，近 20 年来出现的新一代无损伤功能成像技术。医学研究表明人体各组织（器官）具有不同的阻抗特性，而且一些病理现象和生理活动均会引起人体组织阻抗变化。因此生物组织阻抗携带着丰富的病理和生理信息。EIT 技术就是根据生物组织的电阻抗特性，借助激励电极向被测对象施加微小的交变电流（或电压）信号，测量组织表面的电压（或电流）信号，以所测信号为信息由计算机根据相应的电学断层图像重建算法得出被测对象的电阻抗分布图像。电阻抗断层成像技术主要是基于生物电阻抗技术和电学断层成像理论，是两者的有机融合。它以生物电阻抗理论为应用依据，以生物电阻抗测量为技术手段，根据电学断层成像算法来实现对被测对象的电阻抗图像重建。

一、医学电阻抗断层成像

EIT 技术属于电学断层成像技术（electrical tomography, ET），是 20 世纪 80 年代后期出现的一种新的断层成像技术。ET 技术类似 X 线计算机断层扫描成像技术（computerized tomography，CT），采用非侵入手段，通过断层成像揭示被测对象内部结构及参数分布，实现可视化测量。电阻抗成像系统就是将生物阻抗的分布和变化以图像的形式直观地展现出来，并以此作为对生物组织或器官功能性评价的依据。由于各个组织或器官内具有不同的阻抗分布，当向其施加一定的电流或电压激励时，会在表面测量到不同的电压或电流。电阻抗成像技术是通过对人体特定部位注入一已知电压来测量在体表所引起的电流，或者注入一已知电流来测量在体表所引起的电压，利用所测量的电流或电压值，依照一定的阻抗图像重建算法，重建出不同组织或器官内部的阻抗变化和分布图像。

1995 年 Smith 等又建立了最新动态 EIT 实时成像系统。目前大多限于二维图像重建，已有人进行三维图像重建的尝试。流行的肺部成像算法有绝对成像和相对成像，绝对成像不需要参考信号，利用测量值直接进行图像重建，相对成像需要参考信号，通常以某一呼吸瞬间的测量数据或某一呼吸状态连续测量数据的平均值作为参考信号。

二、电阻抗断层成像技术在呼吸功能监测中的应用

典型的电阻抗成像系统结构如图 12-20 所示，主要由电极阵列、信号处理模块及图像重

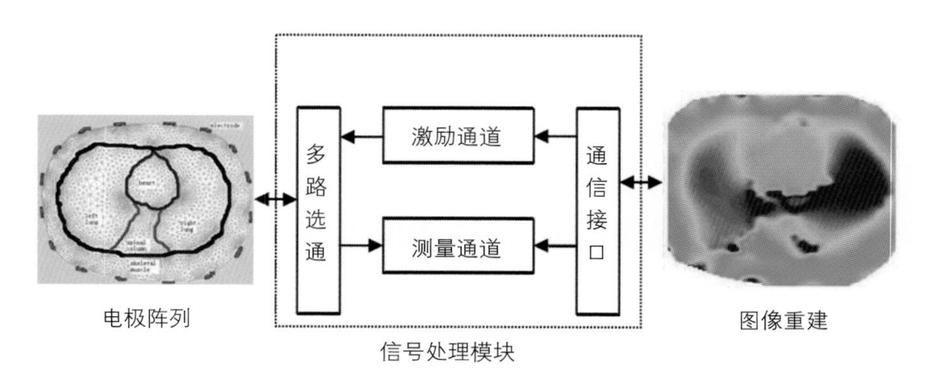

图12-20　电阻抗成像系统结构示意图

建三部分组成。

信号处理模块包括四部分：通信接口、多路选通、激励通道及测量通道。其中激励通道主要完成激励信号源的产生、数模转换和压控电流源。测量通道主要完成测量信号预处理、模数转换及相敏解调。EIT 系统中电极是注入电流和提取电压信号的关键器件。大多数采用的是有粘性的 ECG 电极，也有其他电极，如回形电极、针状电极、非粘贴性的电极以及钢环电极，但是很少被用。ECG 电极与人体皮肤间的接触阻抗，是影响数据精度的关键问题。接触阻抗分为两部分，一部分是存在于电极与人体之间的电化学阻抗，它是由于电子电流转化为电解质中离子电流的化学反应引起的。另一部分则是皮肤的干扰阻抗。无论哪种形状的电极，其敏感场都散布在一定的空间区域。该区域内媒介电导率的变化都会对敏感场的分布产生影响，进而改变边界测量电压，使得测量信号反映了复杂的非线性综合。 目前在人体的阻抗成像系统中，一般采用圆形点电极即医用的一次性心电电极。

肺组织的生物电学特性会根据肺内空气含量发生改变，因此，E2T 通过一组环绕胸部外的电极，可根据肺部阻抗的改变动态反映通气改变，电阻抗断层成像系统有上述结构完成信号采用、处理和计算机系统图像重建后，将获得如图 12–21 所示肺部动态的电阻抗 EIT 图像。

举例来说，首先，深呼吸过程成像。将呼气末标定为初始场，然后进行连续深呼吸，系统实时采集数据并发送至上位机进行图像重建。成像速度约为 5–8 幅 /s。在高分辨率显示器上进行圆形场域内图像重构。结合先验信息并利用共扼梯度法进行动态成像。如图 12–21 示。其中（a–e）是逐渐吸气至最大吸气量过程中肺部阻抗分布图像，（f–i）是呼气至残气量的阻抗分布图像（图 12–22）。

上述图像较之传统的 CT 而言，主要的优点在于：首先是安全无辐射，由于射线会对人体组织产生一定程度的伤害，不能长期监测，其积累效应会对人体健康产生极为不良的影响；而 EIT 技术测定电阻抗改变，无射线危害。其次预判疾病的发生发展，鉴于 X–CT 只有在组织解剖结构发生一定改变后才能检测出病变，但是许多疾病在解剖结构改变之前，就已出现代谢功能上的变化。而病变组织和正常组织的电学特性（电阻率、相对介电常数等）有较大差别，EIT 技术就是运用生物阻抗测量技术对生物组织的电参数进行测量，然后由电学图像重建算法根据所测得的电参数重构出被测对象的阻抗分布图像，从而直观而具体的展现生物

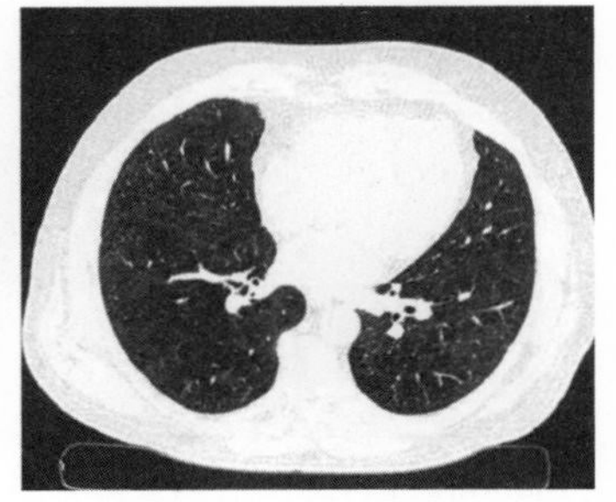

图12–21　对应于肺部CT（左）的EIT图像（中）及采样电极（右）

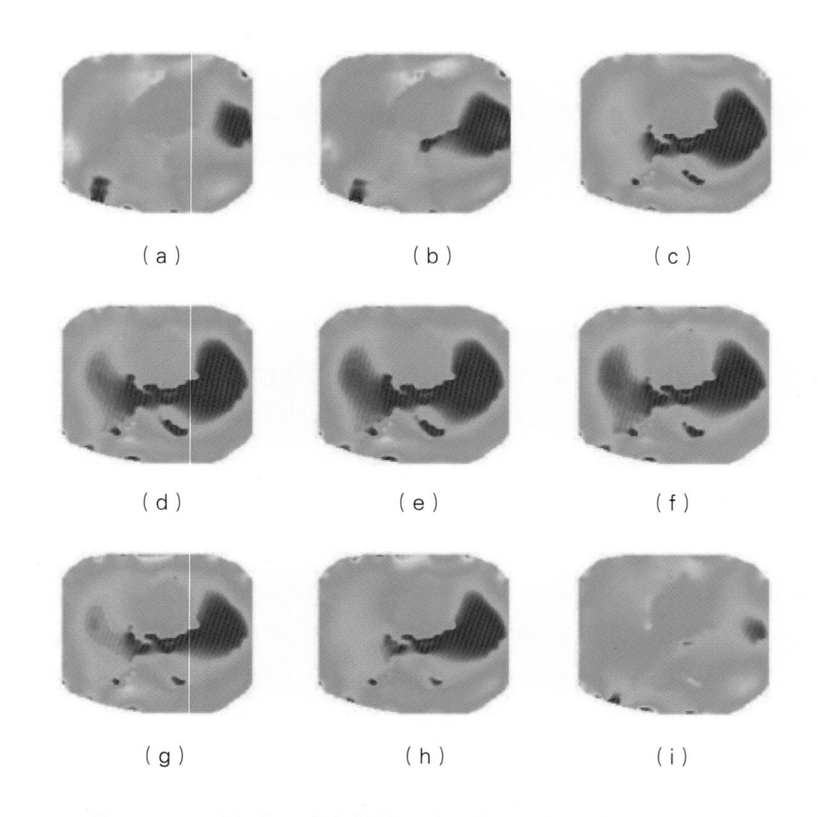

图12-22 肺部在一次完整呼吸过程的生物电阻抗的EIT图像

组织的功能性变化，为医学诊断提供依据。所以 ET（EIT）技术在医学领域有很大的应用前景。而这一原理目前国外已开发出成熟的能实现围术期肺功能和呼吸参数动态监护的 EIT 系统，如 Dräger 公司的 Pulmo Vista500 等（图 12-23），可用于监测机械通气患者肺部电阻抗的改变,从而指导合理用于肺复张和 PEEP 技术,减轻机械通气相关的局部肺不张的不良反应,以期提高机械通气疗效，提高围术期危重患者救治的成功率。

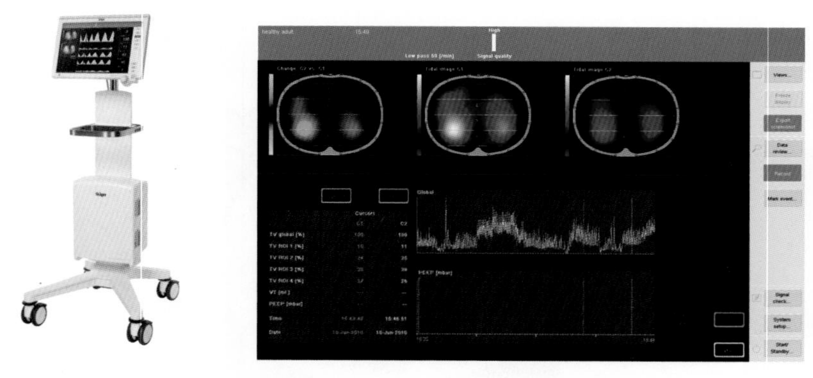

图12-23 Pulmo Vista500 EIT呼吸监测系统及图像示意图

（杨立群　杭燕南）

参考文献:

[1] 姚泰 . 生理学[M]. 第 2 版 . 北京: 人民卫生出版社,2011.
[2] 杭燕南,王祥瑞,薛张纲 . 当代麻醉学[M]. 第 2 版 . 上海: 上海科学技术出版社,2013: 383–396.
[3] Miller RD, Eriksson LI, Fleisher LA. Miller's Anesthesia [M]. 7thed. Philadephia. Churchill Livingstone Inc, 2009: 361–391.
[4] 邓小明,姚尚龙,于布为等 . 现代麻醉学[M]. 第 4 版 . 北京: 人民卫生出版社,2014: 823–845.
[5] Tedford, R. J., C. A. Beaty. Prognostic value of the pre-transplant diastolic pulmonary artery pressure-to-pulmonary capillary wedge pressure gradient in cardiac transplant recipients with pulmonary hypertension [J]. J Heart Lung Transplant, 2014,33 (3): 289–297.
[6] 刘强 . 医用麻醉气体浓度监测系统研制[J]. 医药卫生装备,2005,26 (7):116–118.
[7] 刘春生,朱彩兵,宋艳涛等 . 医用二氧化碳监测方法与应用研究进展[J]. 中国医用物理学杂志,2012,29 (5): 3672–3677.
[8] 陈晓艳,王化祥,石小累等 . 人体肺功能生物电阻抗成像技术[J]. 中国生物医学工程学报,2008,27 (5):663–668.
[9] 范文茹,王化祥,郝魁红等 . 基于 TWIST-TV 正则化算法的肺萎陷电阻抗成像仿真研究[J]. 中国生物医学工程学报,2013,32 (1): 1–6.
[10] 王晖,高建波,骆剑平 . 电阻抗成像技术[J]. 北京生物医学工程,2006,25 (2):210–216.

第十三章 麻醉污染与废气排放系统

全身麻醉施行机械通气的患者，一般用中等新鲜气流量（fresh gas flow，FGF）为1~2 L/min，也可用低流量麻醉 0.5~1.0 ml/min，但患者所消耗的新鲜氧气约为 250~300 ml/min，必然有多余的麻醉气体（约 0.7~1.7 L/min）逸出麻醉机而泄漏于手术室内，可致环境麻醉废气污染（anesthetic polution），并对麻醉医师和手术室其他工作人员造成一定危害。因此，麻醉呼吸机内必须有废气排出的装置，称为废气排放系统（scavenger system）。麻醉医师应了解麻醉废气的产生过程和对人体的危害，同时积极采取正确的防护措施，尽最大努力减轻手术室环境污染和保障患者与手术室内工作人员的健康。

第一节 手术室内麻醉废气泄漏

全身麻醉期间，患者所消耗的新鲜氧气约为 250~300 ml/min，而麻醉呼吸机所需要的最小气体流量通常大于 500 ml/min，麻醉期间机械通气时一般用中等流量（1 000 ml~2 000 ml/min），也可用低流量麻醉（500 ml~1 000 ml/min）。因此，必然有多余的麻醉气体逸出麻醉机而泄漏于手术室内。麻醉废气可通过许多环节弥散到手术室空气内，主要来源包括：①面罩通气闭合不良。当使用吸入麻醉药诱导进行面罩辅助通气时，如用新鲜气体流量为 6 L/min 高流量（一般不会用这么高的量，2~3 L/min 已足够了），可因面罩通气技术不熟练、或者由于患者因素，面罩不能与患者面部充分密闭或使用快充氧，就会使大量的气体从面罩逸出。即使密闭很好，也会有大量气体从麻醉机的废气管路中排除。②超过机体所需要的多余气体排出。麻醉维持阶段，麻醉医师常会使用中等流量的新鲜气体流量，一般用 1~2 L/min，每分钟都有约 0.7 L~1.7 L 气体从麻醉机废气排放管中排除。③麻醉机管路系统漏气或麻醉回路存在不易觉察的漏气。此类漏气量可大可小，但漏出点平面较高，通常可能在手术台面水平，有时可造成整个手术室的严重污染。④其他，如给蒸发器加注药液时的麻醉药蒸发或洒落；使用吸入麻醉药的患者在麻醉结束后，吸入麻醉药余气从呼吸道呼出；手术室内排污设备故障，体外循环机储血室和膜肺废气排放不密闭等。这些因素所导致的污染程度与使用的新鲜气流量、麻醉药品种类和浓度直接相关，氧化亚氮因吸入浓度高，污染最重，且无色无味不易发现。

手术室内麻醉废气的浓度受很多因素的影响，而最重要的是是否安装了排污设备。国外文献报道，在未安装排污设备的手术室，手术期间室内氧化亚氮（N_2O）废气的平均浓度为 130~6 800 ppm，而在安装有排污设备的手术室中，N_2O 浓度可降至 180 ppm 以下。我国对手术室内的麻醉废气污染程度没有大规模的检测调查，很多医院的手术室还没有改造，尚无标准配置的废气排放系统，国家也未有强制执行的政策。国内个别医院手术室内随时都能闻到吸入麻醉药的气味。

美国有麻醉废气污染的限制标准，目前我国对吸入麻醉药的污染程度尚无相应的限制标准和规定。美国职业健康安全委员会要求：单独使用各种卤代类吸入麻醉药时，其污染水平不应超过 2.5 ppm，N_2O 的浓度也不宜超过 25 ppm。我国的医院手术室现阶段都难以达到此标准。一项关于氟烷的研究结果显示，当手术室内能闻到氟烷气味时，其空间的氟烷浓度约为 33 ppm，已经显著超标。

第二节　废气排放的重要性

过去认为长期暴露于麻醉废气可能增加手术室医护人员癌症、肝炎、流产、胎儿缺陷和失眠等疾病的发生率，然而这些观点尚未定论。

研究者不能前瞻性地干预使人类长期暴露于麻醉气体，以观察麻醉气体对人体的作用，只能回顾性地分析已经长期暴露于麻醉气体的人群。给予实验动物很高的麻醉气体暴露剂量（这一剂量在即便是没有废气排放系统的手术室都不可能达到），并未最终得出长期暴露于麻醉气体能导致上述疾病的结论。然而，尽管如此，人们依然担心麻醉气体对人体有危害。麻醉废气可能对人体造成危害，近 20 多年来，有许多研究和文献报告，但至今尚无定论。实验研究的主要影响包括致突变、致畸、致癌和对中枢神经系统等方面的影响。

一、吸入麻醉药的致突变作用

实验研究表明曾在 20 世纪 60 年代三氯乙烯和三氟乙基乙烯醚有致突变作用，近年使用氧化亚氯、恩氟烷、异氟烷、七氟烷和地氟烷等都没有明确的潜在致突变性，且绝大多数对 DNA 损害测试均无阳性结果发现。现有的文献均不能表明目前临床使用的吸入麻醉药对人类有致突变作用。

二、吸入麻醉药的致畸作用

吸入麻醉药的分子量小于 500 Da，可通过血胎盘屏障，进入胎儿体内。很多麻醉药物在不同的动物种属中均有不同程度的致畸作用。现有的有关吸入麻醉药对动物繁殖力的研究显示，除氧化亚氮对动物有直接致畸作用外，其余的麻醉药物均未发现有致畸作用，而且这些研究不能在人体重复进行。氟烷、恩氟烷和异氟烷在大鼠中没有发现致畸作用，七氟烷和地氟烷的研究也未显示致畸性和生殖毒性。

三、吸入麻醉药的致癌作用

从现有研究结果中未发现吸入麻醉药有致癌作用，氟烷、恩氟烷、异氟烷、七氟烷、地氟烷和氧化亚氮都经美国 FDA 批准，大量的研究结果显示其致癌性均为阴性。早期的研究中曾报道经口管饲超大剂量药物时，氯仿和三氯乙烯对啮齿动物有致癌作用，但这与手术患者和手术室内工作人员的空气暴露完全不同。

四、心理行为的影响

麻醉废气对麻醉医师和手术室内其他工作人员的心理行为影响没有确切证据。当长期大量吸入高浓度麻醉药物后，可能会影响到记忆力、听力、理解力、判断能力、读数能力和操作能力。但现在手术室内残留的麻醉药物浓度很低，不足以引起上述情况。即便是手术室内人员偶尔出现的头晕、头痛等不适症状也可能与麻醉药物的污染没有直接的关系。

五、对生育力的影响

吸入麻醉药物对动物繁殖能力影响研究较多。而且对手术室内女性工作人员的生育力的影响早年也已经有报道，职业暴露于微量麻醉废气与繁衍能力之间无相关性。Boivin 对在 30 年前的报道和文献资料进行统计分析，表明长期暴露于微量麻醉废气环境，确实能导致自发性流产率增加。近年也有报道，在没有废气清除的手术室中女性牙医助理和兽医生育率下降及自然流产率有所升高。但吸入麻醉药对人类生育力的影响尚无定论，还需进一步的研究。

六、其他器官的影响

吸入氟烷可致患者发生氟烷性肝炎，但该药现已经不在临床应用。动物实验表明，长期接触微量麻醉废气可引起白细胞减少和肝、肾、脑病变。氧化亚氮还能抑制骨髓的造血功能。手术室工作人员出现的偏头痛、散发性肝炎、肌无力、消化道和呼吸道疾病也可能与长期吸入微量麻醉废气有关，但尚未在临床上得到证实。美国国家职业安全与健康研究所（NIOSH）推荐手术室内麻醉气体氧化亚氮的浓度不能超过 25 ppm，卤素吸入麻醉气体不能超过 2 ppm。如果氧化亚氮和卤素麻醉气体同时应用，氧化亚氮和卤素麻醉气体的浓度分别不能超过 25 ppm 和 0.5 ppm。如果闻到麻醉气体的味道，那么其浓度至少达到 30 ppm，但氧化亚氮无色无味。

吸入麻醉气体会造成人的执行能力的下降吗？能使人困倦吗？大量研究表明在麻醉气体在 NIOSH 推荐浓度以内对人体没有影响。美国麻醉医师协会（ASA）麻醉废气工作小组声明："限量级水平的麻醉气体对人体没有任何影响。"然而，其推荐仍然是："手术室应该配备废气排放系统"。

手术室麻醉废气对人类健康的影响目前还没有充分的证据证实，但并不能排除长期和高浓度接触可能导致的潜在危险，因为这种潜在的危害可能具有迟发性，呈轻微缓慢发展，甚至有可能到后代才会出现影响。因此采取预防和减少麻醉废气污染的措施应引起高度重视，长期在手术室工作的人员，特别是女性医护人员应对这些麻醉废气污染的危害有正确的认识，既不要有过度的心理恐惧，同时也要有加强自身防护的意识，共同营造一个对患者和医务工作者都安全的手术室内工作环境。

第三节　废气排放系统

一、废气排放系统的分类

废气排放系统以是否需要外界吸力分为两种：主动型废气排放系统和被动型废气排放系统（图 13-1）。主动型废气排放系统主要依靠墙壁或者管道的吸力排出废气，而被动型废气排放系统主要依靠呼吸机内外的压差排出废气，就像废水从房屋的下水道排放系统排出（下

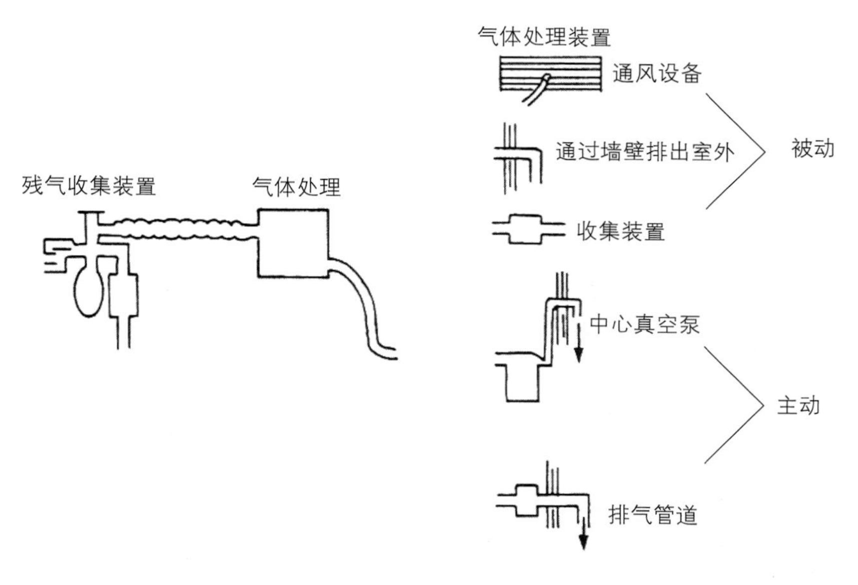

图13-1　麻醉废气排放系统的类型

水道的末端并不需要吸力便能将废水排出)。如前所述，主动型废气排放系统必须连接到有一定吸力的墙壁或管道。大多数情况下，医院的墙壁上会有与呼吸机废气排放对应的插头。有时呼吸机废气排放系统会配有负压安全阀用以调节墙壁吸力的大小，以免吸力过大或过小而影响废气排放系统的功能。

主动型废气排放系统既需要配备负压安全阀以确保吸力不会过大，避免使呼吸机内产生真空，又要配备正压安全阀以防墙壁内的吸力不够或中断，使呼吸机回路内产生过大正压。事实上，废气排放系统对患者潜在危害主要是由于排气吸力过大或不够甚至排放蒸汽完全不工作从而引起正压或负压传导至患者呼吸回路中从而产生气压伤。

二、废气排放系统与外部环境的连接方式——接口

废气排放系统有两种不同的接口。所谓的接口就是废气排放系统与外部环境的连接方式，可以是闭合的，也可以是开放的。主动型废气排放系统可以是闭合接口也可以是开放接口，但被动型废气排放系统只能是闭合接口。

(一)开放接口

开放接口指废气排放系统开放于外部环境(图 13-2)。在废气排放装置上有孔和裂隙便于多余的气体排出到手术室，这有助于减少患者正向或负向气压伤的发生。开放接口废气排放装置类似内部带有圆筒指示的流量计。工作时需通过旋转减压阀的旋钮调节墙壁吸力的大

图13-2 开放接口

小，使圆筒的位置指示在指定的线或区域处。开放接口允许一定范围的吸力，从而能使废气排放个体化。这非常重要，因为不同地方、不同房间墙壁吸力的大小也各不相同。在前面讨论过主动型废气排放系统既需要负向安全阀又需要正向安全阀。开放接口能同时实现这两种功能。如果吸力过强，手术室的空气会进入系统补充压力，而不会出现呼吸机废气被过快吸走而形成负压的现象。如果吸力太弱，过多的废气会排放到手术室内，而不是在呼吸机内蓄积使压力上升造成患者的正向气压伤。这一切都不需要轴承或活塞阀门就可以完成，这就是开放接口的魅力所在。这样不需要经常检查安全阀部件有没有生锈、老化或阻塞。开放接口能保证患者的安全，但如果有人将重物挡在了墙壁负压和废气排放系统中间，此时呼吸机的废气有可能会排到手术室内污染室内环境。这就需要麻醉机操作者保持警惕以确保废气排放系统正常工作。发现手术室内有任何异常气味应立即排查。要经常检查开放接口流量计的指示圆筒是否在正确的位置。

开放接口需要墙壁负压才能发挥功能。如果被动型废气排放系统配有开放接口，在没有负压的情况下，麻醉机的废气会排放到手术室内。

多数情况下，操作者的角度都能看到麻醉机废气排放系统，然而并不是所有麻醉机都有这种合理的设计，比如 Datex-Ohmeda 的麻醉机的废气排放系统和流量计均装在麻醉机背后，从前面根本无法看到。

（二）闭合接口

此种接口方式不与手术室内空气相通。闭合接口在主动型和被动型废气排放系统中均可配备，不管有无吸力，闭合接口均可正常工作。被动型废气排放系统闭合接口均有一根软管连接麻醉机的排气接口，将废气直接排到室外。主动型闭合接口需要配备正压安全阀，以便当排气通道阻塞时，废气能顺利排出。

主动型废气排放系统的闭合接口要复杂的多。其必须安装在使麻醉医师站在麻醉机前方操作时能够看到的位置。它主要有以下几部分组成麻醉机和墙壁负压的连接装置、控制吸力大小的旋钮、负压安全阀和正压安全阀和一个储气囊（图 13-3）。

连接麻醉机和废气排气系统接口的管道可能在麻醉机内部，也可能延伸到麻醉机外面。暴露于麻醉机外面的管道类似于麻醉机内部麻醉气体循环的波形管道。但是为了安全原因废气系统的管道被设计成不同的尺寸，以免装机时误把其管道装到麻醉气体循环通道上。麻醉机外面的管道长短要合适，不能拖到地板上，否则容易打折、阻塞或破损。

另外，主动型闭合接口的特有装置为储气囊。同样的，不能把储气袋当作呼吸球囊装到呼吸机上。它嵌在麻醉机内部，所以能看到但无法摸到，并且与患者呼吸球囊颜色不同，接口的尺寸也不相同。储气囊需要定期检查，确保其正常工作。在闭合接口中，储气囊的形状有非常重要的作用，其与墙壁负压的大小密切相关。当储气囊的形状像橄榄球一样，说明吸力合适；像篮球一样圆时，说明吸力不足；若储气囊的形状干瘪，则说明吸力过强。

闭合接口有两个装有弹簧的负压安全阀。负压安全阀设置在-0.5 cmH_2O 到-2 cmH_2O，正压安全阀设置在 5 cmH_2O。两个阀门均位于显眼的位置，以便随时检查。

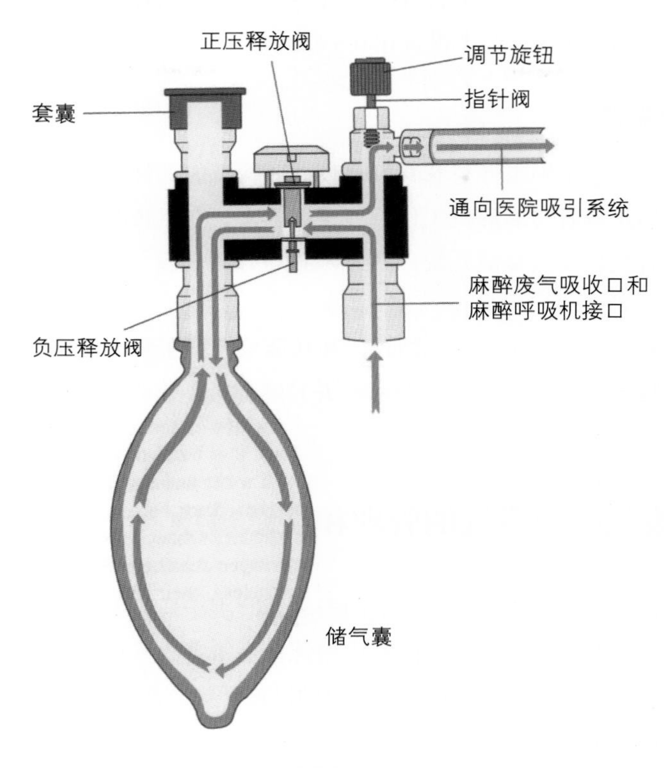

图13-3　闭合接口

三、废气排放系统的隐患

（一）正压过高

在废气排放系统不能正常工作或者排气管道打结、阻塞时，麻醉机内就会形成正压，麻醉废气进入患者的呼吸循环，可能会造成患者的气压伤。在开放接口中，阻塞部位发生在接口与墙壁负压之间，废气会自然流到手术室内，但若阻塞部位发生在麻醉机和接口之间，那么气体无法排出，麻醉机内就会形成过高正压。在闭合接口中，配备的正压安全阀（一般为 5 cmH_2O），压力过高时会打开。但减压阀因灰尘堆积、维护不到位等原因可能会失常，不能及时打开排气，那么此时也会造成麻醉机内正压过高。

（二）负压过大

如果连接废气排放系统的负压过大，患者呼吸循环和储气囊中的气体会被吸出。如果患者有自主呼吸，其气道内会产生负压，可能造成患者负压性肺水肿。即便负压没有将患者呼吸循环中的气体全部吸出，也可导致新鲜气流太小，此时会造成患者呼吸循环内气体不足（尤其是氧气不足），进而引起患者缺氧和肺水肿。

开放接口在负压过大的情况下会吸入手术室内的空气以补偿压差。闭合接口配有负压安全阀，在负压过大时会打开，允许外界空气进入，确保患者呼吸循环中的气体充足。一般闭合接口均配有两个减压阀，一个设置在 0.5 cmH_2O，另一个设置在 1.8 cmH_2O。

（三）组装错误

废气排放系统的个别组件与麻醉机呼吸循环管道的部件有点类似，但尺寸不同，也就是说，如果经验不足或者对麻醉机工作原理了解不多，在组装时有可能把患者呼吸循环回路的部件组装到闭合接口废气排放系统，因为两者均有储气囊。希望不要发生这种错误，并应及时发现和纠正。

总之，对麻醉机废气排放系统的目的和功能应充分了解。应熟悉麻醉机废气排放系统的各个部件和组装方法，需要每天常规检查，并且麻醉机工作时也要经常检查，确保其正常运行。

第四节　废气排放系统的管理和注意事项

麻醉废气污染对手术室内工作人员的影响，取决于环境中存在的麻醉废气的浓度和人体暴露于污染环境的时间。因此，医院都应当为在手术室内工作的人员提供废气防护相关知识的培训，普及降低麻醉废气泄漏和暴露风险的操作常规。新建的建筑物内应当有换气的条件，有使麻醉废气排出手术室外的相应设备。下面就减少麻醉废气污染的常用方法简单作一介绍。

一、普及吸入麻醉操作规范

麻醉医师使用吸入麻醉药物的操作技术与麻醉废气的污染密切相关。最常见的不规范操作包括：麻醉结束时不关闭新鲜气体流量控制阀、面罩通气时由于面罩不匹配导致周边漏气、麻醉期间反复对麻醉气体回路进行氧气冲洗、给蒸发器内加药时不关闭流量计和蒸发器、气管导管无套囊或者使用半开放或半紧闭的儿科回路等。针对这些问题，应有目的地培训麻醉医师进行正确的麻醉操作与管理。首先，麻醉期间保持恰当的新鲜气流量，使用低流量和微流量麻醉；学会正确选择适合患者面部形状的面罩，并酌情充放气；减少不必要的回路冲洗；使用灌注器向蒸发器注药；选择适合型号的导管，防止套囊周边漏气，但也不宜将套囊内压力维持过高。另一种情况也是临床麻醉中最常见到的，使用吸入麻醉的患者手术结束后等待拔管时，麻醉医师往往会断开呼吸回路，让患者自主呼吸空气，这时患者体内残留的麻醉气体也将污染手术室内空气。

手术室内麻醉废气污染的另一个来源是不受麻醉科医师直接控制的经体外循环机使用吸入麻醉药。体外循环中使用强效的吸入麻醉药，可以明显增加体外转流期间麻醉深度的可控性，维持稳定的血液动力学。但从体外循环回路散发出来的气体无独立的清除系统，所以将污染手术室。目前全世界常用的方法是在体外循环膜肺的气体出口处用管路连接至麻醉废气排放系统，可采用三叉通路与麻醉机废气排放口并行连接。

一旦发生手术室内麻醉废气污染，就只有依靠增加层流手术室内新鲜气流量（新风量）来排除。因此，增加手术室内新鲜气流的更新尤其重要。美国建筑研究院的指南规定新建的医疗机构需要有能够每小时换气 15~21 次的系统，而且其中有 3 次必须是室外的新鲜空气，中央空调系统要每季度检查和测试一次。国内现有的《医院洁净手术室建设标准》要求手术室内应安装层流净化过滤系统，但对更新、通气量等无具体要求。层流手术室的级别也只表示室内空气净化的程度，而新风量与废气排除才有直接关系。

二、使用安全的吸入麻醉药

近年来的研究表明，目前常用的吸入麻醉药恩氟烷、异氟烷、七氟烷的废气浓度在规定排放标准的范围内对人体和动物都是安全的。虽然动物试验证明高浓度和长时间接触 N_2O 有致畸性，而临床麻醉中是不可能达到实验条件的。所以合理使用恩氟烷、异氟烷、七氟烷、地氟烷和氧化亚氮是安全的，应避免长时间和高浓度接触 N_2O。

三、建立麻醉废气清除系统

现在临床使用的多功能和全自动麻醉机都配有麻醉废气清除系统。我国可能缺乏强制性的新建手术室装配麻醉废气清除系统的规定，医院应该从保障员工健康角度出发，在新建或改建手术室时购买和配置麻醉废气清除系统。废气清除系统收集可调节压力限制阀（APL）、“瞬间排出”阀或呼吸机压力释放阀等处排除释放的气体，输送到废气处理系统，再由主动或被动排污系统将废气排出。使用麻醉机前必须检查废气清除系统功能是否正常，使用过程中严防管道脱开、成角或阻塞，并对废气清除系统定期维护和检查。

四、麻醉废气排放装置

虽然处理麻醉废气较为理想的方法是收集净化，正如前面所述，但这也不能百分之百地清除。随着我国经济发展，已经有不少医院的手术室已装备了麻醉废气排出系统，但大多数医院对麻醉废气污染不够重视，排污设备远远落后于发达国家。也有很多医院使用一次性的废气吸收罐，虽效果不错，但有使用时间的限制，长时间手术中间需要更换，不仅成本高，加重患者负担，且有泄漏和二次污染之嫌。麻醉废气排除系统是目前最有效的排污设备，可使手术室麻醉废气的污染减少 90% 以上。正确使用废气清除系统，既可保证患者的安全，又能保障在手术室内长期工作的人员的身体健康。

手术室内污染尽管会给工作人员的健康带来一定的影响，应当加以重视和防护，但患者的安全更为重要。废气排放系统减少了手术室内污染，但也增加了麻醉机的复杂性和一定的特殊性，处理不当可造成患者的危险。主要问题是废气排放系统的管道堵塞引起正压或负压传到患者呼吸回路。Aestiva/5 和 Primus 的残气清除系统均运用抽气泵来排除废气，当抽气泵应用不当时会增加不必要的 PEEP。

目前废气排放系统有正压与负压安全阀，当系统压力过高时，正压安全阀会开放，将气体排入室内，可免系统回路压力过高。负压安全阀在负压开放吸引时会开放，以防止回路内气体被吸出。出现以下两种情况，应注意进行检查，及时解决。

1. 正压过高

排气管道的堵塞使呼吸回路压力过高。常见有：①麻醉机轮子压住了排气管；②管道扭曲打折；③异物堵塞；④管道接错等。若未及时识别处理，可使患者肺部产生气压伤。

2. 负压过度

当负压释放阀或开口因尘埃积聚或胶布、塑料袋等异物阻塞时，或者真空泵负压过大，可造成患者呼吸回路内气体被大量抽出，影响麻醉机的正常工作。

正如前述，无论是正压式还是负压式麻醉废气排放系统，均毫无例外会发生故障，其中最为严重的而又直接威胁患者生命安全的是负压的过度吸引，以及正、负压式的排放系统管路堵塞。目前防止该类故障唯一安全有效的方法是：在麻醉废气排放系统的气体终端管道距麻醉机废气排放口 10~15 cm 处，开放 3~5 个直径约 7 mm 的小孔，并且确保在麻醉机使用期间没有被堵塞。否则有可能致麻醉机工作障碍或患者肺内高压， 甚至引起呼吸心跳停止。因此，应加强监测，定期检查正、负压式的排放系统管路是否通畅。

（王　龙　杨立群）

参考文献：

[1] 杭燕南,孙大金 . 麻醉污染[J]. 国外医学麻醉与复苏分册,1980,1（2）:28.

[2] 闻大翔,杭燕南 . 现代麻醉机及安全保障系统 . 见杭燕南,庄心良,蒋豪 . 当代麻醉学[M]. 上海：上海科学技术出版社,2002: 152–172.

[3] 叶铁虎,徐建国,王俊科等 . 关于处理麻醉气体泄漏的专家共识[J]. 临床麻醉学杂志,2009,25(3): 194 -196.

[4] Ryan S.M., Nielsen CJ.. Global Warming Potential of Inhaled Anesthetics: Application to Clinical Use [J]. Anesth. & Analg, 2010, 111（1）:92–98.

[5] Smith F.D. Management of Exposure to Waste Anesthetic Gases [J]. AORN, 2010, 91（4）: 482–494.

[6] Charles E.S. Thoughts on studies linking occupational exposures to anesthetic waste gases [J]. J Am Vet Med Assoc, 2009, 235（6）:660–661.

[7] Burm AG. Occupational hazards of inhalational anesthetics [J]. Best Pract Res Clin Anaesthesiol, 2003, 17（1）:147–161.

[8] Nilsson R, Björdal C, Andersson M. Health risks and occupational exposure to volatile anaestheticsa review with a systematic approach [J]. J Clin Nurs, 2005,14（2）:173–186.

[9] Quansah R, Jaakkola J.J. Occupational exposure and adverse pregnancy outcomes among nurses: a systematic review and Meta-Analysis [J]. J Womens Health （Larchmt）, 2010,19（10）:1851–1862.

［10］Byhahn C, Wilke H-j, Westphal K. Occupational exposure to volatile anesthetics. epidemiology and approaches to reducing the problem［J］. CNS Drugs, 2001, 15（3）197–215.
［11］Anesthetic gases and occupationally exposed workers.Casale T1, Caciari T2, Rosati MV2, Gioffrè PA2, Schifano MP2, Capozzella A2, Pimpinella B2, Tomei G3, Tomei F2［J］. Environ Toxicol Pharmacol, 2013, 37（1）: 267–274.
［12］Rose G, Mclarney JT. Anesthesia Equipment Simplified［J］. Mc Graw Hill Medical, 2014, 103–111.
［13］Isolani L, Fiorentini C, Violante FS, Raffi GB. Short-term neurobehavioural effects in anaesthetists with low exposure to nitrous oxide［J］. Arhiv Za Higijenu Rada I Toksikologiju, 1999, 50:381–388.
［14］Luleci N, Sakarya M, Topcu I. Effectsof sevofluran on cell division and levels of sister chromatid exchange［J］. Anasthesiol intensivmed Notfallmed Schmerzther, 2005, 40:213–216.
［15］Szyfter K, Szulc R, Mikstacki A. Genotoxicity of inhalation anaesthetics: DNA lesions generated by sevoflurane in vitro and in vivo［J］. J Appl Genet, 2004, 45:369–374.
［16］刘斌．吸入麻醉的临床实践［J］．见刘进，邓小明主编（内部资料），2014,93–113.
［17］程月娥，叶志霞．手术室的麻醉废气污染与防护［J］．中华护理杂志，2001, 36（8）:626–628.
［18］董淳．手术室麻醉废气排放系统运行管理经验总结［J］．工程建设与设计，2013, 6:94–95.

第十四章 麻醉机的安全使用和检查

麻醉机使用和呼吸回路发生意外的问题，20 世纪 70 年代文献报告为 3%，80 年代为 2%，90 年代仅 1%，2000~2006 年也是 1%。2003 年美国调查 5803 例麻醉意外中，88 例与麻醉机有关。1990~2003 年，与麻醉机使用有关的 32 例意外事件中，供氧问题 4 例，麻醉机 8 例，蒸发器 4 例和回路系统问题 8 例。其中 34% 导致严重后果，死亡 9 例，脑损害 2 例，气胸 7 例，术中知晓 8 例，32 例中 26 例赔偿费用共计 121 500 美元。而在麻醉机故障中，气体传送装置又占了相当比例（20%）。气体传送装置不良事件包括通气机故障（17.9%）、回路泄漏（9.6%）、蒸发器故障（5.1%）以及供气故障（1.9%）。Mehta 等回顾了 1990 ~ 2011 年间的不良事件（40 例），发现 85%（34 例）与操作者失误相关，其中 7 例合并设备故障而 27 例没有合并，此外 35% 的不良事件可以被麻醉前安检避免。通过加强监护、安全检查和人员培训，可以提高安全系数。因此，麻醉机安全使用和常规检查十分重要。

第一节 标准的麻醉机检查

麻醉机工作正常与否，直接关系到麻醉的安全和质量。麻醉机异常工作，会造成麻醉药物泄漏和麻醉过深，麻醉药物过量、通气不足、过度通气、气压伤等多种问题。虽然近几年来，很多先进的麻醉机开机时均有自检的功能，但是值得注意的是，自检内容不包括所有必须检查项目，在使用前仍然要建议进行完整的检查，不要因为怕麻烦，忽视了麻醉机的检查给患者造成不必要的伤害，如果使用工作不正常的麻醉机出现状况问题责任在自己，因此，呼吁大家重视麻醉机的安全检查。

现在临床上应用的麻醉机有多种型号，功能也各不相同，所以阅读麻醉机相关的使用手册无疑是非常重要的，但是不阅读手册的临床医师不在少数。目前也没有适用于任何麻醉机的安全检查标准，因为麻醉机结构复杂且各机种间设计差异很大。

那么，什么是“标准”的安全检查流程呢？很遗憾，许多麻醉医师安全检查仅限于确定回路能否提供正压通气，紧急情况下，也只能完成该测试。但是，如果时间允许的话，执行最基本的安全检查操作是需要的，包括是否开启电源、是否连接氧气源以及回路能否进行正压通气等。

目前推荐使用1993年美国食品药品管理局（FDA）发布的麻醉机安全检查程序。虽然问世已有22年，但是基本涵盖了麻醉机检查内容的核心。这一检查程序应与所使用麻醉机的用户操作手册结合起来并做出必要的修正与补充。麻醉机使用前应确认一些常规监测设备功能正常，如二氧化碳浓度监测、脉搏氧饱和度监测、呼吸回路氧分析仪、呼吸容量监测以及呼吸回路高、低压监测。还要注意麻醉蒸发器麻醉药液面的检查，其中以氧浓度检测、低压系统的泄漏试验和循环回路试验最为重要。参考1993年FDA的安全检查程序列表，并结合目前麻醉机的发展，我们推荐执行如下的安全检查程序。

（一）检查紧急通气装置
证实备有功能正常的简易通气装置。
（二）检查高压系统
1. 氧气筒供氧
（1）打开氧气筒开关，证实至少有半筒（压力约为70 kg/cm^{2}或1 000 psi)的氧气量。
（2）关闭氧气筒开关。
2. 检查中心供氧
检查麻醉机管道已与中心供氧连接，压力表所示压力为3.5 kg/cm^{2}或50 psi 。
（三）检查低压系统
1. 低压系统的初始状态
（1）关闭流量控制阀和蒸发器。
（2）检查蒸发器内药液充满水平，关紧蒸发器加药口上的帽盖。
2. 检查低压系统的逸漏
（1）证实机器总开关和流量控制阀已关闭。
（2）在气体共同出口处接上“负压皮球”。
（3）重复挤压负压皮球直至完全萎陷。
（4）证实完全萎陷的负压皮球至少保持10秒。
（5）一次开放一个蒸发器，重复上述第（3）、（4）项操作。
（6）卸下负压皮球，接上供给新鲜气体的软管。

低压系统泄漏试验主要检查流量控制阀到共同输出口之间的完整性。根据低压系统中有无止回阀，泄漏试验的方法有所不同。①无止回阀的麻醉机：如北美 Dräger 的麻醉机及大多数国产麻醉机。正压试验只能用于无止回阀的麻醉机的检查。而负压试验既可用于带止回阀的麻醉机，也可用于无止回阀的麻醉机。

正压试验操作简便，但灵敏度稍差，常不能检测出 <250 ml/min 的泄漏。②带止回阀的麻醉机：为了减小泵压对蒸发器的影响，许多麻醉机在低压系统内装备了止回阀，如 Ohmeda 的大多数型号麻醉机。止回阀位于蒸发器与快速充氧阀之间。当回路内压力增高时（正压通气、快速充氧等），止回阀关闭。一般推荐用负压试验小球进行泄漏试验。负压试验十分灵敏，能检出 30 ml/min 的泄漏。
3. 打开机器电源总开关和所有的电器设备开关。
4. 测试流量计
（1）在可用范围内调节所有气流速率，观察浮标的活动情况，检查流量玻璃管有无破裂。
（2）故意造成O_2 / N_2O低氧混合气，证实流量的改变和报警是否正确。

（四）检查APL阀和废气清除系统

1. 加压呼吸环路至4. 9 kPa(50 cmH_2O)，肯定完好无损。
2. 开放APL阀肯定其压力降低。
3. 确定废气清除系统和废气负压吸引连接正确。
4. 完全开放APL阀并堵闭Y形接管。
5. 当氧流量很低或快速供氧时，肯定环路内压力表数字显示为零。

（五）检查呼吸环路

1. 校准氧浓度监测仪

（1）室内空气条件下，校正21%氧浓度。

（2）将氧监测传感器重新装到环路内，用氧冲洗呼吸系统。

（3）证实监测数字>90%。

氧浓度监测是评估麻醉机低压系统功能是否完好的最佳装置和方法，用于监测流量阀以后的气体浓度的变化。能预防氧比例系统局限性的情况中所造成的低氧的发生。

2. 检查呼吸环路的初始状态

（1）将转向开关转向手控(储气囊)通气模式。

（2）证实呼吸环路完好无损、无阻塞。

（3）证实CO_2吸收器内已装满吸收性能正常的钠石灰。

（4）装上呼吸环路所需要的辅助部件。

3. 检查呼吸环路有无漏气

（1）关闭所有气体流量表至“零”(或最低)。

（2）关闭逸气活瓣(APL)和堵闭Y形接管。

（3）用快速充氧加压呼吸环路至30 cmH_2O。

（4）肯定压力维持在30 cmH_2O至少10秒。

（5）打开逸气活瓣(APL)降低环路内压力之正常。

（六）检查手控和自动机械通气系统和单向阀

1. 在Y形接管上接上另一个呼吸囊。
2. 调整合适的通气参数。
3. 氧流量升至250 ml / min，其他气流关闭至“零”。
4. 转向开关转向自动通气模式。
5. 启动呼吸机，快速充氧至折叠囊和呼吸皮囊内。
6. 证实吸气时折叠囊能输出正确的潮气量，呼气时折叠囊能完全充满。
7. 检查容量监测仪指示容量与通气参数能否保持一致。
8. 检查单向阀工作是否正常。
9. 测试呼吸环路各附件，保证功能正常。
10. 关闭呼吸机，将开关转向手控通气。
11. 继续进行手控通气，确定模拟肺的充气与排气、顺应性感觉恰如其分。
12. 测毕从Y形接管上卸下呼吸囊。

（七）检查所有监护仪的定标及其报警上下界限

1. 氧浓度监护仪。
2. 脉搏氧饱和度监护仪。
3. CO_2浓度监护仪。
4. 通气量监护仪(肺量计)。
5. 气道压监护仪。

（八）最后检查机器的最终状态

1. APL阀开放。
2. 蒸发器关闭。
3. 转向开关处于手控位。
4. 所有流量计位于零(或最小量)。
5. 确认吸引患者分泌物的吸引器吸引力已足够。
6. 呼吸环路立即可用。

此外，要记住的是安全检查列表用于检查带风箱的麻醉 / 呼吸机，但是修改之后也可以用于活塞型的麻醉 / 呼吸机，同样可以用于带有自检功能的麻醉 / 呼吸机。有的麻醉机没有进行低压泄漏试验的出气口。此时就需要了解厂商的用户使用手册的相关说明和推荐操作。

麻醉机的自检，虽然能比人工更好地检查麻醉机的精密部件而且不会漏掉步骤，但并不是“全覆盖”的检查，这取决于麻醉机的型号。而且虽然称为自动检查，但是许多有此功能的麻醉机也需要遵循界面提示的人工操作以完成开关阀门等步骤。同时，自检也会使得操作者离麻醉机安检过程仍有“一步之遥”，使得操作者不会想也不能理解麻醉机是怎么工作的，如同“黑箱操作”。带有自检功能的麻醉机记录间隔多长时间进行一次完全检查。

鉴于没有统一的现代麻醉机的检查方式，ASA“推荐的麻醉前检查”也可以作为有益的指南（表 14–1）。在以下情况下应该进行操作前测试：①每位患者使用麻醉机之前；②对麻醉机进行维修或维护保养之后。

表14–1 ASA推荐的麻醉前检查

测试项	测试时间
1. 确定备用气瓶和自充气手动通气装置功能完备	每天第一位患者使用前
2. 确保负压吸引装置能够保证患者气道通畅	
3. 开启麻醉机确保交流电源可用	
4. 确保管道气压不小于50psi（0.34 MPa）	
5. 确保流量计和气体总出口间的气体管道没有泄漏	
6. 测试废气排放系统功能	
7. 确保蒸发器灌注合适，罐盖关闭	
8. 确保必需的监护仪可用；检查报警系统	每位患者使用前
9. 校准氧浓度传感器，检查低氧报警	
10. 确保二氧化碳吸收剂没有耗竭	
11. 呼吸系统压力和泄漏测试	
12. 确保吸气和呼气时呼吸回路中气流合适	
13. 记录检查流程	
14. 调整并确认麻醉机参数准备进行麻醉	

每一步具体的实施如下：

1. 确定备用气瓶和自充气手动通气装置功能完备

电动控制麻醉机的麻醉前检查不能识别出这些备用的通气设备是否存在。

2. 确保负压吸引装置能够保证患者气道通畅

准备吸引装置是麻醉准备时常被遗忘的一项工作。可能因为吸引瓶离麻醉机比较远或难以触及、管道也不够长等等原因。同时，是否注意负压吸引力的强弱呢？这些事情仍然得由我们自己做而不是靠机器自检完成。

3. 开启麻醉机确保交流电源可用

有可能，在我们麻醉生涯中真的会犯下这种尴尬的错误。请记住，如果电源关闭的话，充氧按钮仍然能够工作，但是其他气动系统则不能。

4. 确保管道气压不小于 2 500 mmHg

我们经常想当然——而不是看仪表，认为管道内有足够的压力，但是“想当然”是一件很坏的事情。

5. 确保流量计和气体总出口间的气体管道没有泄漏

有的麻醉机可以完成，但是有的则不能。如果不能 ，如何检查因麻醉机而异 。可以请教厂商、技术员、同事或者阅读用户手册。传统的泄漏测试可以参考表 1 中的第（五）步。但是，由于蒸发器没有旋紧引发的泄漏不会被发觉，除非打开蒸发器。

6. 测试废气排放系统功能

无论麻醉机是开放抑或紧闭式的，都要检查废气排放系统。确认该系统是否连接负压，负压管道是否没有堵塞。有的麻醉机因其设计原因，导致很难调节废气排放吸引装置。开放式系统的流量计在机器的背面，通常不易被看见。

7. 确保蒸发器添加麻醉药合适，罐盖关闭

地氟烷的蒸发器会显示是否有需要添加麻醉药，但是总的来说，一般的蒸发器没有这个功能，所以加药与否，取决于麻醉医师个人。同样的，加药完毕后别忘了锁紧蒸发器。

8. 确保必需的监护仪可用；检查报警系统

麻醉机的自检不包括监护仪，因此需要麻醉医师进行检查，至于报警，要检查和确认报警系统处于开放状态。

9. 校准氧浓度传感器，检查低氧报警

有的氧传感器需要使用者校准氧浓度至室内空气水平，有的则是自动校准。

10. 检查二氧化碳吸收剂的状态

麻醉机无法自动检测二氧化碳吸收剂的状态是否良好或耗竭。如果碰到周一早上且整个周末都没用过麻醉机，即使看上去吸收剂并未失效，也可以考虑更换吸收剂。另外，如果不是自己装填的吸收剂罐，使用前需要加以检查。吸收剂罐是容易发生泄漏的部件。

此外，使用吸收剂还要考虑到其在工作时产生的有害气体，如 CO 和化合物 A。自从 1990 年已经有几例关于患者因回路中 CO 集聚导致碳氧血红蛋白水平升高的报道。CO 的生成与 CO_2 吸收剂的含水量有关，不论是碱石灰（soda lime）还是钡吸收剂（baralyme），只要含有标准量的水分，就不会有 CO 产生。但在吸收剂干燥的情况下，吸入相同 MAC（1 MAC）浓度的地氟烷、恩氟烷、异氟烷，它们在两种吸收剂中产生的 CO 分别是 19 700、8 670 ppm；5 380、3 890 ppm；1 250、540 ppm。虽然目前仍然没有造成明确不良后果的报道，然而 CO 还是一个潜在的麻醉风险，值得麻醉医师注意。在研究吸入麻醉药与 CO_2 吸收剂的相互作用时，发现 CO 的形成除与吸收剂内的水含量有关外，还和环路中温度相关，温度越高，

CO 的浓度也越高。这就解释了为什么周一的首例患者容易发生 CO 毒性反应（氧气源未关闭，造成 CO_2 吸收剂干燥的缘故）另外使用陈旧的 CO_2 吸收剂也应警惕。为此，人们建议使用含水量标准的 CO_2 吸收剂，麻醉环路中避免长时间使用高流量，已开启的 CO_2 吸收剂如闲置时间过长应考虑更换，作低流量麻醉时应考虑温度过高的问题。

除此以外，用不含强碱（$Ba(OH)_2$ 和 KOH）的吸收剂也可减少 CO 产生。比如钙石灰，市面上使用的安美西钙石灰在体外研究中不产生 CO 和化合物 A。

干燥的钙钡吸收剂与七氟烷发生作用可以使得吸收剂温度高于 400℃，且有可能产生火灾以及爆炸。多篇文献报道七氟烷麻醉时发生的火灾 / 爆炸，但是还没有异氟烷或地氟烷的类似事件。相对而言，使用碱石灰时发生火灾 / 爆炸较少，但是还是建议常规使用皮温探针监测吸收剂温度。

随着七氟烷在临床的使用，人们发现其经碱石灰降解产生的 A 物质含有二氟乙烯基，证明对鼠有肾毒性，A 物质影响下 1 h 和 3 h 的 LC_{50} 分别为 1 050~1 090 ppm 和 330~420 ppm。人们对 A 物质肾毒性阈值的判定有不同意见，暴露 3 h 者分别为 50 和 100~114 ppm 不等。A 物质的产生与环路中的温度有关，平均最高吸入浓度可达 8~24 ppm，与氟烷的研究类似，临床使用中没有发现 A 物质对人类肾脏有损害。但七氟烷及 A 物质对肾脏的毒性问题一直是争论的焦点。有报道证实志愿者按 2 L/min 使用 3% 七氟烷 8 h 后有肾毒性的证据，表现为蛋白尿（可达 4.4 g/d）、尿糖、GST 分泌增加等。然而，完全相同的试验在其他研究机构却没能得到类似结果。目前还没有令人信服的观点来解释这种完全不同的结果。建议使用七氟烷时环路中流量应大于 2 L/min。

11. 呼吸系统压力和泄漏测试

这个是很多麻醉机的自检项目。同时有的机器也会自动检测回路的顺应性，麻醉机设定潮气量比输送更精确，因为回路的顺应性也会被算进容量输送过程中。压力和泄漏测试是安全检查的重要步骤。

（1）麻醉呼吸系统压力监测　许多传统的麻醉呼吸系统带有模拟压力表，也有电子压力监测及报警系统。如压力表存在，通常装在 CO_2 吸收器上同时测量该处的压力（见于 Dräger 麻醉机）。在 Ohmeda GMS 吸收系统里，则测量吸气单向阀患者侧的压力。由于呼吸回路的结构，压力监测装置可能不会检测出特定的压力异常状况。比如，在吸收器处测压可能不会检出由独立的 PEEP 阀（其位于回路的呼气管道和呼气单向阀之间）产生的 PEEP。更新式的一些电子麻醉工作站只使用电子化监测和显示压力的方法，有时压力通过虚拟的模拟压力表显示于监测屏上。①低压报警：由于呼吸系统未连接或连接错误不常发生，所以监测麻醉系统的完整性很有必要。回路低压监测报警有时被称为“未连接报警”，但这是用词不当，因为只有监测装置被合理使用时，才能监测压力，用户才能判断回路完整性。当未到最小压力阈值时监测器会发出 15 s 内的可视且可听的报警。压力阈值应该设定在恰好低于正常吸气峰压的水平。如果设定阈值不接近 PIP 的话，则如果压力超过低压报警阈值时，可能不会发现回路泄漏或者未连接。比如，使用小管径的导管（如 I.D. 3.0 mm）连接回路通气时，由于管内气道阻力高，所以每次正压通气时，回路内的压力都可能超过低压报警阈值，那么，如果导管脱出气道无通气时也不会有报警发生。在现代的麻醉机中，回路压力波形连同压力报警阈值会显示出来，所以用户可以合理调节参数。②持续压力报警：当回路压力超出10 cmH_2O>15 s 时发出警报。其警示压力增加变快，比如通气压力逸气阀故障（如阀门卡死）或废气排放系统阻塞。③高压报警：当超过高压报警阈值报警。在现代的麻醉机中，阈值由用户调节。此外，麻醉 / 呼吸机配有高压安全阀，该安全阀的开放阈值与高压报警限定一同被设定。这对于预防气压伤十分重要。④负压报警：当压力 <−10 cmH_2O 时发出警报。其警示潜在负压性气压伤如回路内进行吸引。回路内的负压可能由于患者自主呼吸、废气排放系统故障、当新鲜气体流入回路太少时采用旁流式采样气体分析仪、吸引管置入气道或者通过纤维支气管镜的工作通道进入气道吸引。使用新鲜气体分离和活塞呼吸的麻醉工作站（如 Dräger Fabius 或 Apollo）在呼吸系统中有负压安全阀，如果回路中气体容量不足，则在大约−2 cmH_2O 时该阀打开使得室内气体进入。

（2）容量监测　在传统的气体输送系统中，呼出气潮气量和分钟通气量用邻近呼气单向阀的肺活量计测量。肺活量计可以监测通气和回路的完整性。如果已经合理设定低容量的报警限值，回路没有连接时可能会导致低容量报警。肺活量计在二氧化碳吸收器的呼气单向阀的旁边，并不测量患者的实际呼出潮气量。

由于肺活量计低容量报警通常对于警示低容量 / 回路可能脱开的状况更有用，高容量报警同样也很有用。由于回路中的气流增加，可能导致意料外的潮气量增加。

如此在吸气时任何进入患者回路的气体都有潜在增加患者潮气量的可能。特别对于需要小潮气量的儿科患者尤其有害。现代的麻醉机在自检时测量呼吸系统的顺应性，且使用位于吸气和 / 或呼气单向阀旁的流量传感器精确监测吸气 / 呼气的潮气量。这些参数可以用来自动代偿回路中的泄漏、新鲜气流变化、呼吸频率和吸呼比，否则这些变化会改变设定的潮气量值。

（3）泄漏测试　①麻醉机正压试验（图 14−1）。②麻醉机负压试验（图 14−2）。③麻醉机低压系统泄漏（图 14−3）。

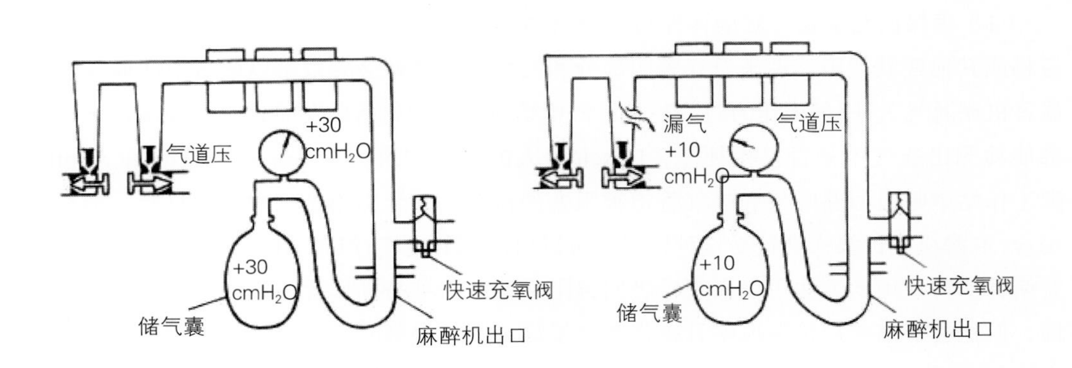

图14−1　麻醉机正压试验

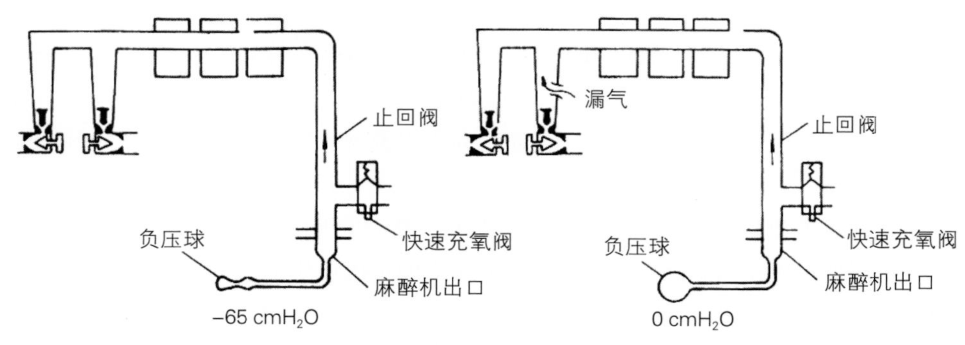

图14-2 麻醉机负压试验

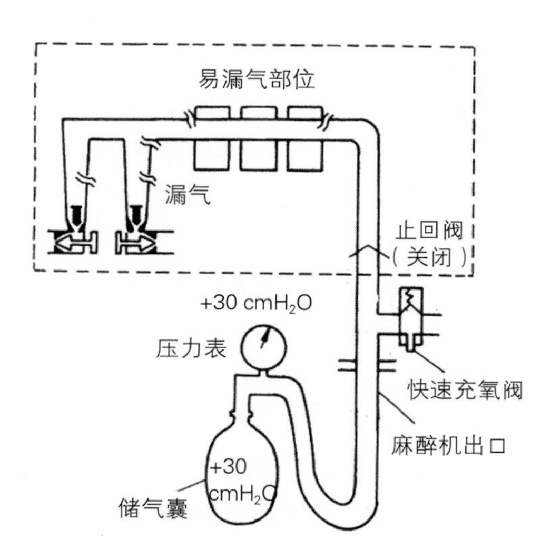

图14-3 麻醉机低压系统泄漏 对低压回路内增设单向阀的麻醉机，不应采用快速充氧阀进行泄漏试验。回路内正压会关闭单向阀，难以发现矩形框内部件的破损和缺漏

12. 确保吸气和呼气时呼吸回路中气流合适

（1）确保回路通畅 呼吸回路可以被气体测试塞、塑料包碎片、堵塞的过滤器、模子溢料或其他残骸梗阻。近来研究表明部分和完全回路堵塞会导致难以或者不能通气（人工或者机械通气）、呼气末压力过高、持续呼吸道压力、双侧气胸甚至死亡。泄漏测试也不是都能检测出通气中是否发生梗阻，Dosch 等人的研究中模拟了 Aisys、 ADU 和 Apollo 麻醉工作站中呼吸回路呼气和吸气管道被阻塞的情况，并分别用这三种机型自检，结果发现 Aisys 麻醉机允许操作者接受这种错误且可以启用麻醉通气，但是 ADU 和 Apollo 则不允许。有两种值得使用的方法可以发现呼吸回路阻塞，第一种是操作者通过回路呼吸来检查通畅性，但这会带来疾病传染风险且操作者会暴露于废气和麻醉药；第二种是在给氧去氮时观察储气囊活动来判断，也就是在给予患者面罩吸氧即刻，虽然纠正错误的时间很短，但毕竟能够在诱导前纠正。

（2）监测回路中的气体成分　合理监测回路中的气体成分包括 O_2、CO_2、N_2O、N_2 气体以及麻醉气体，及时预警大多数气体输送、组成和麻醉药剂量问题。①氧气：在整个气体输送系统氧气监测最重要，大多数麻醉机集成自发燃料电池传感器，位于吸气单向阀。传感器监测氧分压（PO_2），被校准至室内空气水平（21%），不会被其他气体所干扰。在当代的麻醉机中，只要麻醉机能够输送麻醉剂，则该种麻醉剂的传感器自动激活。回路中氧浓度不足的可能原因有：管道和储气瓶输送低氧气体；当使用悬挂风箱通气机时新鲜气体软管没接；氧流量控制阀关闭；自动防故障系统失灵；配料系统故障；低压系统中氧泄漏；在闭合回路中氧的内流率不足。对于任何麻醉机，氧传感器以及合理设置低氧浓度对于确保安全都极其重要。在气道激光手术的氧 / 氦麻醉过程中，如氦气储气瓶即将耗尽或者使用充氧装置，则高浓度的氧可能会导致气道燃烧。②麻醉气体和氧化亚氮监测以及其他吸入性麻醉药的浓度，同时合理设置高 / 低浓度报警能够预警大多数麻醉药剂量方面的问题。麻醉气浓度过低可能由于蒸发器关闭以及麻醉剂用尽，这会导致患者“术中知晓”。麻醉药浓度过高可能由于蒸发器功能异常、倾斜、回路中有液体麻醉剂。有的分析设备在麻醉药相混（蒸发器污染；打开不止一个蒸发器）会发出报警。至于监测氮气浓度，有助于警示空气泄漏进回路，但目前已经很少这么做了。

（3）流量和侧流肺活量计　现代麻醉机使用流量传感器监测回路中的气流量，还有显示容量—压力图或者流量—容量图的功能以便用户更直观地了解参数。

目前所有的多气体分析设备均采用侧流式取样管检测回路中的气体。将空速管流量传感器添加至侧流式取样适配器——只是略微增加适配器尺寸，使得监测和设定压力、流量、容量和气体成分报警限值成为可能，所有这些均会在气道内被探测。与通常监测容量压力方式相比，这样多方面的监测患者通气和麻醉输送系统功能可以带来许多潜在的好处，包括监测吸气和呼气时的潮气量、流量—容量和压力—容量环。另外，持续监测吸入气和呼出气 CO_2 和 O_2 浓度，可以监测 CO_2 产量和 O_2 耗量以及呼吸交换比。

13. 记录检查流程

麻醉机可以自动记录检查步骤。大多数麻醉机保留有检查记录。同时如有需要，记录可以被恢复。

14. 调整并确认麻醉机参数准备进行麻醉

进行麻醉前应确认将麻醉机参数调整至适当数值，特别是在成人病例结束后需行患儿麻醉前。有种说法称调节参数这步为“麻醉暂停时间”（anesthetic time-out）。确信自己将上一个安全的麻醉，不仅麻醉机已经调整妥当、监护仪准备充分而且自己准备好了管理气道、术中用药等。

第二节　迈瑞麻醉机的安全检查方法

如前所述，各个麻醉机的检查方法各不相同。现以迈瑞 WATO EX-55/65 麻醉机为例，介绍麻醉机的安全检查方法。

一、检查系统

注意
1. 确保呼吸系统连接正确，完好无损。
2. 顶板的最大承重量为30 kg。

检查系统过程中请确保达到如下要求：

（1）设备完好无损。

（2）所有部件连接正确。

（3）呼吸系统连接正确，呼吸管路完好无损。

（4）蒸发器锁定到位并装有足够的麻醉剂。

（5）供气系统连接正确，压力正常。

（6）如有备用气瓶，应关闭被连接的气瓶阀门。

（7）所需的应急设备已备妥，并且状况良好。

（8）用于气道维护和气管插管的设备均已备妥，且状况良好。

（9）请检查 CO_2 吸收器中的吸收剂颜色，如果颜色变化很明显，请立即更换吸收剂。

（10）适用的麻醉药品和应急药品已经备好。

（11）确保脚轮无损坏或松动现象，且已锁闸，不能移动麻醉机。

（12）请检查呼吸系统锁紧按钮，确保呼吸系统已经被锁紧。

（13）将电源线连接到 AC 电源，接通 AC 电源后，AC 电源指示灯亮起，如指示灯未亮，表示系统无电力供应。

（14）确保麻醉机开关机正常。

二、电源故障报警测试

（1）系统开关拨到开启的位置 。

（2）切断交流电供电。

（3）确保交流电指示灯变灭，电池指示灯闪烁，同时系统提示：【电池使用中】。

（4）重新连接好交流电供电。

（5）确保交流电指示灯变亮，电池指示灯停止闪烁并持续亮，同时屏幕上提示【电池使用中】消失 。

（6）系统开关设到关闭的位置。

三、供气管道测试

注意
在使用管道供气期间，不要让备用气瓶阀处于打开状态，否则当发生管道供气故障时，可能气瓶供气会耗尽，导致储备供应不足。

（一）O_2 供气管道测试

（1）如果麻醉机配置备用气瓶，则关闭所有备用气瓶阀，接入 O_2 管道气源。

（2）系统开关设到开启的位置。

（3）调节流量控制旋钮，将流量控制调节在测量范围的中间水平。

（4）确保各管道压力表指示在 280–600 kpa 范围内。

（5）切断 O_2 管道供气。

（6）随着 O_2 压力减低，会发生【O_2 压力供应不足】和【驱动气体压力低】的报警。

（7）确保 O_2 压力表回到零位置。

（二）N_2O 供气管道测试

N_2O 供气管道测试时，请先接通 O_2。N_2O 供气管道测试操作的具体步骤请参照上述 O_2 供气管道测试。

注意
1. N_2O供气管道测试时，请先接通O_2，否则N_2O流量无法调节。
2. 与O_2管道供气不同的是，切断N_2O管道供气过程中，随着N_2O压力下降，系统不会发生与N_2O压力相关的报警。

（三）Air 供气管道测试

注意
1. Air供气管道测试时，具体步骤请参照上述 O_2供气管道测试。
2. 与O_2管道供气不同的是，切断Air管道供气过程中，随着Air压力下降，系统不会发生与Air压力相关的报警。

四、备用气瓶测试

如果麻醉机没有配备备用气瓶，则不必进行此测试。

（一）检查气瓶充满状态

逐一检查麻醉机配置备用气瓶，检查方法如下：

（1）将系统开关设置到关的位置，连接气瓶。

（2）打开需要检验的备用气瓶的阀门，同时确保其余备用气瓶的阀门处于关闭状态。

（3）确保受检验的气瓶内压力充足，如果发现该瓶内压力不足，则关闭相应的气瓶阀，更换一个完全充满的气瓶。

（4）关闭该备用气瓶的阀门。

（二）O_2 气瓶的高压漏气测试

（1）将系统开关设置到关的位置，停止 O_2 管道气源供气。

（2）调节 O_2 流量控制旋钮，关闭 O_2 流量计。

（3）打开 O_2 气瓶的气瓶阀门。

（4）读取并记录当前备用气瓶压力表的值。

（5）关闭 O_2 气瓶的气瓶阀门。

（6）一分钟后读取并记录备用气瓶压力表的值。

注：如果备用气瓶压力表的值下降的幅度大于 5 000 kpa（725 psi），则表明有漏气现象。请更换气瓶，更换一个新的气瓶垫圈。重复前面 1 ~ 6 步骤的测试。如果继续漏气，则不要使用该备用气瓶供气系统。

五、流量控制系统测试

（一）无氧浓度测试

警告
1. 新鲜气体含有充足的O_2，不一定能避免呼吸系统中低氧混合气体的存在。
2. 如果有N_2O存在，且在测试期间流过系统，应使用安全合格的方法收集并去除它。
3. 不当的混合气体会使患者受到伤害，如果氧笑联动系统无法提供比例恰当的O_2和N_2O，则不应该使用该系统。

为防止损坏，请缓慢打开气瓶阀，切勿用力调节流量控制旋钮。

注意
1. 进行备用气瓶测试后，如果不采用备用气瓶供气，请关闭各气瓶阀。
2. 气体流量开关均应缓慢旋转，超出流量计指示的最大或最小流量范围时切勿再用力旋转，以免使控制阀受损而导致控制失灵。当流量计调至最小时，其读数应该为零。

请按照下列步骤进行无氧传感器时的流量控制系统的测试：

（1）连接管道供气或缓慢打开气瓶阀。

（2）顺时针转动流量计的所有流量控制旋钮，并转到底（最小流量）。

（3）系统开关设置到开的位置。

（4）如果电池电量不足或有其他呼吸机故障报警发生时，则不应用该系统。

（5）测试氧气—氧化亚氮联动系统的流量增加情况：

先顺时针分别旋转 O_2 和 N_2O 控制旋钮，将 O_2 和 N_2O 的流量都调整至最低，然后逆时针方向旋转 N_2O 流量控制旋钮使其增加 N_2O 流量依次设置在下表 4 个步骤所示的数值，观察每一步氧气流量值，确保氧气流量值满足表中要求。

步骤	氧化亚氮流量（L/min）	氧气流量（L/min）
1	0.6	≥0.2
2	1.5	≥0.4
3	3.0	≥0.8
4	7.5	≥2.0

（6）测试氧气—氧化亚氮联动系统的流量减少情况：

分别旋转 O_2 和 N_2O 控制旋钮，将 N_2O 的流量调整至 9.0 L/min，将 O_2 流量调整至 3 L/min 以上，然后顺时针方向缓慢旋转 O_2 流量控制旋钮使其减少，使得 N_2O 流量设置在下表 4 个步骤所示的数值，观察每一步氧气流量值，确保氧气流量值满足表中要求。

步骤	氧化亚氮流量（L/min）	氧气流量（L/min）
1	7.5	≥2.0
2	1.5	≥0.8
3	3.0	≥0.4
4	0.6	≥0.2

（7）测试切断氧气管道供应或者关闭氧气气瓶

注意

切断O_2供气过程中，随着O_2压力减低，会发生【O_2供应压力不足】和【驱动气体压力低】的报警。

（8）系统开关设置到关的位置。

（二）有氧浓度监测

在测试之前，请先按照后文中八 /2 O_2 浓度监测与报警测试操作。请按照下列步骤进行有氧传感器的流量控制系统的测试：

（1）连接管道供气或缓慢打开气瓶阀。

（2）顺时针转动流量计的所有流量控制按钮，并转到底（最小流量）。

（3）系统开关设置到开的位置。

（4）如果电池电量不足或有其他呼吸机故障，报警发生时，则不应使用该系统。

以下第 5 和第 6 步仅用于测试 N_2O 系统。

警告

1. 在第5到第6步期间，使用的氧传感器必须校准正确，并且保持联系系统处于工作状态。
2. 仅调节测试控制（第5步中的N_2O和第6步中的O_2）。
3. 先调节N_2O然后O_2，按顺序调节流量。

（5）测试氧气—氧化亚氮联动系统的流量增加情况：

◆ 顺时针方向分别旋转 O_2 和 N_2O 流量控制旋钮，并都转到底（最小流量）。

◆ 逆时针方向缓慢转动 N_2O 流量控制旋钮。

◆ 确保 O_2 流量在增大，测得的 O_2 浓度在整个过程中必须≥ 21%。

（6）测试氧气—氧化亚氮联动系统的流量减小情况：

◆ 旋转 N_2O 流量控制旋钮，将流量设置为 9 L/min。

◆ 旋转 O_2 流量控制旋钮，将 O_2 流量设置为 3 L/min 或更大。

◆ 顺时针方向缓慢旋转 O_2 流量控制旋钮。

◆ 确保 N_2O 流量在减小，测得的 O_2 浓度在整个过程中必须≥ 21%。

（7）断开 O_2 的管道供气，或者关闭 O_2 的气瓶阀。

（8）确保：

◆ 停止 O_2 和 N_2O 气流，O_2 气流最后停止。

◆ 如果有接空气气源，空气气流保持。

◆ 呼吸机会发生气体供应不足的相关报警。

（9）顺时针方向转动所有的流量控制旋钮，并都转到底（最小流量）。

（10）再次连接 O_2 的管道供气，或者打开 O_2 的气瓶阀。

（11）将系统设置在待机状态。

六、蒸发器背压测试

警告
1. 只能使用Selectatec@系列的蒸发器，测试时确保蒸发器已经被锁定。
2. 测试期间，麻醉剂来自新鲜气体出口。应使用安全合格的方法排放和收集这些药剂。
3. 为避免发生损失情况，在使用前，顺时针转动流量控制旋钮，并转到底（最小流量或关闭）。

测试前，确保蒸发器已经正确安装。

（1）连接 O_2 的管道供气，或者打开 O_2 的气瓶阀。

（2）旋转 O_2 流量控制旋钮，将 O_2 流量设置为 6 L/min。

（3）确保 O_2 流量保持不变。

（4）在 0~1% 范围内调节蒸发器浓度，观察 O_2 流量变化，确保 O_2 流量的减少量在蒸发器测试调节全程范围内不得大于 1 L/min，否则更换一个好的蒸发器并重新进行此步测试。如果仍有问题表明麻醉系统有问题，则不应使用该系统。

（5）按照以上同样方法测试每个蒸发器。

注意
由于蒸发器在“OFF”和“ON“上第一刻度范围内输出量很小，不能在这一范围内进行蒸发器的测试。

七、呼吸系统测试

警告
1.呼吸系统中如有异物，会将流向患者的气体堵住，这有可能导致死伤事件。请确保呼吸系统中没有测试塞或其他异物存在。
2.切勿使用体积过小、易掉入呼吸系统的测试塞。

（1）确保呼吸系统完好无损并连接正确。

（2）确保呼吸系统上的单向阀工作正常：

◆ 如果吸气单向阀在吸气期间打开，而在呼气开始瞬间关闭，则表明吸气单向阀工作正常。

◆ 如果呼气单向阀在呼气期间打开，而在吸气开始瞬间关闭，则表明呼气单向阀工作正常。

（一）风箱测试

（1）将系统设置在待机状态。

（2）确保手动 / 机控开关设置在机控位置。

（3）旋转各个流量控制旋钮，将所有气体流量设置为最小。

（4）将波纹管上的 Y 形三通插到呼吸系统的泄漏测试塞上，堵住 Y 形三通的出气口。

（5）按下快速充氧按钮，填充风箱，使得风箱折叠囊上升到顶端。

（6）确保气道压力表上的压力不能上升至 15 cmH_2O 以上。

（7）风箱折叠囊不应当下落，如果下落说明风箱漏气，请重新安装风箱。

（二）手动通气状态呼吸系统漏气测试

注意
1.泄漏测试必须在待机状态下进行。
2.泄漏测试前必须确保呼吸系统连接正确，呼吸管路完好无损。

（1）确保系统处于待机状态，否则按待机键，在弹出的菜单中选择【确定】进入待机状态。

（2）将波纹管上的 Y 形三通插到呼吸系统的泄漏测试塞上。

（3）调节 APL 阀到 75 cmH_2O。

（4）将储气囊接到呼吸系统的储气囊接口。

（5）调节所有流量计到零。

（6）确保手动 / 机控开关设置在手动位置。

（7）按下快速充氧按钮，使气道压力表的读数在 25~35 cmH_2O 之间。

（8）验证进行上一步骤时风箱保持不动。否则请联系设备维修人员或公司售后服务部。

（9）选择【系统维护】热键→【泄漏 / 顺应性测试】，进入手动回路泄漏测试界面。

（10）按下【继续】按钮，系统开始进行泄漏测试，测试完成后，系统会显示相关的提示信息，请根据相关的提示信息进行操作。

（三）机械通气状态呼吸系统漏气测试

注意
1.泄漏/顺应性测试必须在待机状态下进行。
2.泄漏/顺应性测试前必须确保呼吸系统连接正确，呼吸管路完好无损。

可以按照以下方式进行机械通气呼吸系统的漏气测试：

（1）确定系统处于待机状态，否则按待机键，在弹出的菜单中选择【确定】进入待机状态。

（2）将波纹管上的Y形三通插到呼吸系统的泄漏测试塞上。

（3）调节所有流量计到零。

（4）确保手动/机控开关设置在机控位置。

（5）按下快速充氧按钮，使得风箱内的折叠囊上升到风箱顶端。

（6）选择【系统维护】热键→【泄漏/顺应性测试】，进入手动回路泄漏测试界面。

（7）按下【跳过】按钮，进入自动回路泄漏/顺应性测试界面

（8）按下【继续】按钮，系统开始进行泄漏测试，测试完成后，系统会显示相关的提示信息，请根据相关的提示信息进行操作。

注意
1）如果漏气检测失败，请检查各个可能的漏气源：风箱、呼吸系统管道、CO_2吸收器，及其他的连接器是否完好无损、或连接是否正确。在检查CO_2吸收器时，请注意检查CO_2吸收器密封件上是否黏附有吸收剂颗粒，如果有，请清除。
2）如果呼吸系统泄漏，不得使用该设备，请联系设备维修人员或公司售后服务部。

（四）APL阀测试

（1）确保系统处于待机状态，否则按待机键，在弹出的菜单中选择【确定】进入待机状态。

（2）确保手动/机控开关设置在手动位置。

（3）将储气囊接到呼吸系统的储气囊接口。

（4）将波纹管上的Y形三通插到呼吸系统的泄漏测试塞上，堵住Y形三通的出气口。

（5）调节APL阀到30 cmH_2O。

（6）按下快速充氧按钮，使得储气囊充满。

（7）确保气道压力表的读数为20~40 cmH_2O范围内。

（8）调节APL阀控制旋钮，使得APL阀的开启压力处于最小的状态（MIN的位置）。

（9）将O_2流量设置为3 L/min，其他气体关闭。

（10）确保气道压力表的读数小于5 cmH_2O。

（11）按下快速充氧按钮，确保气道压力表的读数不超过10 cmH_2O。

（12）旋转O_2流量控制旋钮，将O_2流量设置到最小，确定气道压力表上的读数不会下降到0以下。

八、报警测试

麻醉机在开机启动后便会自动执行自检，报警灯按黄—红顺序各闪亮一次，然后发出“嘟”的一声。然后屏幕显示开机画面，并在半分钟后进入待机界面。这表示声、光报警指示器已经开始工作。

（一）报警测试前准备

（1）将模拟肺或储气囊连接到 Y 形接头的患者端接口上。

（2）将手动 / 机控开关设置在机控位置。

（3）系统开关设置到开的位置。

（4）将系统设置为待机状态。

（5）设置呼吸机的控制选项如下：

◆ 通气模式：选择【通气模式】热键→【VCV】。

◆ 潮气量【TV】为：500 ml。

◆ 呼吸频率【Rate】：12 bpm。

◆ 吸呼比【I∶E】：【1∶2】。

◆ 压力限制水平【Plimit】：30 cmH_2O。

◆ 呼气末正压【PEEP】：【OFF】。

（6）按下快速充氧按钮，使得风箱内的折叠囊上升到风箱顶端。

（7）旋转 O_2 流量控制旋钮，将 O_2 流量设置为 0.5~1 L/min。

（8）按下待机按键，在弹出的菜单中选择【确定】，使系统退出待机状态，进入工作状态。

（9）确保：

◆ 呼吸机监测参数数据显示正常。

◆ 机械通气期间风箱内的折叠囊正常地周期性上升与下降。

（二）O_2 浓度监测与报警测试

注意
没有配置氧传感器无需进行此项测试。

（1）将手动 / 机控开关设置在手动位置。

（2）将氧传感器从呼吸回路中取出，2~3 min 后，测量室内空气，确认测出 O_2 浓度【FiO_2】为 21%。

（3）设置【FiO_2】的【报警低限】，选择【报警设置】热键→【呼吸机 > >】，选择【FiO_2】的【报警低限】：设置为 50%。

（4）观察屏幕报警提示区，确保【FiO_2 过低】的报警发生。

（5）设置【FiO_2】的【报警低限】。

（6）将氧传感器重新安装到呼吸回路中。

（7）设置 O_2 的【报警高限】选择【报警设置】热键→【呼吸机 > >】,选择【FiO_2】的【报警高限】：设置为 50%。

（8）将储气囊接到呼吸系统的储气囊接口，按下快速充氧开关，使储气囊充盈，确保传感器测得的 O_2 浓度【FiO_2】为 100% 左右。

（9）观察屏幕报警提示区，确保发生【FiO_2 过高】的报警发生。

（10）将【FiO_2】的【报警高限】设为 100%，确保【FiO_2 过高】的报警发生。

（三）分钟通气量 MV 过低报警测试

（1）确保【MV】报警处于打开状态。

（2）设置【MV】的【报警低限】选择【报警设置】热键→【呼吸机 > >】，选择【MV】的【报警低限】并设置为 8.0 L/min。

（3）观察屏幕报警提示区，确保发生【MV 过低】的报警。

（4）选择【报警设置】热键→【呼吸机 > >】，选择【MV】的【报警低限】并设置为低于当前【MV】的监测值 2.0 L/min，确保屏幕上【MV 过低】报警消失。

（四）呼吸窒息报警测试

（1）将储气囊接到呼吸系统上储气囊接口上。

（2）将手动 / 机控开关设置在手动位置上。

（3）调节 APL 阀控制旋钮，使其处于开启压力最小的位置。

（4）捏动储气囊，确保出现一次完整的呼吸周期。

（5）停止捏动储气囊，等待至少 20 秒，确保屏幕出现【呼吸窒息】的报警。

（6）捏动储气囊数次，确保屏幕上【呼吸窒息】报警消失。

（五）持续气道压力过高报警测试

（1）将储气囊接到呼吸系统上储气囊接口上。

（2）旋转 O_2 流量控制旋钮，将 O_2 流量设置到最低状态。

（3）调节 APL 阀控制旋钮，将 APL 阀设置在 30 cmH_2O 位置。

（4）将手动 / 机控开关设置在手控位置。

（5）持续按下快速充氧按钮大约 15 秒后，确保屏幕出现【持续气道压力过高】报警。

（6）打开患者端出口，确保屏幕上【持续气道压力过高】报警消失。

（六）气道压力 Paw 过高报警

（1）将手动 / 机控开关设置在机控位置。

（2）选择【报警设置】热键→【呼吸机 > >】。

（3）设置 Paw【报警低限】为 0 cmH_2O，Paw【报警高限】为 5 cmH_2O。

（4）确保屏幕出现【Paw 过高】报警。

（5）设置 Paw【报警高限】为 40 cmH_2O。

（6）确保屏幕上【Paw 过高】报警消失。

（七）气道压力 Paw 过低报警

（1）将手动 / 机控开关设置在机控位置。

（2）选择【报警设置】热键→【呼吸机 > >】。

（3）设置 Paw【报警低限】为 2 cmH_2O。

（4）将储气囊从 Y 形接头的患者端接口上取下。

（5）等待 20 s，观察屏幕报警提示区，确保屏幕出现【Paw 过低】报警。

（6）将储气囊接到呼吸系统上储气囊接口上。

（7）确保屏幕上【Paw 过低】报警消失。

（八）AG 模块报警测试

（1）将麻醉机气体采样管取下，连接充满麻醉气体 AA 的标准气袋（需含有 5% 的二氧化碳）。AA 代表 Des（地氟醚）、Iso（异氟醚）、Enf（恩氟烷）、Sev（七氟醚）和 Hal（氟烷）五种麻醉气体之一。

（2）选择【报警设置】热键→【气体模块 > >】。

（3）设置 EtAA 的【报警高限】低于标准气体浓度。

（4）确保屏幕上出现【EtAA 过高】报警。

（5）设置【报警低限】高于标准气体浓度。

（6）确保屏幕上出现【EtAA 过低】报警。

九、系统操作前准备

（1）确保将呼吸机的相关参数与报警限制设置为适用的临床水平。

（2）确保系统处于待机状态。

（3）需要以下设备：气道维护、手动通气和气管插管设备，以及使用的麻醉和应急药品。

（4）储气囊端口连接储气囊。

（5）关闭所有蒸发器。

（6）调节 APL 阀控制旋转，使得 APL 阀处于完全打开的状态（MIN 位置）。

（7）选择各个气体流量控制旋钮，将所有气体的流量设置为最小。

（8）确保呼吸系统连接正确且完好。

警告
在将设备与患者连接起来以前，以流速 5 L/min的O_2冲洗设备至少1分钟。这样可以清除系统内不必要的混合气以及杂物。

十、检查 AGSS 传输与吸收系统

安装好 AGSS，开启废气处理系统，检查浮子是否浮起并超过 MIN 刻度线。如果浮子运动有粘连现象或出现破损的情况，请根据以下可能情况，重新拆装或更换浮子。

注意
检查时不要堵塞AGSS的压力补偿口。

如果浮子不能浮起，可能有以下几种原因：①浮子粘连：将 AGSS 倒置，检查浮子是否能够自如上下移动。②浮子缓慢上升：过滤网可能堵塞。③废气处理系统未工作或抽气流速低于 AGSS 正常工作流速。

（何　潇　闻大翔）

参考文献：

[1] Cooper JB, Newbower RS, Kitz RJ.An analysis of major errors and equipment failures in anesthesia management: considerations for prevention and detection [J]. Anesthesiology, 1984, 60(1):34-42.

[2] Caplan RA, Vistica MF, Posner KL. Adverse anesthetic outcomes arising from gas delivery equipment: a closed claims analysis [J]. Anesthesiology, 1997, 87(4):741-748.

[3] Eisenkraft J. Hazards of the Anesthesia Workstation [J]. ASA Refresher Course Lectures, 2008, 212(1-6).

[4] Mehta SP, Eisenkraft JB, Posner KL, Domino KB. Patient injuries from anesthesia gas delivery equipment: a closed claims update [J]. Anesthesiology, 2013, 119(4):788-795.

[5] Goneppanavar U, Prabhu M. Anaesthesia machine: checklist, hazards, scavenging [J]. Indian J Anaesth, 2013, 57(5):533-540.

[6] Feldman J, Olympio M, Martin D. New guidelines available for Pre-Anesthesia Checkout [J]. APSF Newsl, 2008, 23:6-7.

[7] 叶铁虎 . 吸入麻醉药的毒副作用[J]. 中华麻醉学杂志,1998,18（6）: 382-384.

[8] Laster M, Roth P, Eger EI, II. Fires from the interaction of anesthetics with desiccated absorbent [J]. Anesth Analg, 2004, 99: 769-774.

[9] Wu J, Previte JP, Adler E, Myers T, Ball J, Gunter JB. Spontaneous sevoflurane and barium hydroxide lime [J]. Anesthesiology, 2004, 101: 534-537.

[10] Fatheree RS, Leighton BL. Acute respiratory distress syndrome after an exothermic Baralyme-sevoflurane reaction [J]. Anesthesiology, 2004, 101: 531-533.

[11] Woehlck HJ. Sleeping with uncertainty: anesthetics and desiccated absorbent [J]. Anesthesiology, 2004, 101:276-278.

[12] Eger Ⅱ EI, Koblin DD, Bowland T. Nephrotoxicity of sevoflurane versus desflurane anesthesia in volunteers [J]. Anesth Analg, 1997, 84: 160.

[13] Frink EJJR, Isner RJ, Malan TPJR. Sevoflurane degradation product concentrations with soda lime

during prolonged anesthesia [J]. J Clin Anesth, 1994, 6: 239.

[14] Monteiro JN, Ravindran MN, D' Mello JB. Three cases of breathing system malfunction [J]. Eur J Anaesthesiol, 2004,21:743–745.

[15] Joyal J, Vannucci A, Kangrga I. High end-expiratory airway pressures caused by internal obstruction of the Draeger Apollo(R) scavenger system that is not detected by the workstation self-test and visual inspection [J]. Anesthesiology, 2012,116:1162–1164.

[16] Wise HJ. ABC: back to basics with anaesthetic breathing components [J]. Anesthesia, 2002,57:86.

[17] Dosch, Michael P. CRNA PhD.Automated Checkout Routines in Anesthesia Workstations Vary in Detection and Management of Breathing Circuit Obstruction [J]. Anesth Analg, 2014,118: 1254–1257.

[18] Dosch MNagelhout J, Plaus K. Anesthesia equipment [J]. Nurse Anesthesia, 2014, 242–291.

第十五章 麻醉机的维护和消毒

近年来，我国全身麻醉患者比例大量增多，麻醉机的使用频率也增加。麻醉机的管道与患者的呼吸道相连，呼吸支持过程中存在着院内感染的可能性，同时，手术室中还有其他一些污染源。因此，麻醉机的消毒是十分重要的。为保证患者安全，必须严格执行消毒常规和进行定期维护。

第一节 麻醉机的维护

麻醉机和麻醉呼吸机不少部件的材料为铜，由于铜遇水氧化产生氧化铜（铜绿），使部件逐渐腐蚀,可能发生漏气。为延长麻醉机和呼吸机使用寿命,每次使用后应使机器保持干燥。具体应注意：麻醉后把机内积水倒掉；用空气或氧持续吹 5 min 左右。

一、橡胶储气囊

为防止橡胶储气囊黏结，应每 3~6 个月在其表面涂以硅油，每次麻醉后应清除囊内积水，以保证其随呼吸顺利张缩并延长寿命。

二、麻醉蒸发器

目前较常用的专用蒸发器有恩氟烷、异氟烷、地氟烷和七氟烷，为保证浓度的准确性，使用原则为 : ①不同吸入全麻醉药使用相应的专用蒸发器，②每次使用蒸发器后，应将剩余药液倒出，并开大气流量数分钟，使挥发室干燥。蒸发器应每年至少校验一次，以保证挥发浓度的准确性。

第二节　麻醉机的清洗与消毒

一、清洗

麻醉机的结构部件有金属类、橡胶类和塑料类三种。内部塑料构件不会一次性使用，外部构件如螺纹管等都可以是一次性使用的，用后废弃无需清洗。重复使用的有：①金属类：先用肥皂水擦洗，后用乙醚去油脂，再用水冲净，待干燥后消毒。②橡胶类：先用肥皂水清洗，随后用水冲净晾干。③塑料类：用水冲洗干净晾干。

二、消毒、灭菌

长期以来，对麻醉和呼吸器械的严格消毒灭菌曾有争议。近年来由于：①麻醉和呼吸器械引起交叉感染的病例屡有报道；②经受麻醉、手术或呼吸治疗的患者，其纤毛活动减少，黏液变稠、机体抵抗力减弱或咳嗽能力减弱，即使非致病菌也可致病，因此对消毒的重要性备受关注。

手术室消毒灭菌的方法常分为物理消毒灭菌法和化学消毒灭菌法两大类。其中压力蒸汽灭菌法、环氧乙烷气体密闭灭菌法及低温等离子灭菌法是目前最为普遍使用的方法。

（一）物理方法：最常见的为湿热消毒灭菌法和射线照射法。

1. 高压蒸汽灭菌法应用最普遍。

效果最可靠。用于能耐高温的物品，如金属类，玻璃类，橡胶类，搪瓷类。注意事项：①消毒包裹不应过大过紧，一般应小于 55 × 33 × 22 cm。②消毒包裹之间不宜排的太密，以免妨碍蒸汽透入。③易燃易爆物品禁用高压蒸汽灭菌法。④已灭菌的物品应做好标记，以便识别，避免与未灭菌的物品弄错。

2. 煮沸灭菌法适用于金属类，玻璃类，橡胶类。

一般水煮沸（100℃）后持续 15~20 min；如用压力锅煮沸后仅需 10 min。注意事项：①物品必须完全浸没于水中。②橡胶应在水煮沸后放入持续 15 min，不宜过久，以免影响牢度，玻璃类应放在冷水中煮沸，用纱布包裹。③煮沸后中途不得加入其他物品，否则煮沸时间应重新算起。

3. γ－射线照射消毒法

γ-射线是某些放射元素裂解期间产生的一种电磁波。

（1）γ-射线消毒的优点：①在照射前被消毒的物质可预先包装或存放在密闭容器内，而不影响其消毒效果，直至密闭容器盖被揭开之前始终保持消毒效果。②消毒期间因不必加温，可用于不耐热材料和物质的消毒。③消毒后立即可用，不潴留放射活性。

（2）γ-射线消毒的缺点：①在医院里每天消毒不实用，因需特殊设备和价格昂贵，适用于一次大量设备的消毒。② γ-射线照射可引起一些塑料制品发生变化，尤其是聚氯乙烯，氯离子被释放出来，消毒后聚氯乙烯接触组织无任何反应。值得注意的是：如再次消毒时采用环氧乙烷可产生氯醇乙烯气体，对组织有极大的毒性，且不易被洗净，因此，经 γ-射线照射消毒后的聚氯乙烯制品不应再用环氧乙烷消毒。

（二）化学消毒灭菌法

1. 环氧乙烷（ethyleneoxide）气体消毒法

环氧乙烷能杀死各种病原菌包括结核杆菌、霉菌和孢子，可杀死较大的病毒，但对肝炎病毒的作用尚不清楚。环氧乙烷易穿透橡胶、塑料。玻璃纸和纸板，无腐蚀性和破坏性，消毒可靠，便于保存。注意事项：①环氧乙烷沸点低，为无色气体，并压缩成液体贮存于容器里，如容器中 3~80% 挥发成气体，遇火易燃易爆。②液化环氧乙烷接触皮肤可发生水泡。气体环氧乙烷被吸入，可刺激支气管，引起头痛和呕吐等症状。为此，消毒时必须有特殊准备，且消毒较慢，价格昂贵。③经环氧乙烷消毒后有效期为一年，但消毒后不能立即使用，需经 1 周贮存，才能使用。

2. 药物浸泡消毒法

适用于塑料类、有机玻璃类、金属类。临床常用方法：① 1∶1 000 新洁尔灭溶液，浸泡时间为 30 min。如在 1 000 ml 中加入医用亚硝酸钠 5g，配成“防锈新洁尔灭溶液”，适用于金属类消毒。② 70% 酒精，浸泡 30 min。应每周过滤，并核对浓度。③ 10% 甲醛溶液，浸泡 30 min。④戊二醛（Glutaraldehyde）或戊二醇（Pentanedial）：为当今消毒麻醉机和呼吸器械最常用的化学液体消毒剂。目前有戊二醛碱、戊二醛酸和中性戊二醛可供使用。2% 戊二醛碱溶液的 pH 为 7.5~8.5，室温下浸泡 3~10 h 杀死孢子，10 min 杀灭病毒，除结核菌外其他细菌几乎立即有效。适用于金属类、橡胶类和塑料类消毒。其缺点是有刺激性气味、反复接触对皮肤有刺激，应戴橡皮手套，对浸泡器械进行彻底的冲洗以免对组织有刺激。曾报道假膜性咽喉炎与用戊二醛碱消毒的气管导管有关、过敏性接触性皮炎和减压阀粘牢有关，消毒液应 7~14 天更换一次。2% 戊二醛酸溶液的 pH 为 2.7~3.7，具有柠檬油香味。室温下浸泡 10 min 杀灭病毒。60℃时杀死细菌、病毒和真菌需 5 min，结核菌需 20 min，孢子则需 60 min。戊二醛酸具有湿度和渗透特性，不使血液凝固，适用于橡胶类、塑料类和不锈钢消毒。不污染和刺激手，不必戴手套冲洗消毒器械，对眼和鼻无刺激。戊二醛酸可用于开放容器如自动冲洗和消毒机或超声清洁器内。如消毒过程中需增加温度，应采用密闭容器以减少蒸发。2% 中性戊二醛溶液的 pH 为 7.0~7.5，浓度下降至 0.2% 仍有消毒效能。杀死细菌、真菌、结核菌和病毒需消毒 10 min，孢子需 10 h。中性戊二醛溶液为表面活化剂，可减低表面张力和稍有去垢作用，从而增加表面湿度，可用作钢和镀金属器械表面特殊的防腐蚀剂，使用时应戴手套。

注意事项：①去净被消毒物品的油脂。②消毒物品必须全部浸入溶液内，中空物品内必须注满消毒液，且不能有气泡。③有套管和轴节的物品，需要脱开消毒。④使用前，必须用灭菌盐水将消毒溶液冲洗干净，以免不良反应。

3. 甲醛蒸汽熏蒸法

用铝蒸锅、蒸格下放一杯 40% 甲醛 5 ml 和高锰酸钾 2.5 g，蒸格上放消毒物品如各种塑料导管等熏蒸 1 小时，导管不会变质。目前该方法在临床已基本不见。

（三）特殊感染的消毒灭菌处理

（1）化脓性感染的患者使用的器械，可用 1∶1 000 新洁尔灭溶液清洗后，煮沸 10 分钟，再浸泡 1~2 h。

（2）一般耐药和难杀灭细菌如绿脓杆菌、金葡菌或结核杆菌感染患者使用的器械，可用 1∶1 000 新洁尔灭溶液浸泡 2～4 h，再煮沸 10 min。

（3）破伤风或气性坏疽感染患者使用的器械，可用 1∶1 000 新洁尔灭溶液浸泡 2～4 h，再煮沸 10 min。

（4）病毒如 HBV、HIV 和梅毒感染的患者使用的器械，可用 2% 戊二醛酸或 0.2% 过氧乙酸溶液浸泡 1 h，再行高压蒸汽灭菌法。

（四）麻醉机及其部件的常用消毒灭菌方法

（1） 麻醉机、蒸发器的外表面：每天用高效含氯消毒剂（消毒灵）擦试一次。

（2）重复使用的麻醉机配件，包括：呼吸管路，面罩，接头，储气囊和阀门碟片等，每次用后需进行消毒，用高效含氯的消毒剂浸泡 2 h，再用蒸馏水（或冷却后的沸水）冲洗干净。有条件可进行环氧乙烷气体消毒。

（3）重复使用的麻醉机配件，能耐热和高压的，可进行高温高压消毒。不能耐热和高压的，可进行环氧乙烷气体消毒。

（4）有呼吸道感染的患者应使用过滤器，最好使用一次性配件。

（5）所有一次性使用的配件均需销毁后丢弃处理。

（6）未被血液污染的配件应用 1%的消毒灵浸泡；被血液污染的配件应用 2%的消毒灵浸泡。

（7）结核，肝炎，艾滋病，气性坏疽和金黄色葡萄球菌感染的患者应尽量使用一次性配件。

（8）压差式流量传感器可用浸泡或高温高压的方式进行消毒灭菌。热丝式流量传感器的消毒方法：75%酒精浸泡 1 h，晾干 30 min（不冲洗）。

第三节　Dräger Primus麻醉机的清洗与消毒

各种麻醉机都有自身特殊的清洗和消毒方法，在进行清洗和消毒时要参照说明书的规定。

一、Dräger Primus 麻醉机的清洗与消毒

一般的患者适用于说明书中介绍的方法。如果患者患有须申报的传染病，必须遵守相关

国家、地区的规定。设备的材质特性已考虑到特定的消毒条件。按照推荐方法进行消毒，不会影响麻醉设备的正常运行。

清洁保养的意义和目的是为了向每一位患者提供不含致病微生物的清洁的麻醉机。将麻醉机用于患者时，只有气管插管和气管内吸引导管需要灭菌。因此，为了最大程度地减少麻醉机引起的感染风险，必须对麻醉机进行正确的清洁准备。因此，一定要严格遵循使用说明书中的清洁和装配说明操作。

（一）使用的消毒方法

1. 消毒方法

包括：①擦拭设备表面进行消毒　表面消毒剂，请参见后文表面消毒剂的选择。②机械清洁及热消毒　如 93℃ ,10 min，首选程序：必须添加合适的清洁剂。③手动浸泡消毒　为避免吸入挥发气体，需要充分的个人防护。耐高温的复杂功能部件（如呼吸系统）可以通过机器方便地进行清洗和消毒，但不一定能得到充分干燥。建议随后使用高温高压灭菌，去除剩余水分。④进行蒸汽灭菌时　可以采用 121℃，最多灭菌 20 min；或者采用 134℃，最多灭菌 8 min。过长的时间可能会对功能部件的使用寿命产生负面影响。

高温消毒方法没有清洁效果。因此，仅适用于已经手动或机器清洁过的功能部件。经清洁和消毒处理及外观检查后，应将成套的部件包装在一起，贴上相应的标签即可。如果不储存或转运部件，可以省略此步骤。

2. 消毒剂的选择

只能使用表面消毒剂清单中的产品进行消毒。为确保材质兼容性，可使用基于醛类和季铵盐化合物成分的产品，而以下产品不适合：烷基胺类化合物、苯酚化合物、释放卤素的化合物、强有机酸、释放氧的化合物和表面消毒剂清单中的产品。注意消毒剂除主要成分外还常含有很多可能会损坏所用材料的添加剂。

（二）表面清洗与消毒

Primus、压缩气体软管和电缆的表面不能用含酒精的物质处理。注意：①用湿抹布擦去污物。②用擦拭消毒剂消毒。③不要让液体渗入设备的开口处。④切勿使用有机、卤化或石油基溶剂、玻璃清洁剂、丙酮或其他刺激性清洁剂，磨损性清洁剂（例如钢丝绒、银擦亮剂或清洁剂）。⑤凡是液体应该放置于远离电子部件的地方。⑥不可使液体渗入设备壳体内。

（三）呼吸回路的清洗与消毒

呼吸回路的所有部件（Spirolog 或 SpiroLife 流量传感器除外）、呼吸机滚膜、Y 形接头、呼吸管道、呼吸袋、钠石灰罐的部件、分泌物吸引器的部件和麻醉废气排放系统的部件，均可进行高温消毒，即在自动清洗消毒机中消毒 93℃ 10 min。只可使用中性清洁剂和完全脱矿质水。高温消毒中禁止使用可能腐蚀部件的化学消毒剂！

当心设备故障和患者受伤。如果阀片的控制区没有彻底干燥，可能会导致工作站的运作不正确，从而引起工作站故障。用抹布擦拭金属阀片的热接触面以及呼吸机上与其接触的部位，除去残留清洁剂。

（四）Spirolog 流量传感器的清洗与消毒

Spirolog 流量传感器的消毒步骤如下：①用 70% 的乙醇或异丙醇溶液浸泡消毒约 1 小时。②将传感器置于空气中风干至少 30 min。否则传感器在标定时可能因残留醇而损坏。可以使用德国汉堡市 Bode Chemie 公司出品和德国诺德施泰特市 Schulke&Mayr 公司出品的消毒剂。

Spirolog 流量传感器不能进行灭菌！流量传感器只要能成功标定就能继续使用。流量传感器必须作为具有传染性的特殊废物处理。用 800℃以上的温度低排放焚烧。注意当心气体测量故障。如果酒精或清洁剂 / 消毒剂接触储水杯内部，它们可能损坏隔膜和测量系统。请勿使用这些物质，并且请勿对储水杯进行清洗、冲洗或灭菌。

（五）Primus 麻醉工作站保养（表 15-1）和保养方法（表 15-2）

表15-1　Primus麻醉工作站保养和消毒时间间隔

部件 可以进行处理的部件	保养间隔 消毒时间间隔		
Primus 工作站	前表面每天，其余表面每周		
电源线、高压气体软管、接地电缆/电线	每月		
呼吸管道和Y形接头	每天	每人	每人
手动呼吸袋的可调节支臂	每天	每天	每人
呼吸机滚膜2	每周	每周	每天
带APL阀的呼吸系统盖板	每周	每周	每天
呼吸系统的阀门板和底板	每周	每周	每天
呼气端口/呼气端口	每周	每周	每天
钠石灰罐和插入轴	每周	每周	每天
Spirolog流量传感器	每周	每周	每天
SpiroLife流量传感器	每周	每周	每天
AGS支架	每周	每周	每周
AGS流量管（不含过滤器）	每周	每周	每周
AGS缓冲容器	每周	每周	每周
AGS输送管道	每周	每周	每周
带接头的排放管道	每周	每周	每周
分泌物收集瓶及清洗瓶的硅树脂套管，带浮标、吸引管及观察窗的盖子按需要，至少每天			

注：消毒时间间隔取决于过滤器的使用情况及位置。应按照医院卫生的管理人员的规定。将所有呼吸机滚膜中的积水完全排除。大量的冷凝水会影响工作站的运作，并/或导致设备故障。

表15-2 Primus麻醉工作站保养方法

部件	保养			
可以进行处理的部件	清洗	擦拭	浸泡消毒	蒸汽灭菌134℃
Primus 工作站	否	是	否	否
电源线、高压气体软管、接地电缆/电线	否	是	否	否
呼吸管道和Y形接头	是	否	是	是
手动呼吸袋的可调节支臂	是	否	是	是
呼吸机滚膜4）	是	否	是	是
带APL阀的呼吸系统盖板	是	否	是	是
呼吸系统的阀门板和底板	是	否	是	是
呼气端口/呼气端口	是	否	是	是
钠石灰罐和插入轴	是	否	是	是
Spirolog流量传感器	否	否	是	否
SpiroLife流量传感器	否	否	是	是
AGS支架	是	是	是	否
AGS流量管（不含过滤器）	否	是	否	否
AGS缓冲容器	是	是	是	否
AGS输送管道	是	是	是	否
带接头的排放管道	是	是	是	否
分泌物收集瓶及清洗瓶的硅树脂套管，带浮标、吸引管及观察窗的盖子	是	否	是	是

注：①只能使用中性清洁剂（例如NeodisherMedizym）！不要使用消毒剂，否则有腐蚀的危险。②使用基于醛类和季铵化合物的消毒剂，如使用Incidin Extra N或Incidur（擦拭消毒）、Gigasept FF或Korsolex Extra（浸泡消毒）。③不可使用含酒精的清洁剂。④将所有呼吸机滚膜中的积水完全排除。大量的冷凝水会影响工作站的运作，并/或导致设备故障。⑤必须使用已经完全除盐的水。⑥阀片在清洗后必须经过灭菌处理，使之干燥。如果阀片的控制区没有彻底干燥，可能会导致工作站的运行不正确。从而引起工作站故障。⑦用70%的乙醇溶液浸泡消毒约1小时。空气中风干至少30分钟。

二、Dräger Primus 麻醉机的拆卸和组装

（一）拆卸部件

1. 拆卸采样管

从 Y 形接头上和机器前面的储水杯上旋下采样管。注意当心气体测量故障和设备故障；消毒剂可使采样管和储水杯滤膜受损；采样管为一次性用品，必须进行更换，不能消毒处理；可将采样管与生活垃圾一同处理。

2. 拆卸储水杯

朝前面拉出储水杯并倒空。注意当心气体测量故障和设备故障；如果储水杯的使用时间超过指定期限，隔膜可能会破裂，使水和细菌进入测量系统，可能会影响气体测量；储水杯

每四周必须更换；可将储水杯与生活垃圾一同处理。

3. 拆除患者呼吸回路

拆除患者呼吸回路步骤如下：①从呼吸系统上拔下呼吸管道。②将管道上的各种部件（呼吸管道、Y 形接头、接头盒选配的 Y 形接头过滤器）拆卸下来。Y 形接头上的过滤器是不能重复使用的。可与生活垃圾一同处理。③将所有部件放入清洁 / 消毒机内处理。注意当心部件受损；如果操作不当，呼吸管道上的螺纹管会从套管上脱落；螺纹管损坏的呼吸管道容易扭曲，从而影响通气；连接或拔下呼吸管道时，一定要握住连接管套，而不要握螺纹管！使用前应检查呼吸管道是否损坏，必须更换损坏的呼吸管道。

4. 拆卸微生物过滤器（选配）在微生物过滤器的套管上

从端口上拔下过滤器，根据相应使用说明书，准备微生物过滤器。

5. 拆卸呼吸机

推入写字板，按呼吸机上的释放按钮，拉出该模块。

6. 拆卸可调节支臂和手动呼吸囊

从可调节支臂上拆卸下手动呼吸袋，然后旋下可调节支臂基座上的螺丝，最后从呼吸系统上拔下可调节支臂。

7. 拆卸钠石灰罐

分为可重复使用的钠石灰罐和一次性的 Drägersorb clic 钠石灰罐。可重复使用的钠石灰罐拆卸方法：①逆时针方向旋转钠石灰罐，然后将其向下拉。②按照钠石灰罐的使用说明操作，倒空钠石灰。③取出钠石灰罐的插入轴。让内外密封圈留在钠石灰罐的插入轴上。④将钠石灰罐放入清洁 / 消毒机内处理。一次性 Drägersorb CLIC 钠石灰罐拆卸方法：按下按钮，将打开固定悬臂，再从固定架上取下一次性钠石灰罐。

8. 拆卸呼吸回路

用提供的扳手将呼吸机上的 3 个密封螺丝逆时针旋转 90° 松开，抓住把手向上提，取下呼吸系统。如果刚使用过麻醉机，请先冷却 5 min，再拆卸呼吸系统。否则表面可能很烫。随后再取出呼吸机滚膜和流量传感器。注意当心流量测量故障。如果用机器来消毒或清洁流量传感器，可能会损坏传感器，及导致测量故障。如果在高温蒸汽中消毒 Spirolog 流量传感器，可能会损坏传感器，及导致测量故障。

9. 拆卸麻醉废气排放系统 AGS

方法如下：①从 Primus 后面的 AGS 系统上取下废气排放管。②取下灰色的输送管道。③取下麻醉废气排放系统。④将各个部件放入清洁 / 消毒机内处理。流量管不能放入清洁 / 消毒机内处理。取下缓冲容器，拧下套接螺母。⑤旋下流量管。⑥拧下套接螺母，然后取下粉尘过滤器。⑦密封后，粉尘过滤器可与生活垃圾一起处理。

10. 拆卸吸引系统（选配）

方法如下：①取下与气管内吸引系统连接的吸引管和真空管。②抓住瓶盖的硅胶套管，将其拔出。③从支架上取下分泌物收集瓶和冲洗瓶，并倒空（倒空收集瓶时一定要戴手套）。④取出气管内吸引系统底部的过滤器。⑤从分泌物收集瓶的瓶盖里取出硅胶套管。⑥从上升的管道里取出防溢浮标。将相关部件放入清洁 / 消毒机内处理，以重复使用。

（二）组装部件

1. 安装呼吸系统

方法如下：①将金属阀片板（呼吸系统阻片）置于平整表面。②将金属阀片板固定在底板上。③盖紧盖板。④用提供的扳手将 5 颗密封螺丝顺时针旋转 90° 拧紧。

2. 安装流量传感器

方法如下：①把带电缆接头的流量传感器插入槽内。②顺着插槽插入呼气和吸气端口。③用手拧紧端口。④放入呼吸机滚膜，应该可以从上方看到 Dräger 的标志。⑤将呼吸系统安装到呼吸机上。⑥使用提供的扳手拧紧呼吸机盖板上的密封螺丝。

3. 装填和安装钠石灰罐

分为可重复使用的钠石灰罐或一次性 Drägersorb CLIC 钠石灰罐。

可重复使用的钠石灰罐的安装方法：将插入轴全部插入钠石灰罐，再加入新的钠石灰，直至标记，最后从下面将钠石灰罐装到呼吸系统，并顺时针尽量旋紧。注意吸收剂具有腐蚀性，并且对眼睛、皮肤和呼吸道有刺激作用。请小心处理吸收剂，避免溢出。另外，不可使用粉状的钠石灰，高粉尘会损害 Primus 的功能。

一次性 Drägersorb Clic 钠石灰罐的安装方法：①按下按钮，将打开固定悬臂。②安装前，晃动一次性吸收罐（如倒转数次）以使钠石灰松散。③去掉新的一次性钠石灰罐上的封条。④将新的一次性钠石灰罐滑到固定架上，然后将钠石灰罐推入机器，直到接合到位。⑤按压软键钠石灰已更换，将钠石灰更换日志重置为当前日期。注意打开 Primus 前必须先将一次性钠石灰罐卡入到位，这样可确保设备进行泄漏和顺应性测试时将钠石灰罐包括在内。

钠石灰会降低湿度。如果湿度降至最小限值以下，无论使用何种钠石灰和麻醉药，都会发生有害反应，包括 CO_2 的吸收率降低；钠石灰罐中的热量蓄积加剧，从而使呼吸气体温度升高，形成一氧化碳，吸收和或分解吸入的麻醉剂。这些反应都会危及患者健康。如果使用干燥气体，只能在必要时短暂吹洗麻醉系统。

4. 安装可调节支臂（选配）和手动呼吸袋

如图 15–1 所示，①将可调节支臂基座安装在呼吸系统上，用两个螺丝（A）固定。②检查可调节支臂是否牢固。

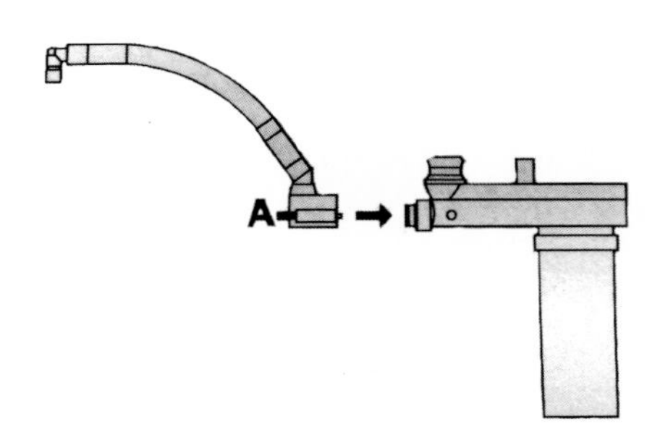

图15–1　安装可调节支臂（选配）和手动呼吸袋

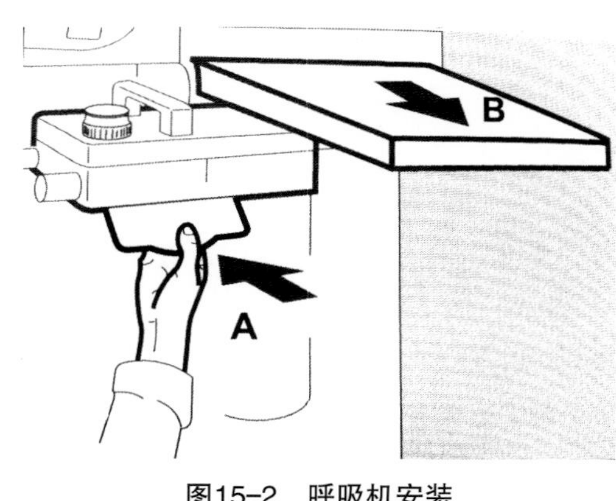

图15-2　呼吸机安装

5. 安装呼吸机

如图 15-2 所示，①慢慢推入呼吸机模块（A），直至到位。②检查以确保关闭抽屉时没有挂住管道或其他部件。③拉出写字台（B）。

6. 连接患者系统

将微生物过滤器（选配）连接到呼吸系统的吸气端和或呼气端，直到听到它们卡到位。再将管道上各种部件（呼吸管道、Y 形接头、接头和可选配的 Y 形接头过滤器）拆卸下来，并将呼吸袋挂在钩上。注意在高频手术过程中，导电的呼吸管道或面罩可能造成灼伤。请不要在高频手术中使用这类管道和面罩。

7. 连接麻醉气体排放系统 AGS

方法如下：①安装粉尘过滤器，拧紧套接螺母。②旋上流量管。③拧紧套接螺母。④重新安装缓冲容器。⑤将灰色的输送管道连接到 Primus 和 AGS 的废气出口。⑥将排放管道连接到 AGS 的废气出口。⑦将排放管道连接到废气接头。⑧确保排放系统的第二端口已用螺旋塞密封。

8. 连接吸引系统

方法如下：①将防溢浮标按到上升的管道里，直至到位。浮标活动不应受限，但又不会掉落。②将相应的硅胶套管安装在分泌物收集瓶的盖子上。③抓住瓶盖上的硅胶套管，将盖子盖到瓶子上。④将分泌物收集瓶放在内侧套管中，冲洗瓶放在外侧套管中。使用一次性 VacuSmart 容器时：将 VacuSmart 容器放入分泌物收集瓶，并紧紧按压套管到位。⑤将过滤器安装在气管内吸引系统的底部。⑥将真空管连接到气管内吸引系统的过滤器出口和瓶盖上较细的接头上。⑦吸引管则连接到收集瓶瓶盖上较粗的接头上。

第四节　迈瑞麻醉机的清洗与消毒

一、迈瑞麻醉机的清洁与消毒

迈瑞呼吸机的各个部件可以进行清洁和消毒。不同部件的清洁与消毒方法要求不同。根据实际情况选择合适的方法对各个部件进行及时正确的清洁与消毒，防止呼吸机使用者和患者的交叉感染。

（一）清洁方法

1. 擦拭

用在弱碱性清洁剂（肥皂水等）或酒精溶液中浸泡过的湿布擦拭，并用干燥的不起毛布擦干。

2. 浸泡

先用清水冲洗，然后用弱碱性清洁剂（肥皂水等）溶液（建议水温为 40℃）浸泡大约 3 分钟，最后用清水清洗干净并晾干。

（二）消毒方法

1. 擦拭

用在中、高效消毒剂（酒精或异丙醇等）溶液中浸泡过的湿布擦拭，并用干燥的不起毛布擦干。

2. 浸泡

用在中、高效消毒剂（酒精或异丙醇等）溶液中浸泡（推荐浸泡时间大于 30 分钟），并用清水清洗干净并彻底晾干。

3. 压力蒸汽

高温高压蒸汽消毒（最高温度为 134℃），推荐消毒时间为 20 分钟。

4. 紫外线

紫外线照射消毒，推荐消毒时间为 30 ～ 60 分钟。

表 15-3 为本公司推荐的各个部件的清洁与消毒方法，包括第一次使用和重复使用。如果设备在多灰尘环境中使用，请酌情缩短清洁与消毒间隔，以保证外观无灰尘堵塞。

表15-3　迈瑞呼吸机可以使用的清洁剂、消毒剂和高效消毒方式

名　称	类　别
酒精（75%）	中效消毒剂
异丙醇（70%）	中效消毒剂
戊二醛（2%）	中效消毒剂
肥皂水（pH值为7.0～10.5）	清洁剂
清水	清洁剂
高温高压蒸汽消毒	高效消毒

注：高温高压蒸汽消毒：此方法的最高温度能达到134℃，某些部件不能经受住高温高压蒸汽消毒。

二、迈瑞麻醉机的拆卸与安装

（一）呼气阀

拆卸方法：将呼气阀锁扣滑钮推向吸气接口所在的一侧，然后用力拉出呼气阀组件。安装方法：将呼气阀组件直接推入呼吸机对应的接口并确保安装到位。

（二）呼气阀流量传感器

拆卸方法：将流量传感器从呼气阀组件中水平拔出。安装方法：按箭头方向将流量传感

器水平插入呼气阀组件。注意请务必保持箭头方向为气流方向，将流量传感器水平插入呼气阀组件。

（三）积水杯

拆卸方法：将积水杯向下轻轻旋转取出。安装方法：将积水杯向上旋转推入，确保安装到位。

（四）呼吸管道

拆卸方法：将呼吸管道一一拔出即可。安装方法：①将过滤器安装在吸气和呼气接口。②通过管道将吸气支路的过滤器与积水杯连接，并且将管道的另一端连接至 Y 形接头。③通过管道将呼气支路的过滤器与积水杯连接，并且将管道的另一端连接至 Y 形接头。④将呼吸管道安置在支撑臂的挂钩上。

（五）雾化器

拆卸方法：将雾化器进气管从雾化器接口拔出，拔出与雾化器相连的管路，取出雾化器。安装方法：将雾化器进气管一端安装在雾化器接口，另一端安装在雾化器上，通过管道将雾化器安装在呼吸管道的吸气支路。注意请安装符合规格的雾化器。

（六）湿化器

拆卸方法：①拔出与湿化器相连的管路。②拆卸螺钉。③将湿化器从湿化器支架固定座中向上提出。安装方法：①将湿化器滑轮对准湿化器支架固定座并滑入。②旋紧螺钉。③将过滤器安装在吸气和呼气接口。④通过管道将吸气支路的过滤器与湿化器入口连接。⑤通过管道将湿化器出口与积水杯连接，然后再通过管道将积水杯与 Y 形接头相连。⑥通过管道将呼气支路的过滤器与积水杯连接，然后再通过管道将积水杯与 Y 形接头相连。⑦将呼吸管道安置在支撑臂的挂钩上。⑧拆装吊塔上的湿化器。

（七）氧传感器

拆卸方法（图 15-3）：①拆卸氧传感器门。②拔出氧传感器连接线。③逆时针旋下氧传感器。安装方法：①顺时针拧上氧传感器。②插上氧传感器连接线。③扣上氧传感器门。

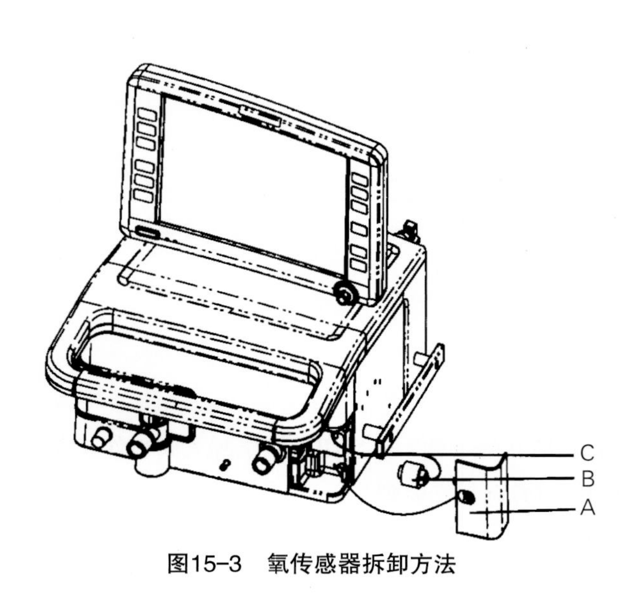

图15-3　氧传感器拆卸方法

A 氧传感器门　B 氧传感器　C 氧传感器连接线

（杨卫红　闻大翔）

参考文献：

[1] Good ML, Gravenstein N. Anesthesia equipment. In: Gravenstein N, Kirby RR （eds）: Complications in Anesthesiology [M], 2nd ed. Philadelphia: Lippincotl Raven Publisher,1996: 55–77.

[2] Caplan RA, Vistica MF, Posner KL Adverse anesthetic outcomes arising from gas delievery equipment [J]. Anesthesiology,1997, 87: 741–748.

[3] Dorsch JA, Dorsch SE. The anesthesia machine. In: Dorsch JA, Dorsch SE （eds）: Understanding Anesthesia Equipment [M], 3rd ed. Baltimore: Williams and Wilkins, 1994:51.

[4] Dorsch JA, Dorsch. Vaporizers. In: Dorsch JA, Dorsch SE （eds）: Understanding Anesthesia Equipment [M], 4rd ed. Baltimore: Williams and Wilkins, 1999: 121.

[5] Andrews JJ. Inhaled anesthetic delivery systems. In: Miller RD ed., Anesthesia [M]. 5th ed., Philadelphia: Churchill Livingston, 1999:174–208.

[6] Andrews JJ. Understanding your anesthesia machine [J]. ASA Refresher Course Lectures, 2004.

[7] Brockwell RC, Andrews JJ. Inhaled anesthetic delivery systems. In: Miller RD, ed. Anesthesia [M]. 6th ed. Philadelphia: Churchill Livingston, 2005:273–316.

[8] Olympio MA. Modern anesthesia machine: what you should know [J]. ASA Refresher Course Lectures, 2004,501.

[9] 杭燕南．麻醉机．见庄心良，曾因明，陈伯銮．现代麻醉学[M]．第3版．北京：人民卫生出版社，2003: 843–871.

[10] 闻大翔，杭燕南．现代麻醉机及安全保障系统．见杭燕南，庄心良，蒋豪．当代麻醉学[M]．上海：上海科学技术出版社，2002: 152–172.

[11] The virtual anesthesia machine.（http://vam.anest.ufl.edu/）Developed at the university of Florida, department of Anesthesiology.

[12] 刘俊．医疗护理常规[M]．上海：上海科学技术出版社，2003.

[13] 贾宏，葛桂凤．麻醉机全麻手术后患者肺部感染临床研究[J]．中外健康文摘，2014，(6): 131–132.

[14] 胡国宏，麻醉机全麻手术后患者肺部感染临床分析[J]．临床和实验医学杂志，2010，9 (12): 892–893.

第十六章 麻醉工作站

第一节 什么是麻醉工作站

现代麻醉机除了具有气路部分的基础构件外，还配备了电子、电脑控制和监测仪器，已发展成为高度集成化和高度智能型的麻醉装置——麻醉工作站。

麻醉工作站为麻醉医师提供了更好的工作环境以及先进的操作界面，同时进一步提高了麻醉的安全性。

麻醉工作站的主要组成部分及特点：①一体化的麻醉机和操作界面。整个麻醉机具有一体化的气体、电源和通讯供应，无拖曳的管线及电缆。具有电子控制的完善、精确的气体输送系统，并带有所有的安全装置。所有的操作功能和参数通过一个用户界面可以直观地进行观察、选择、调整和确认。单个主机开关能迅速启动并进行全自动的整机自检和泄漏测试，所有传感器自动定标。②高质量的蒸发器。具有良好的温度、流量、压力自动补偿功能，保证了蒸发器输出浓度的精准和恒定。具有吸入麻醉药自动识别系统，使吸入麻醉药的选择和调换更方便、安全。③集成化的呼吸回路。集压力、流量传感器、活瓣于一体，拆装方便，易于清洗和消毒。密闭性好，顺应性低，适合于低流量、微流量及小儿麻醉。具有一体化的加热装置，能优化加温湿化，使患者更舒适。呼吸回路中有新鲜气流隔离阀，保证潮气量不受新鲜气体流量的影响。④功能齐全的麻醉呼吸机。大多采用电动电控或气动电控型呼吸机，潮气量更精准，最小潮气量可达 10~20 ml，适用于成人、小儿及新生儿等各种患者。具有 IPPV、PCV、SIMV 和手动 / 自主等多种呼吸模式，适合不同患者需求。具有自动的泄漏和顺应性补偿功能。压力限制通气可限制过高气道压力，防止压力伤。⑤完善的监测、报警及信息管理系统。一体化的监测系统能监测所有与麻醉有关的参数及指标，并配有各种波型。具有智慧性的分级报警系统，警报菜单自动显示。所有监测的数据和趋势均自动记录，并可储存或通过网络进行联网或传送。

第二节　麻醉工作站基本要求

一、整合性

随着临床麻醉对于安全性和舒适性要求的不断提高，越来越多的麻醉监测（肌松监测、体温监测、镇静深度监测、麻醉气体浓度监测等）和麻醉“附属用品”（输液加温设备、患者加温设备、智能泵注设备、图形化可视设备、智能药品管理设备等）进入了麻醉医生的日常麻醉工作中。但随之而来的是，麻醉医生需要花费更多的精力来关注和操作这些仪器设备；当信息量过大或关注点过多时，不可避免会分散麻醉医生注意力。加之国内麻醉医生短缺日益严重，或许只有麻醉医生真正成为“千手观音”时，才能够全面掌控所有的仪器。

作为麻醉医生助手的麻醉工作站，就需要将麻醉实施（吸入麻醉和静脉麻醉）、麻醉中呼吸支持、麻醉监护和管理各个方面更好地整合在一起。这种整合并不是简单的设备叠加仪器，而是更具人体工学设计和麻醉医生临床习惯，最优化地整合在一起，让麻醉医生能一目了然地知道所有仪器是否正常工作，患者目前状态是否正常。当患者情况发生异常时，第一时间通知到麻醉医生，并能准确提示需要进行的干预和调整措施。

二、智能化

以往全身麻醉实施过程中，麻醉医生往往需要关注麻醉机、蒸发器、推注泵、监护仪、加温器等设备。当仪器显示麻醉可能过深时，关闭或减小蒸发器的时候，是否会遗忘调整推注泵上静脉药物输注速度？

工作站的设计则需要将这些人为可能发生的错误尽可能降到最低。当监护仪发出报警指令时，相应提醒麻醉医生需要注意和调整地方，或有些方面进入自动保护的模式，等待医生进一步确认。也就是说，麻醉工作站应该是全面的麻醉管家，在麻醉医生可能有疏漏的时候给出提醒和建议。

长时间、高强度的麻醉操作往往令麻醉医生处于时刻紧张的状态，而是人会犯错，那么，智能化的设备可以减少麻醉医生的工作强度，对于人为的出错提供一个后备的保障，无疑将使麻醉安全得到极大的改善。

三、操作简便性

好的设计可以让复杂问题简单化，同样，好的麻醉工作站可以让麻醉医生的手和眼都能最直接、最方便、最全面地掌控。

选项式菜单、友好的人机界面、全面的信息反馈，这些都将使麻醉医生的操作更为简便，而越简单的操作往往可以越减少出错的可能。以计算机为基础的智能模块将大大减少麻醉医生操作和错误操作的发生几率。

第三节　目前临床应用的麻醉工作站

Dräger 麻醉机首先提出麻醉工作站设想后，Narkomed 6000、Fabius GS Premium 等麻醉工作站相继投入临床。Datex-Ohmeda 公司的 ADU 等工作站也不断完善。表 16-1 是一些临床麻醉工作站的特点比较，虽然没有一台麻醉机达到了完美的要求，但技术和理念的进步却在不断完善相关的产品设计。

表16-1　一些临床麻醉工作站的一些功能特点比较

麻醉工作站功能	Dräger Narkomed AV2+	Ohmeda 7800z	Dräger-Narkomed 6400	Dräger Julian	Dräger Fabius GS 1.3	GE/Datex-Ohmeda Aestiva/5	GE/Datex-Ohmeda ADU	GE Aisys	Dräger Apollo
提高潮气量时是否增加新鲜气流量	是	是	否	否	否	初始设置	否	否	否
使用前系统漏气检测	否	否	是	是	是	否	是	是	是
近端漏气补偿	否	否	否	否	否	是	否	是	是
运行时检测漏气	否	否	是	是	否	否	否	是	否
软管顺应性补偿	否	否	是	是	是	否	是	是	是
系统顺应性补偿	否	否	是	是	是	是	是	是	是
根据软管顺应性调整呼出气潮气量数据	否	否	是	否	是	否	否	是	是
新鲜气流远离于：	二氧化碳吸附器	二氧化碳吸附器	二氧化碳吸附器	二氧化碳吸附器	二氧化碳吸附器	二氧化碳吸附器	吸气阀	二氧化碳吸附器	二氧化碳吸附器
新鲜气流临近于：	吸气阀	吸气阀	隔离阀	吸附器中间	隔离阀	吸气阀	Y-接头	吸气阀	隔离阀
低新鲜气流时，储气囊气体为：	呼出气	呼出气	取消原有设定	呼出气	取消原有设定	呼出气	呼出气	呼出气	呼出气
容量控制通气限制	机械性	测定	替换	测定	替换	测定/sevo	测定/计算	测定/计算	测定
压力控制通气限制	压力限制	无	流量/压力限制	流量/压力限制	流量/压力限制	压力限制	流量/压力限制	流量/压力限制	流量/压力限制

（续表）

麻醉工作站功能	Dräger Narkomed AV2+	Ohmeda 7800z	Dräger–Narkomed 6400	Dräger Julian	Dräger Fabius GS 1.3	GE/Datex–Ohmeda Aestiva/5	GE/Datex–Ohmeda ADU	GE Aisys	Dräger Apollo
吸入麻醉剂的氧浓度补偿	无	无	无	无	无	无	有	有	无
同步间歇性机械通气	无	无	有	无	无	无	有	有	有
生产商给出最低潮气量（mL）	无资料	18	10	50	20	20	20	20	20
新鲜气流控制	针形阀	针形阀	针形阀	数控	针形阀	针形阀	针形阀	数控	针形阀
新鲜气流测定	流量计	流量计	流量计	电子流量计	电子流量计	流量计	电子流量计	电子流量计	电子流量计
备用流量计	无资料	无资料	无资料	无	有	无资料	有	有（故障模式）	有
整合二氧化碳浓度监测	否	否	是	是	否	否	是	是	是
整合麻醉气体监测	否	否	是	是	否	否	是	是	是
氧气压力缺失对新鲜气流影响	无新鲜气流	无新鲜气流	无新鲜气流	自动使用空气	可用空气	可用空气	可用空气	可用空气	可用空气
采样气体返回回路	否	否	否	否	否	否	是	否	是
气道压力计	有	有	无	无	有	有	无	无	有
容量控制通气时移除二氧化碳吸附器	否	否	否	否	是	否	是	是（可选配）	是（可选配）
管路泄漏时空进入	否	否	是	是	是	否	否	否	是
新鲜气流不足时室内空气进入	否	否	否	否	是	否	否	否	否
容量控制模式吸气时是否可以快速充氧	>潮气量,保持在限定压力水平	>潮气量,限定压力水平结束	否	>潮气量,保持在限定压力水平	否	>潮气量,限定压力水平结束	>潮气量,限定压力水平结束	>潮气量,限定压力水平结束	否
防故障保护措施与频率控制器整合	否	否	否	是，电子式	是，气动式	否	是，电子式	是，电子式	是，电子式
发现低压系统/蒸发器泄漏	正压	负压	自动，蒸发器打开	自动，蒸发器打开	自动，蒸发器打开	负压	自动	自动	自动，蒸发器打开
呼吸机驱动废气排除	否	否	无资料	是	无资料	是	否	是	无资料

摘自 Olympio MA: Modern anesthesia machines offer new safety features. APSF Newsletter 2003; 18: 17。

第四节 Dräger 的Zeus®麻醉工作站

作为 Dräger 麻醉系统最新产品，拥有全面的功能——从通气治疗、监测、吸入与静脉麻醉的整合到部分功能的自动控制。作为进口麻醉机代表，本节简单以 Zeus® 为例，介绍目前麻醉工作站达到的高度。

Zeus® 先进的麻醉工作站（图 16–1），整合了麻醉所需的各类功能，包括通气治疗、患者监测、吸入和静脉麻醉。其先进性主要体现在该设备是能够实现全紧闭麻醉和吸入靶控麻醉的麻醉工作站。它代表了一个全新的麻醉设计理念，该理念的目的是为了满足当今手术室对优化工作流程及降低治疗成本的要求。

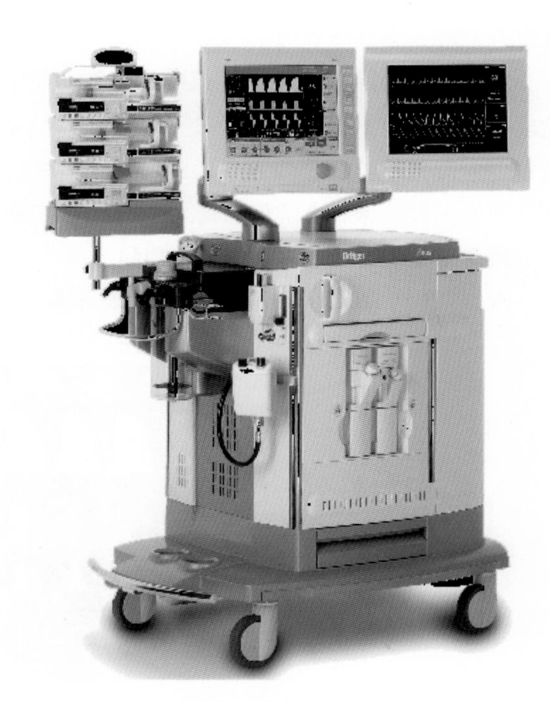

图16–1 Zeus®麻醉工作站

呼吸治疗方面，该工作站结合了最先进的通气技术和全面的监测功能。它既可实现直接喷射挥发性麻醉药（DIVA）功能，也包括了全静脉麻醉（TIVA）功能，从而有效地达成了现代化、高质量的麻醉。它的用户界面采用的是 Dräger 设备通用的操作理念，可靠而直观（图 16–2）。在设计上以开放的架构准备好为现在和未来的各种 IT 解决方案服务。Zeus® 提供的通气品质可满足各种危重症级别的治疗需求。 TurboVent 涡轮呼吸机的支持意味着无论设置何种通气模式，提供几乎无限的吸气流速为患者的自主呼吸提供支持，可为各个年龄段和各种不同程度的患者所使用。

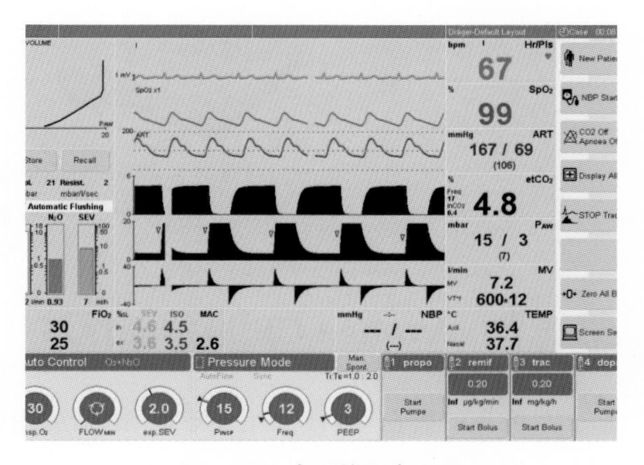

图16–2 直观的用户界面

该工作站先进的闭环控制功能实现了对吸入氧浓度和呼出麻醉药浓度的直接的反馈控制。通过 Dräger 首创的目标控制麻醉 （TCA），麻醉医师只要直接设置您所期望的目标值——吸入氧浓度和呼出麻醉药浓度，在全麻状态下，Zeus® 通过计算患者所需的氧气摄入量并控制系统自动进行氧气输送，在保证患者能获得需要的氧气同时把氧气的消耗量降到最低；通过气体监测比较呼出麻醉药浓度的设置值和实际值，Zeus® 通过全新的喷射式 DIVA 蒸发器直接把麻醉药喷射入呼吸回路，再利用 TurboVent 涡轮呼吸机产生的循环气流对回路中的麻醉药和新鲜气体流量进行迅速的混合，这样就能在很短的时间内实现设定的呼出气麻醉药浓度。这样，机器会在保障患者安全的同时，以最有效的方式自动完成，从而减少操作步骤，使麻醉医师可以更加专注于照顾患者。

采用的 Ivenus 静脉输注系统的 Zeus® 工作站，不仅仅是机械的连接，而是通过高度直观的触摸屏来控制输注泵，使静脉麻醉的实施和吸入麻醉的实施一样简便。系统内整合了一个药物数据库，能自动设定多种药物的默认值和剂量范围，并能由用户自行加入需要使用的药物。这样就无需再采用额外独立的输注系统，使工作流程更流畅，并能够实施各种麻醉方式，从复合麻醉到全静脉麻醉。

Zeus® 将 Infinity 患者监护系统的全部功能结合到一起（图 16–3）。其智能化的快速插件盒能够满足所有的监护需求并使各种监测参数集中显示。配备肌松和 BISx 模块后就能提供敏锐的麻醉效果监测，使麻醉医师更有效地评估患儿的镇静状态。Zeus® 开放的数据架构有利于所有患者数据和麻醉信息输入到医院的 IT 网络。

具有如定期自检、综合记录归档和远程服务等功能，停机事件的发生可降至最低。

Zeus® 在与 Dräger Infinity® Acute Care 系统相结合，可以直接获取床旁的所有重要信息。

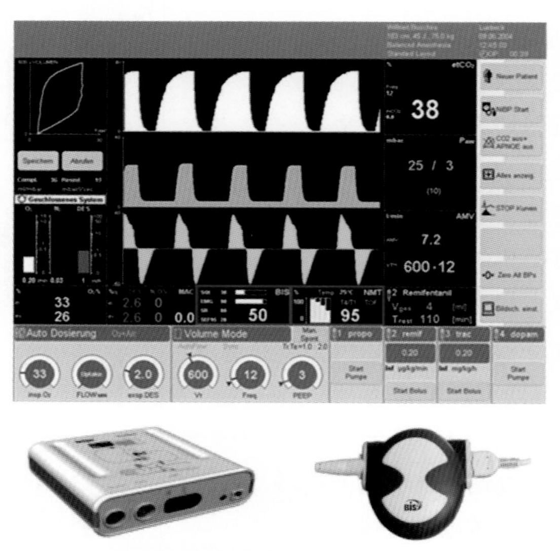

肌张力监测模块　麻醉深度（BIS）监测模块

图16–3　一体化患者监护系统

第五节　Avance CS²麻醉工作站

目前我们处在一个数据化时代，GE 所提出的工业互联网的概念就是实现人、机器、网络的互联互通。以麻醉机为例，如果通过工业互联网平台不仅掌握了设备运转的大量数据，而且在综合了众多病患的数据和医务人员的诊断数据后，再将设备、患者和医务人员有序的联系在一起，这样，不仅提高了设备使用率，还将有助于大幅提升患者的安全性、医务人员操控的信心，同时还可显著降低医疗成本。

对于 Avance CS² 麻醉工作站（图 16-4）标配有 RS232 端口、常规以太网网络接口、投影仪（带分屏功能）接口，集联网、视频教学、数据输出于一身，所有相关数据均可实现互联互通，实现临床麻醉数据共享的需求，方便麻醉医师对患者的病情掌握及分析，帮助医院病历数据的电子化建设，是真正意义上的数字化的麻醉工作站。

从病患安全及医务人员操作角度来看，Avance CS² 的界面操作可谓非常人性化。首先，菜单的设计更加扁平化，方便医务人员快速进入所需操作界面，而且随意点击屏幕即可回到主显示屏。再者，该麻醉工作站更具备了最新的 ecoFlow 功能，可在显示屏设置调节目标氧浓度，直观地看到氧气的输送量，有效预防低氧血症的发生，且更适合临床实现低微流量麻醉。ecoFlow 还能够实现可视化麻醉药的输送，高效的麻醉药输送技术能够帮助医生避免不必要的高新鲜气体流量，帮助优化患者氧合；科学证明多余的吸入麻醉药释放入大气是存在潜在的环境影响，ecoFlow 可以通过减少麻醉药消耗量对环境产生的影响。另外，Avance CS² 新增的新生儿模式可平稳实现低至 5 ml 潮气量的传输。还配备了预防术中肺不张的解决方案，有单次膨肺及多次循环阶梯程序两种选择。该麻醉工作站除了配置多项 ICU 专用的通气模式之外，更是研发了 SIMV PCV-VG 全自动通气模式，该模式无需手动调节，即可满足有无自主呼吸病患的全面需要。

从硬件角度来说，Avance CS² 的设计更加人性化。主要包括：①显示屏为第二代 SAM 高触感触摸显示屏，医生即便戴着手套亦可操作自如；并且显示屏可以 270° 自由旋转及上下倾斜，方便医生术中多角度观察及操作；具备锁屏按键，避免术中无意识触碰；②保留了传统的飞梭旋钮，一旦触屏失灵，用飞梭旋钮依然可以操作。其次，中央脚刹的设计，更加方便医师固定机器。③可选择 2 个或 3 个蒸发器位置，给临床提供多种罐位选择。④操作台面金属面板设计，不仅更显高端档次，且也更加耐磨损及易于清洁。⑤气体监测模块的设计保留了热插拔功能。⑥手动机控依然一键式转换，方便快捷。

从设计一体化角度看，配备的 CareScape 麻醉专用监护仪系列，使得麻醉工作站与监护仪能做到统一操作界面，使得数据的交互反馈更为智能和便捷；并可以一键式启动麻醉工作站及麻醉监护仪。

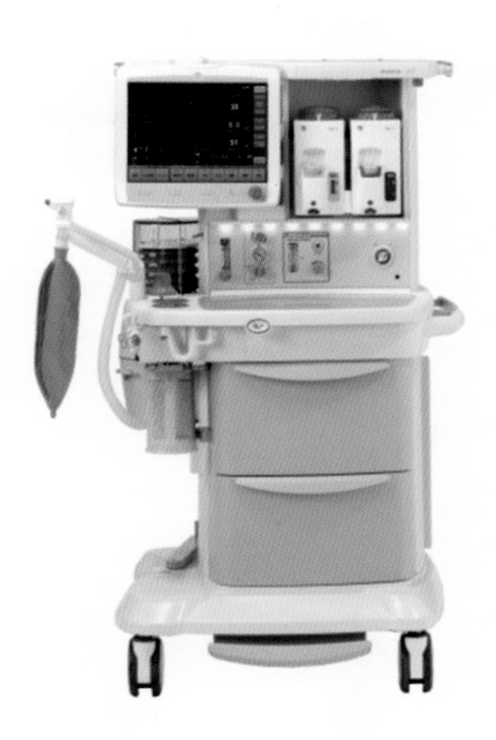

图16-4　Avance CS²麻醉工作站

在使用成本和维护费用方面，因 Avance CS² 采用了 ABS 同平台设计理念及其质量稳定和安全性，其使用和维护成本极低，除常规耗材外几无需要频繁更换的备件，保养简单方便。从产品升级角度来说，因为这是一款数字化的麻醉工作站，且该工作站集成并预留了诸多升级端口，使得现在的投资也具备极高的未来升级空间。

第六节　谊安公司AG50®麻醉工作站

本节以谊安公司 AG50® 麻醉工作站为例介绍国内目前较先进的麻醉工作站（图 16-5）。相较于传统的国产麻醉机，AG50® 有以下改进，通过这些改进，此工作站基本满足麻醉工作站的需求：

● 分体式高分辨率触摸屏，结合飞梭键，定位准确而快速

结合容量控制和压力控制的通气模式（手动通气、容量控制通气、压力控制通气、同步间歇指令通气-容量控制、同步间歇指令通气-压力控制、压力支持通气、压力控制通气-容量保证、待机模式，且具备窒息通气模式），提供更广泛的保护通气策略。

● 更完善的麻醉通气模式设置范围

■ 潮气量：20~300 ml（儿童）；20~1 500 ml（成人）

■ 呼吸频率：2~100 bpm

■ 压力控制水平：5~70 cmH_2O

■ I:E 比：4 : 1~1 : 8

■ PEEP：OFF ；3~30 cmH_2O

■ 压力上升时间：0~2 s

■ 流量触发：1~15 L/min

■ 屏气时间：OFF，5%~60%

● 全金属一体化呼吸回路，可整体进行 134℃ 高温高压灭菌

● 电子流量计，便于低流量麻醉管理

● 完善的麻醉监测，包括气道监测（潮气量、气道峰压、平台压、平均压、PEEP、呼吸频率、吸入氧浓度、顺应性）和气体监测（CO_2、N_2O、麻醉气体浓度，并能计算使用量），并记录 8 h 内 17 种参数趋势和数据

● 具有混氧设置辅助吸氧功能，配合报警

● 恒温功能确保通气舒适，Bypass 功能丰富了临床手段

● 辅助共同气体出口，可外接半开放呼吸系统

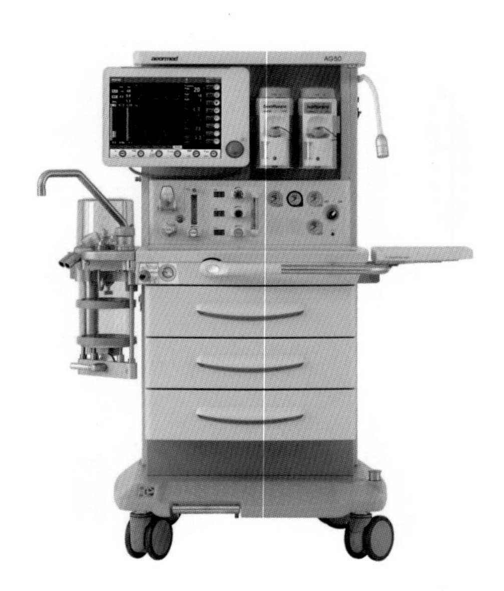

图16-5　谊安公司的AG50®麻醉工作站

● 开放的麻醉系统平台，与医院信息系统无缝对接
● AP1000 废气清除系统可调节吸引压力，不影响潮气量

第七节　迈瑞WATO EX-65麻醉工作站

迈瑞 WATO EX-65 麻醉工作站的特点（图 16-6）：

● 麻醉 + 监护 + 信息系统
● 标准网络接口和 HL7 协议
● 相同的软硬件平台
● 真正的无缝连接
● 更适合中国医师的信息系统

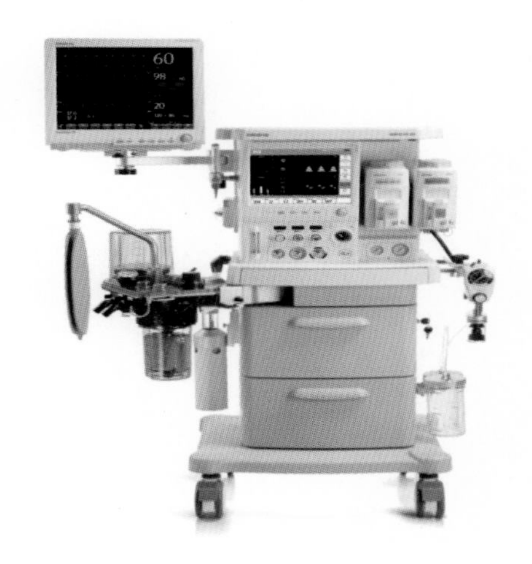

图16-6　迈瑞WATO EX-65麻醉工作站

（周仁龙　杭燕南）

参考文献：

［1］庄心良，曾因明，陈伯銮．现代麻醉学［M］．第 3 版．北京：人民卫生出版社，2003: 843-871.
［2］杭燕南，王祥瑞，薛张纲等．当代麻醉学［M］．第 2 版．上海：上海科学技术出版社，2013: 26-31.
［3］邓小明，姚尚龙，于布为．现代麻醉学［M］．第 4 版．北京：人民卫生出版社，2014:963-964.
［4］Miller RD. Miller's Anesthesia［M］. 7th ed.philadelphia: Churchill Livingstone, 2010:667-718.
［5］Barash PG, Cullen BF, Stoelting RK. Clinical Anesthesia［M］. 6th.ed. philadelphia: Lippincott Williams' Wilkins, 2009: 646-694.
［6］http://www.draeger.com/sites/zh_cn/Pages/Hospital/Advisor.aspx?navID=188.
［7］http://www.aeonmed.com/templates/plan/index.aspx?nodeid=58.
［8］Eisenkraft J. Hazards of the Anesthesia Workstation［J］. ASA Refresher Course Lectures, 2008, 212: 1-6.

第十七章 常用麻醉机的介绍

我国常用的麻醉机有德国德尔格（Dräger）系列，美国通用电气公司（GE）的 Detax Omeda 系列，迈瑞公司麻醉机，谊安公司麻醉机以及上海医疗设备厂麻醉机等。

第一节 Dräger 麻醉机简介

一、Fabius 系列

Fabius 系列是 Dräger 进入中国以来，最经典并被医院广泛使用的麻醉机，可应用于手术室、诱导室和复苏室。采用了 Dräger 先进的高精度 E-Vent 活塞式呼吸机技术，无需驱动气体，在气源失供时还能抽吸大气继续对患者继续通气，大大提高了安全性。优越的性能可提供与 ICU 呼吸机媲美的通气品质，能满足绝大部分的临床通气需求。具有多种通气模式，包括手动 / 自主、容量控制通气、压力控制通气、同步间歇控制通气和压力支持通气，这样就能使患者从机械控制通气顺利地过渡到压力支持通气和自主呼吸。在容量控制模式下，最小潮气量可设置为 20 ml，使应用范围覆盖成人、儿童和新生儿。独特的性能，如新鲜气体隔离和动态顺应性补偿，使医生在对患者进行通气时，能精准地输送潮气量，使麻醉更加安全和便于掌控。高分辨率的屏幕，直观的菜单结构和熟悉的德尔格三步操作理念：选择、调整、确认，操作方便。全面的监测功能，包括容量、压力和氧浓度；还可联合使用 Vamos 气体、监护仪，方便医生根据不同临床需求灵活配置麻醉气体监测。集成紧闭的呼吸回路系统部件少，易于操作和清洗，并且配备回路加热系统，尤其适用于低 / 微流量麻醉。创新的热丝式流量传感器，在麻醉过程中不受水汽的影响，使潮气量的监测非常精确。1.5 L 大容量的钠石灰罐，使用时间长，避免频繁更换，还可配备 CLIC 一次性钠石灰罐，方便在术中进行快速更换，无粉尘污染。

特点：Fabius 系列麻醉机在产地、设计、配置和用途上有所区别。Fabius Plus 和 Fabius

Plus XL 的生产基地在中国上海，产品向世界范围供货。在设计方面，各型号的机架和显示屏幕等方面略有不同，使之满足不同的需求。在配置方面，主要是医生可根据临床的要求配置不同的通气模式，以便更好地用于不同肺部情况的患者。Fabius MRI 是专用于磁共振环境的麻醉机，其专门的硬件设计使之能用于 1.5 和 3.0 T 强度的 MRI 环境。

（一）Fabius Plus（图 17–1）

Fabius Plus 的屏幕较小，呼吸机通气方式只有一种（容量控制通气 VCV）。

（二）Fabius Plus XL（图 17–2）

特点：Fabius Plus XL 屏幕较大，有容量控制通气（VCV）和压力控制通气（PCV）。

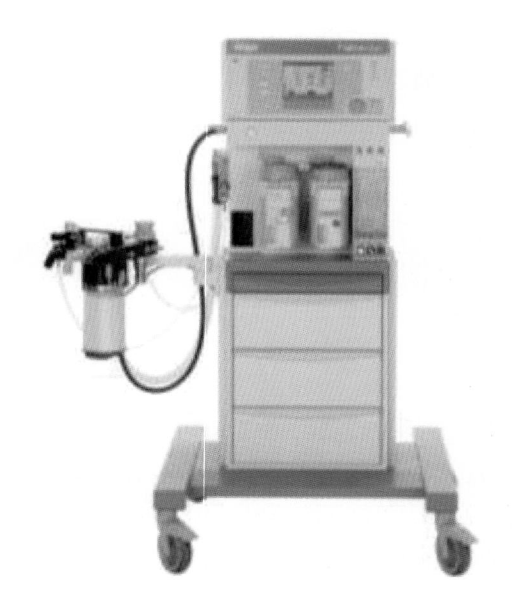

图17–1　Fabius Plus

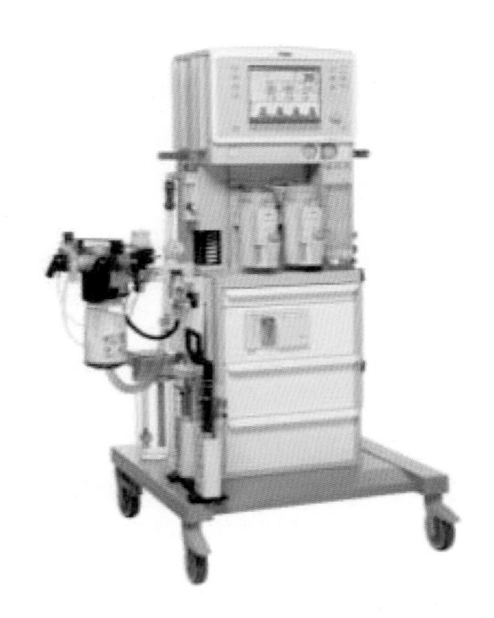

图17–2　Fabius Plus XL

（三）Fabius Tiro（图 17–3）

特点：也具两种方式。但与前述型号的最大区别是 Fabius Tiro 为电子流量计。

（四）Fabius GS（图 17–4）

特点：与 Fabius Tiro 相似，有 2 个蒸发器，可选择 IPPV 和 PCV。

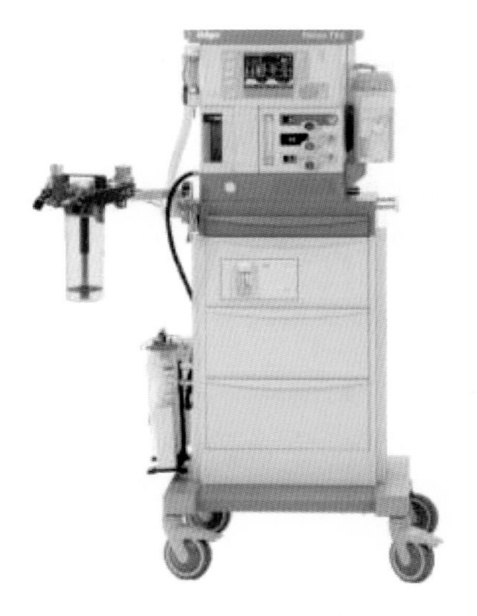

图17–3　Fabius Plus Tiro

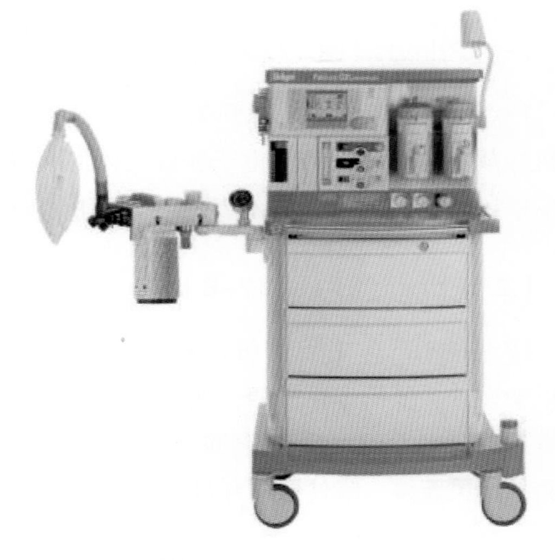

图17–4　Fabius GS

二、Primus 系列

Primus 系列是一体化麻醉解决方案，适用于新生儿、儿童及成人，为标准的入门级麻醉工作站。采用了电动电控 E-Vent plus 活塞式呼吸机，可提供与 ICU 呼吸机相当的 150–180 L/min 的峰值流速，而且不需要消耗驱动气体。除了常规的容量和压力导向的通气模式，还把同步功能融合其中，供各种临床环境使用；还能配置 AutoFlow 模式，融合了容量控制和压力控制的优点，采用递减吸气流速，使用最低的吸气压力来实现设定的目标潮气量，并能在与机械通气保持同步的情况下进行自主呼吸，如需要还能对自主呼吸进行压力支持，是一种适合各种人群的智能通气模式；另外，压力支持、CPAP 模式可以有效地支持患者的自主呼吸，改善患者的预后。容量模式下最小的潮气量设置可低至 5 ml，频率可高达每分钟 100 次，从而提高了在新生儿麻醉通气方面的通气性能，麻醉医师能顺利地处理新生儿、早产儿以及肺部有疾病的所有患儿。一体化加热的紧闭呼吸回路系统，高度集成，部件少，有效防止积水和泄漏，专为低流量麻醉而设计。同时还能保证气体的温暖湿化，提高患者的舒适性，有益于患者的预后。采用统一、直观的用户界面，以及与其他 Dräger 医疗设备通用的操作理念，医护人员需花费很少的时间就可以学会如何使用。12.1 英寸 TFT 彩色显示屏集中监测通气参数、新鲜气体流量、气体浓度和肺功能。“经济性指针”功能直观地显示新鲜气体的流量是否能满足患者的需求，可指导医生设置最理想的新鲜气体流量，在进行低 / 微流量麻醉时，既保证了患者的安全又避免浪费大量的新鲜气体和麻碎药。“容量计”功能可实时记录一分钟的总通气量，包括自主呼吸和机械通气的容量，在复苏阶段，可帮助医生判断患者的自主呼吸恢复情况，及时把握拔管的时机。 Primus IE 具有全新的 RFID 配件检测系统，用于识别 Infinity® ID 配件。可自动检查管路的连接是否准确并能监控耗材的更换周期，及时提醒医生进行更换，提高了工作流程的效率。

（一）Primus（图 17-5）

特点：工作站中央电源开关。一体的治疗和监测用户界面，可拆卸的集成呼吸回路与呼吸机连成一体，动态补偿电子新鲜气体混和器和机械提供新鲜气流，电动呼吸机（*E-Vent*™ plus）。IPPV，PCV，SIMV 及 PS/CPAP(*Option*)，五种麻醉气体监测和 MAC 计算。

（二）Primus IE（图 17-6）

特点：Primus IE 麻醉机在 Primus 麻醉机的基础上在硬件、软件和功能上有所提升。新的机架设计，使操作更方便，如中央刹车；软件系统的升级→使系统的反应更快；Primus IE 具有射频识别系统，与专门的呼吸管路、滤水杯、钠石灰罐和流量传感器联合使用，可防止管路的错误连接，附件到期可自动提示。

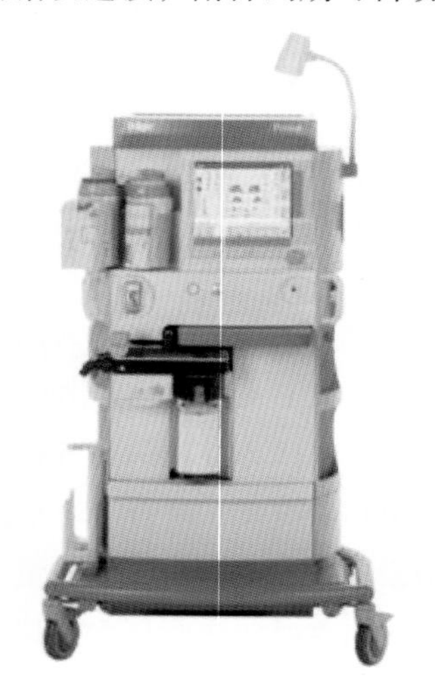

图17-5　Primus

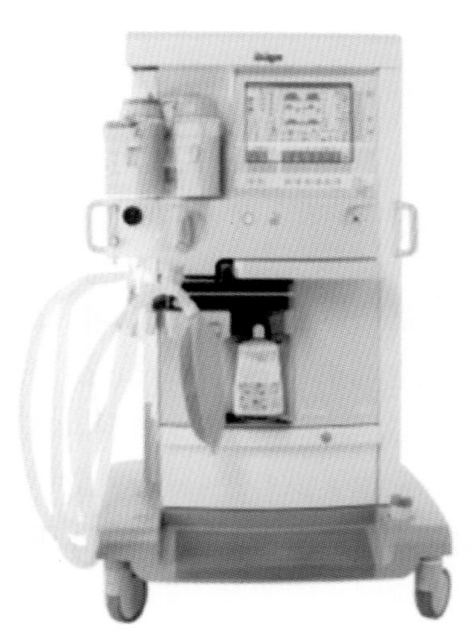

图17-6　Primus IE

三、Perseus A500（图 17-7）

Perseus A500 结合了成熟的呼吸机技术和最新的人体工程学设计。汇集了全球专家的集体智慧，将多个系统整合到一个先进麻醉平台中，致力于简化您的麻醉工作流程。Perseus A500 已荣获两大设计奖项："医学 / 卫生 + 保健"类的 "2013 iF 产品设计奖"和 "生命科学和医学"类的 "2013 红点设计奖：出类拔萃"。两奖项都属于重要的国际设计竞赛奖项，不仅要考量设计质量，还要评估诸多方面，如安全、人体工程学、功能、创新性以及不可或缺的环境兼容性。

切实提升人体工程学的性能。宽阔、照明良好的书写台；宽敞的储物空间以及巧妙的设计，如中央刹车、气道吸引装置和麻醉废气排放系统，使 Perseus A500 在使用中更简单直观；集线槽和手动皮囊挂钩，加强了管路和缆线管理。

配备了可与 ICU 通气媲美的高质量的涡轮通气技术，提供先进的通气模式，如 AutoFlow

和 BIPAP，在对患者进行准确通气的同时，还考虑到满足患者随时进行自主呼吸的需求。不仅如此，针对具有肺部疾病的患者，在麻醉期间就能采用 APRV 通气模式，实施有效的肺复张治疗，积极预防和改善患者麻醉后的并发症。

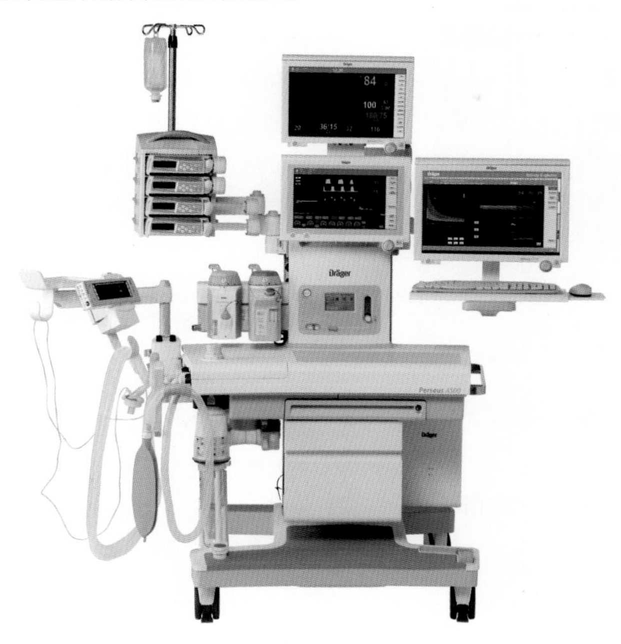

图17–7 Perseus A500

最新设计的呼吸回路系统，组成部件更少，无需使用任何工具就能拆装；死腔量进一步减小，大大缩短了时间常数，加速气体浓度的改变并迅速送达患者，在低/微流量麻醉时优势更明显。

为了支持灵活的工作流程，Perseus A500 具有专为临床设计的实用功能，如可定时的、全自动化的自检流程，缩短了准备时间；Flush & Dry 回路冲洗干燥功能，可有效消除回路积水和残留麻醉药；提供了多种与监护仪联合使用的方案，让您能够根据自己的需求随意配置 Perseus A500 工作站，使用同一监护仪就能实现从床旁到手术室的无缝监护；在紧急情况下即使在设备未连接电源也能进行手动通气和给氧。

第二节 GE的（Detax Omeda）麻醉机简介

GE 的 Datex-Ohmeda 是超过 100 年历史的麻醉机品牌。该系列麻醉机的设计追求的是安全，实践的是安全，保障的也是安全，它是麻醉医生最安全最可靠的助手。

一、Aespire 7900 麻醉机

Datex−Ohmeda 麻醉机融合了家族的优良行业水准以及先进的性能。创新的 ABS 智能回

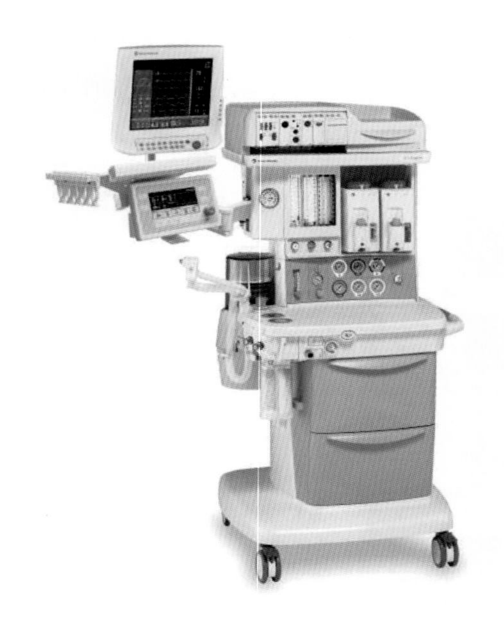
图17-8　Aespire 7900麻醉机

路系统、符合人体工程学的外观设计、全新的最精确的 Tec 7 系列蒸发器、顶级性能的 7900 型呼吸机、动态潮气量自动补偿等功能，为临床提供了安全的保证以及更多的选择。Aespire 7900 麻醉机满足所有患者的需求：新生儿、外伤、危重病患、体外循环和常规病例，具有完备的功能和极佳的产品质量，可选择多种附加功能如：SIMV、PSVpro 等，是临床高端机型（图 17-8）。

（一）智能化的麻醉呼吸机

Aespire 7900 麻醉机满足所有患者的需求，新生儿外伤危重病患和常规病例。Aespire 7900 呼吸机用相同的气体传输系统创建危重临床麻醉，以适应麻醉的特殊需求并提供更易控的用户界面。

Aespire 7900 麻醉机的通气模式包括：VCV，PCV，SIMV，PSVpro。SIMV 和 PSVpro 模式为有自主呼吸的患者提供简单人性化的带流量触发、触发窗、电子 PEEP 和窒息保护功能的通气模式。儿科患者、喉罩患者和不适应某种麻醉药物的患者，SIMV 和 PSVpro 更加有益。用户菜单一目了然，有可调角度的显示屏幕（图 17-9）。

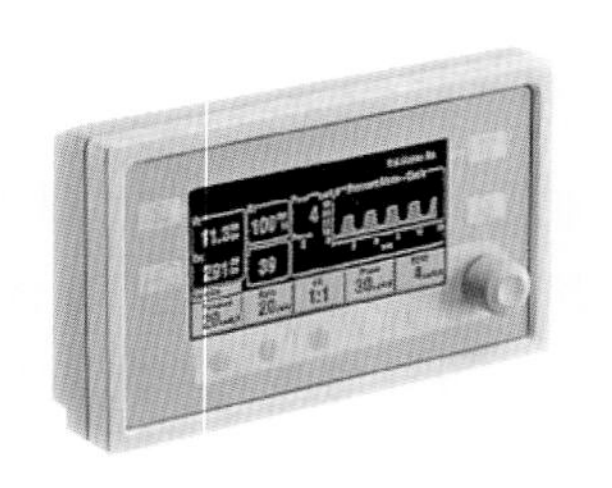
图17-9　Aespire7900 麻醉机显示屏

（二）紧凑智能型模块化 ABS 呼吸回路（图 17-10）

（1）经典的气动电控呼吸机，更符合人体呼吸生理。

（2）直观的上升式风箱，随时与患者呼吸变化同步及回路密闭性。

（3）回路徒手拆卸简单、方便、无需任何工具，回路部件耐 134℃高温高压，方便全面。

（4）自动实时的动态潮气量补偿系统，达到“所设即所得”。

（5）自动检测和显示回路的状态和类型。

（6）智能化的回路，转换手动 / 机械通气开关即可启动呼吸机。

（7）电子检测麻醉回路连接或脱离状态。

（8）智能型 CO_2 吸收罐，快速更换。

（9）模块化呼吸回路，所有传感器及连接电缆内置在回路内。

（10）仅 2.7 L 的回路容积对麻醉药的改变有更快的响应速度，特别是在低流量麻醉期间；

并可有效地减少麻醉药消耗，缩短复苏时间和减轻手术室环境污染。

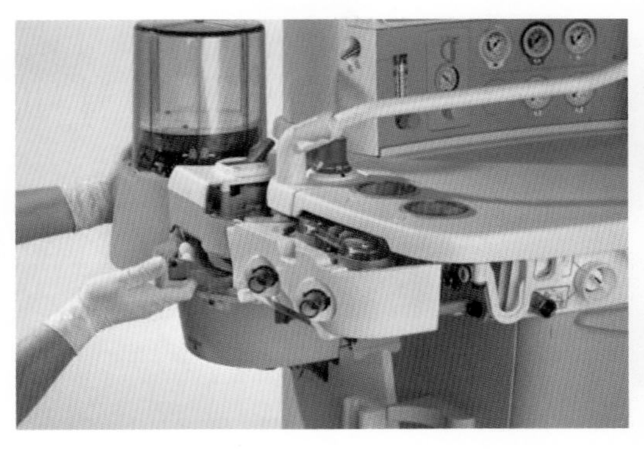

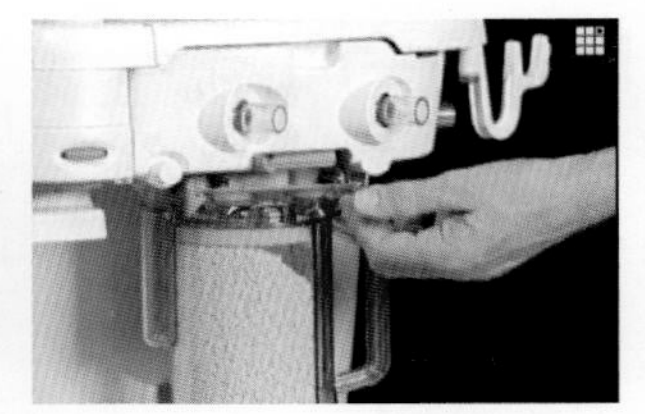

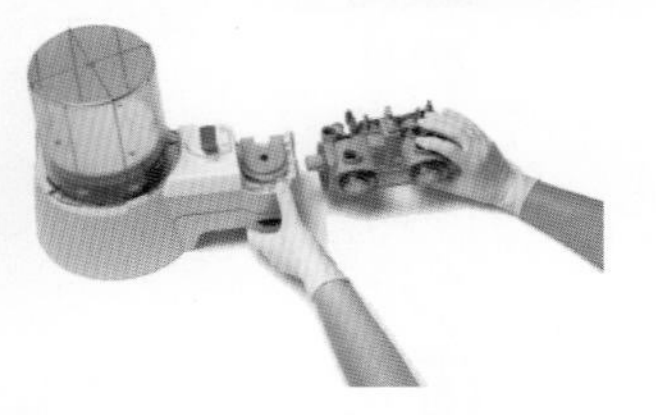

图17-10　模块化ABS呼吸回路

（三）不同麻醉需求的专业设计

（1）开放式的结构，不同的支架选择，灵活组成各种麻醉工作站。

（2）辅助新鲜气体出口（ACGO），方便连接 Bain、T 管等开放回路。

（3）高精度的双管流量计，更适合低流量麻醉。

（4）双蒸发器位置方便随时调整麻醉用药。

二、Aestiva/5 7100 麻醉机

Aestiva/5 7100 麻醉机是一款高品质、高性能的原装进口麻醉机，超强的稳定性，以患者为中心，以临床为导向的设计，满足包括体外循环在内的几乎全部手术的麻醉需求，是临床主力机型（图 17-11）。还有一些 Aestiva 系列麻醉机（图 17-12）。

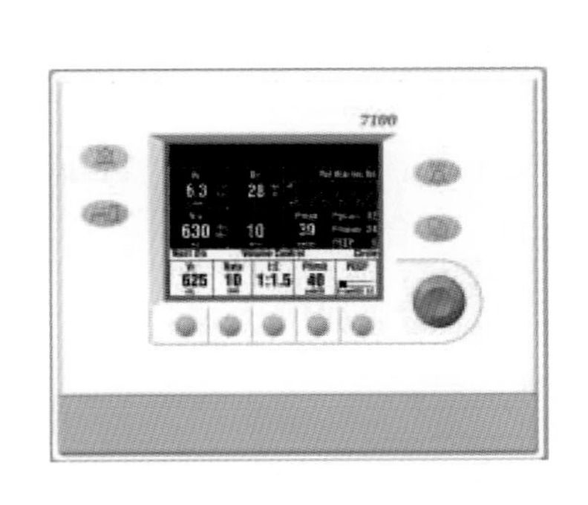

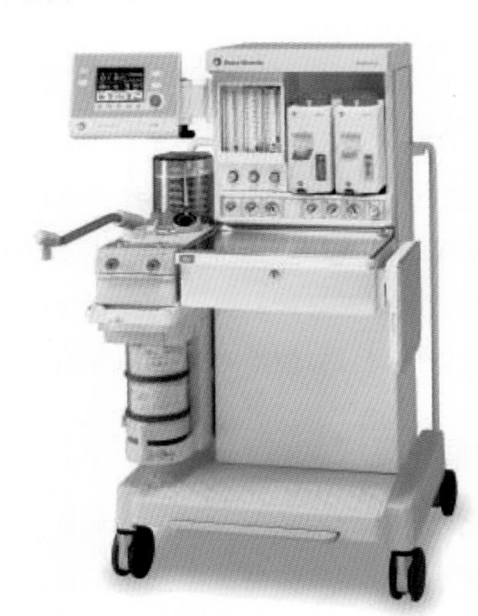

图17-11　Aestiva/5 7100麻醉机

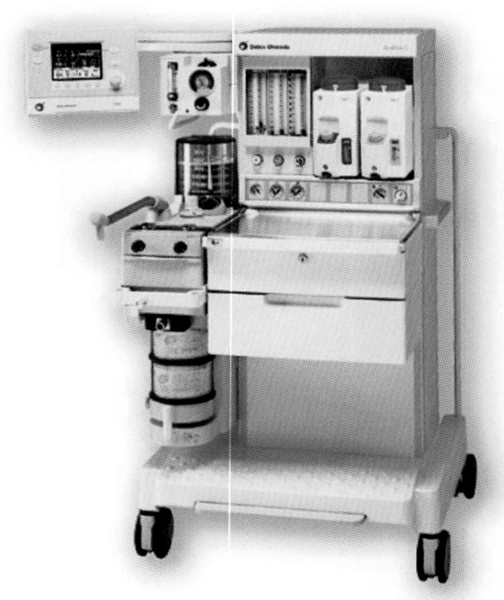

AestivaTM/5 CP麻醉机

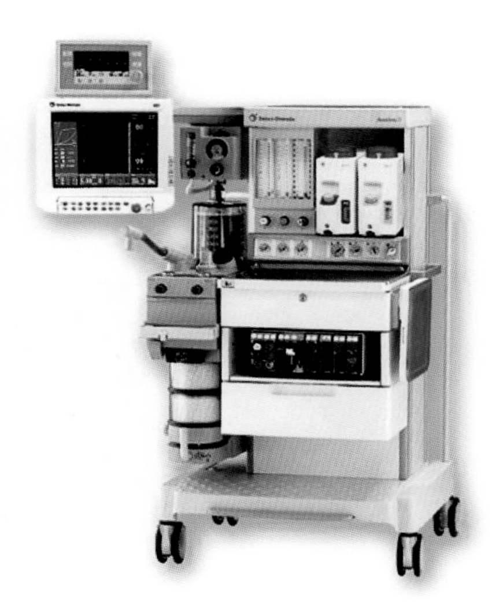

Aestiva 3000麻醉机

图17–12　Aestiva 系列麻醉机

（一）高效率的 7100 型呼吸机

（1）人性化的用户界面，全中文的显示和操作。

（2）所有设定值监测值和呼吸波形同屏显示，更加直观。

（3）自动实时的动态潮气量补偿技术，电控 PEEP。

（4）快速开机自检，适应紧急手术。

（5）待机功能，轻松快速启动呼吸机。

（6）肺旁路功能，专为体外循环手术设计。

（7）更高参数的配置，适合婴幼儿至成人的所有麻醉。

（8）标配容量和压力模式。

（二）开放式的结构，多元化的选项

（1）开放式的结构，不同的支架选择，灵活组成各种麻醉工作站。

（2）可选辅助新鲜气体出口（ACGO），方便连接 Bain、T 管等开放回路。

（3）高精度的双管流量计，更可选配双管空气流量计，适合低流量麻醉。

（4）双蒸发器位置，方便随时调整麻醉用药。

（三）呼吸回路系统

（1）模块化设计极大地减少了潜在的泄漏、误接和脱落。

（2）回路徒手拆卸简单方便无需任何工具，所有回路部件耐 134℃高温高压，方便全面清洁消毒。

（3）自动检测和显示回路的状态和类型。

（4）智能化的回路，转换手动 / 机械通气开关即可启动呼吸机。

（5）经典安全的上升式风箱，直观判断患者呼吸活动和回路的密闭性。

三、ADU 麻醉工作站

特点：全球第一台电子麻醉工作站，高度集成化，装配有单电源主开关电子流量计，插件式 Aladin 电子蒸发器，潮气量、顺应性补偿，吸入麻醉药识别，浓度监测和电脑控制信息记录系统等（图 17–13）。

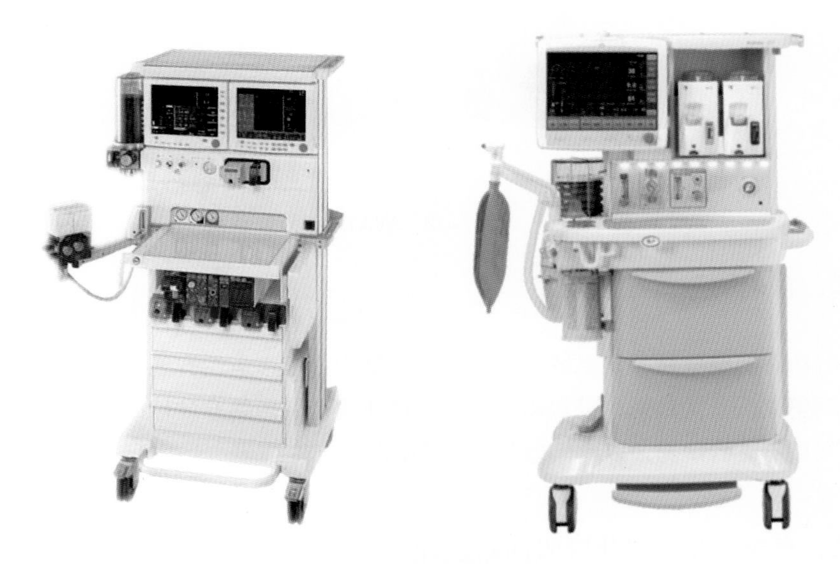

图17–13　ADU麻醉工作站

第三节　迈瑞麻醉机简介

WATO 麻醉机系列（图 17–14）突破传统的麻醉机设计理念，传承了迈瑞麻醉机高品质平台的技术，性能稳定，潮气量输送准确。完善的监测，智能化的报警，全面提升手术麻醉的安全性。紧凑简约的结构设计，适合现代手术室的需求，使用更方便、快捷。超过 5 种以上的型号及配置，满足临床不同的麻醉需求。

一、全面的通气模式

麻醉呼吸机采用世界知名品牌的气控系统，运行稳定可靠。可媲美重症治疗呼吸机，拥有多种通气模式，如容量控制（VCV）、压力控制（PCV）、同步间歇指令（SIMV）、压力控制容量保证（PCV-VG）等通气模式。在 VCV（容量控制模式）下，最小潮气量可设置为 20ml，充分满足临床从婴幼儿、儿童及成人全年龄段及各类危重患者的麻醉需要。

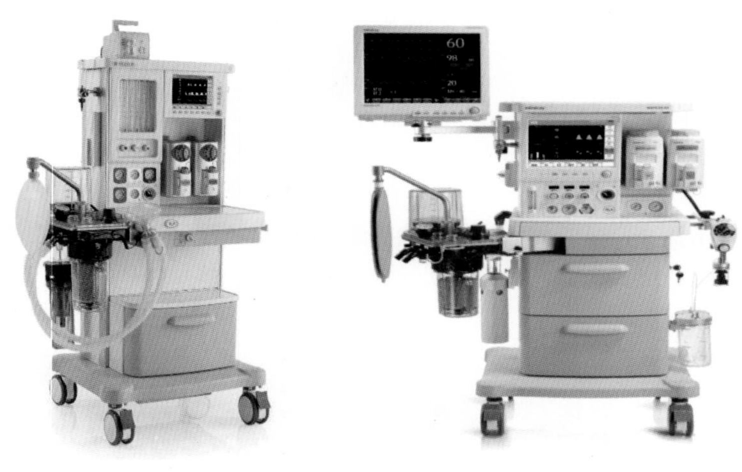

WATO EX-35　　WATO EX-65

图17-14　WATO系列麻醉机

二、精确的潮气量控制

实时动态的潮气量补偿系统，以设定潮气量为目标，运用智能化的控制系统及时准确的反馈和调整潮气量的输送，补偿因新鲜气体流速改变，回路顺应性改变及系统泄漏等因素导致的潮气量不准的情况，以确保患者潮气量所设即所得。

三、卓越的高集成化呼吸回路设计

采用可耐 134℃高温高压消毒的特殊材料、整体加热的高集成回路、具智能化的旁路开关（By-pass）及专利的外置积水装置，更好地解决了在临床麻醉工作中，麻醉机回路冷凝水、术中钠石灰更换不便和麻醉机引起的院内交叉感染等问题。整个呼吸回路可无需工具，徒手拆装，为临床的清洗消毒带来便利。

四、人性化的操作界面

全中文下拉式菜单，直观简洁的操作方式，8~12 in 的触控液晶大显示屏，保证医生轻松掌握麻醉机的使用。

五、丰富的监测技术

除了具有常规的呼吸参数监测功能外，还可选肺功能环图监测，同时可选模块插件监测麻醉气体和呼末二氧化碳（图 17-14）。

第四节　谊安麻醉机简介

北京谊安世纪医疗器械有限公司致力于麻醉机和呼吸机等医疗仪器的研发，问世短短一年，成功开发了 18 个型号的麻醉机系列产品。

一、7000 系列麻醉机

多款 7000 系列麻醉机被广泛接受并应用于全国各地的各级医院手术室（图 17-15），其稳定的性能与优质的服务赢得了广大用户的好评。

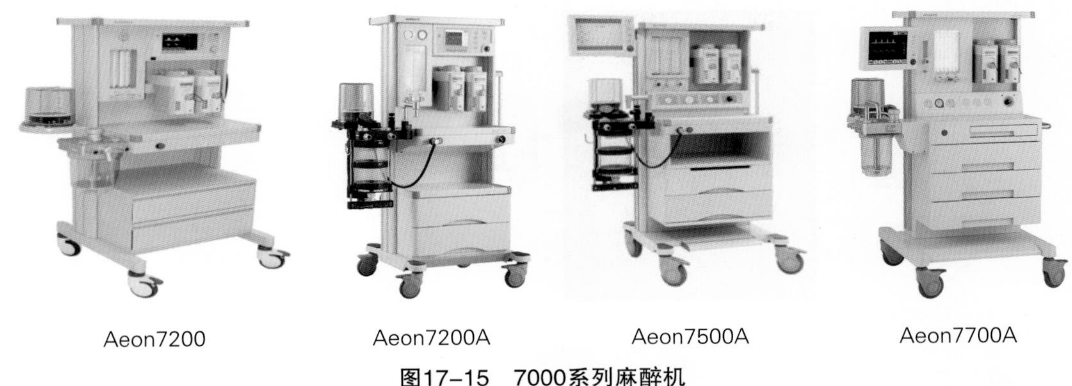

图17-15　7000系列麻醉机

自主研发的 VP300 蒸发器系统性能优异，与进口品牌相近，是最好的国产蒸发器。极具特色的镁铝合金回路充满科技感，使用也更加放心。媲美进口品牌技术的新鲜气体控制和潮气量补偿技术，全面保障患者的安全和机械通气的精准。

配备全面的通气模式、容量控制、压力控制、同步间歇指令、压力支持、手动通气，满足麻醉从诱导到苏醒全过程的需求，全面的监测参数、丰富的波形给临床医生更全面的信息把握。

二、8000 系列麻醉机

8000 系列是美国研发中心主导的中美研发团队共同开发出的高端麻醉工作站。容量模式下潮气量最小 20 ml，满足婴幼儿到成人不同患者需求，具备先进的新鲜气体控制与补偿、动态顺应性补偿和海拔补偿，结合专利潮气量控制算法，实现潮气量误差在 5%。应用最尖端比例电磁阀配合紧凑的回路，实现低流量麻醉。

创新一代的 AC200 镁铝合金全金属紧凑回路，回路容积 2.5 L，使麻醉药物浓度调整更迅速；整个回路没有积水点设计配合先进的旁流热式金属传感器，让通气监测更加精准；回路内部管路也为金属回路，金属材质优异的热传导特点，使整个回路的恒温功能更加均匀，患者通气更加舒适；可整体不用拆解高温高压消毒。感控更易实现；创新的金属带快排功能的 APL 阀，无论在任何设定压力下都能通过上提阀门快速实现压力释放。3L 上下两层透明钠石灰罐，使钠石灰使用时间更长，更换钠石灰更加方便，轻微的颜色变化也能及时发现；陶瓷材质的吸呼气活瓣，更加灵敏，满足婴幼儿麻醉需求。

谊安 8000 系列麻醉机配备全面的通气模式，包括 SIMV-PC, 及 PCV-VG，满足临床麻醉的发展趋势，为带有肺部疾病及肺功能不全的患者提供智能化麻醉通气选择。同时显示压力 - 时间、流速 - 时间、容量 - 时间三道波形，压力 - 容量环、流速容量环，以及动态的肺顺应性及呼吸阻力监测全面掌握患者通气和肺功能状态。

8700A 麻醉机配有 12.1 in 高清晰医用液晶触摸屏，使操作更加方便。具有数据存储和报警日志记录，满足临床麻醉研究的需要。配备了先进的顺磁氧氧浓度监测和呼末二氧化碳监测，还可配备麻醉气体监测、废气处理系统及手术室信息管理系统，以及辅助吸氧、动力气源、射灯、网电源，真正实现多功能麻醉工作站系统功能（图 17-16）。

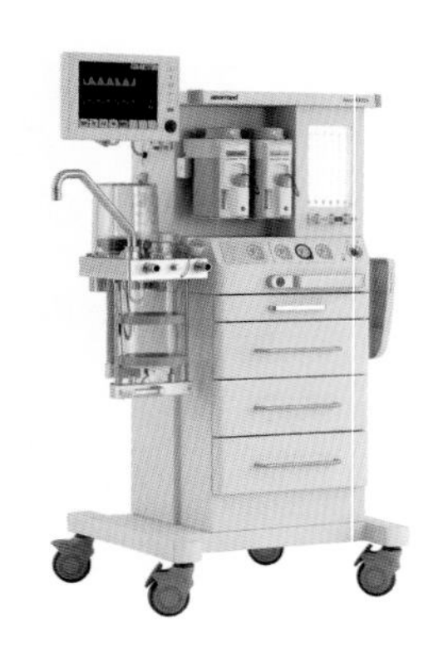
Aeon 8300A

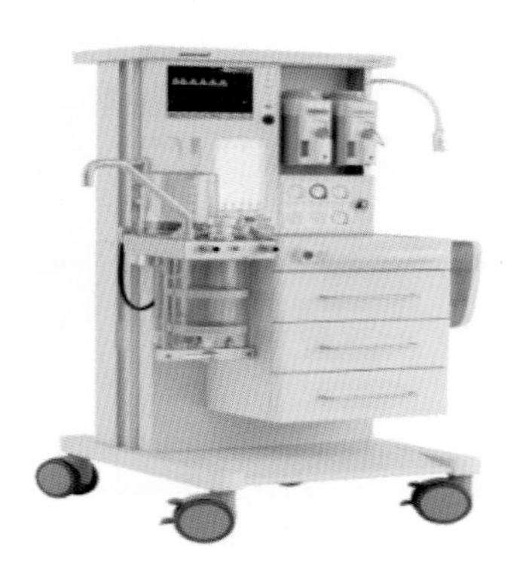
Aeon 8600A

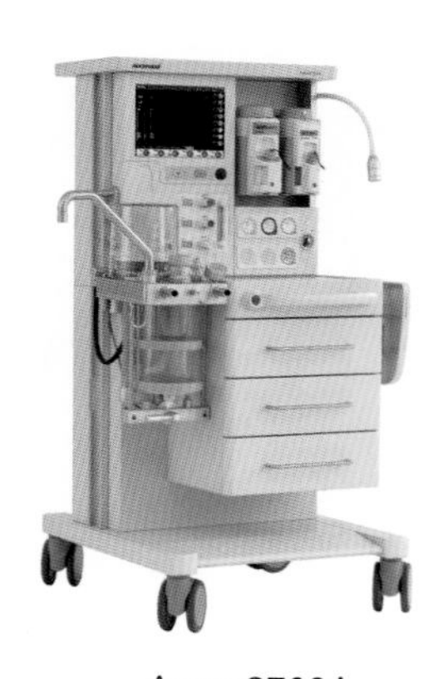
Aeon 8700A

图17-16　8000系列麻醉机

三、AG50 麻醉机

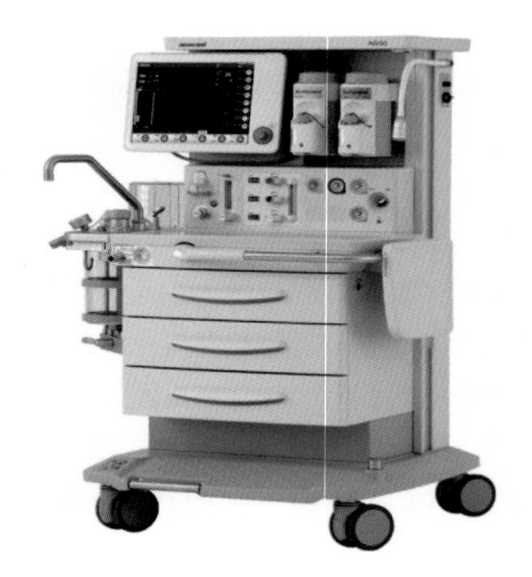
图17-17　AG50高端麻醉工作站

AG50 高端麻醉工作站（图 17-17）配备新一代的 VP500 蒸发器，储药量更大，同时可以带药转运。呼吸回路系统增加了手动机械通气转换扳手和 Bye-pass 功能，满足安全要求及术中更换钠石灰。AG50 麻醉工作站配备麻醉气体监测。设计成氧浓度自动可调，防止患者吸入纯氧中毒和保障手术室的运行安全。配备了智能的谊安 AP1000 麻醉废气处理系统，多余的麻醉废气不会污染手术室环境，又不会对机械通气造成任何影响。同时麻醉气体监测或者呼末二氧化碳监测采集的细微回路混合气体都会通过 AP1000 排放到手术室外面。AG50 麻醉工作站即使认为在关闭麻醉机电源却忘记关闭流量计的情况下，AG50 也会第一时间弥补这一问题，关闭所有气体供给，保障不会有任何麻醉气体污染手术室。

AG50 麻醉机符合人体工程学设计，宽大的写字台，LED 设定以及可扩展的面板。15 in 外置触摸屏角度可调，各种参数波形观察更加轻松。

第五节 上海医疗设备厂麻醉机简介

一、MHJ–IIIB 麻醉机

MHJ–IIIB 麻醉机是新一代普及型麻醉机（图 17–18），在设计上提高了机器的可靠性，安全和组合性，充分考虑了麻醉呼吸机和各种监护设备的配置连接使用，扩大了该机的功能。ISO 标准接口的回路可满足半紧闭，半开放和全紧闭麻醉的需要。MHJ–IIIB 麻醉机配有 DZFG 新型蒸发器，输出浓度可调。

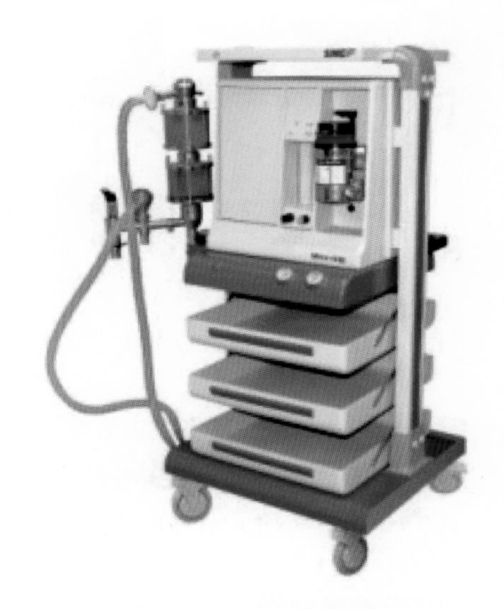

图17–18 MHJ–IIIB麻醉机

（一）益生 MHJ–IIIB 麻醉机特点

（1）流量计采用 N_2O 氧自动配比（保证氧浓度 0.3）。

（2）具有 N_2O 氧自动截断装置。

（3）ISO 标准回路系统可左右安放，便于不同位置操作。回路系统上的压力表可观察呼吸情况。

（4）可配恩氟烷蒸发器或异氟醚蒸发器。

（5）可安装钢瓶托架，为无中心供氧情况下使用。

（二）益生麻醉机 MHJ–IIIB 技术数据

（1）流量调节范围：O_2 流量计为 0.1~10 L/min，N_2O 流量计为 0.1~10 L/min。

（2）供气压力：0.27~0.55 MPa。

（3）氧气比例控制（ORC）：O_2 浓度大于等于 0.25（用于 O_2+N_2O 混合）。

（4）快速供氧：35~70 L/min。

（5）氧化亚氮截断：当 O_2 压力低于 0.2 MPa 时，氧化亚氮自动截断。

（6）恩氟烷蒸发器浓度：0%~5% 可调（无补偿）。

（7）安全阀：5~40 cmH_2O。

（8）气道压力限定调节范围（APL）：0.5~7 kPa。

（9）体积：570 mm × 580 mm × 1 140 mm（长 × 宽 × 高）。

（10）重量：52 kg。

二、MHJ-IIIB2 麻醉机

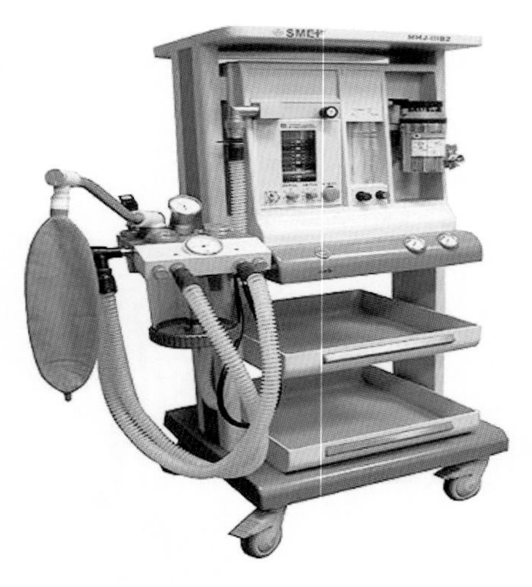

图17-19　MHJ-IIIB2麻醉机

MHJ-IIIB2 麻醉机是新一代普及型组合式麻醉机（图 17-19）。在设计上提高了机器的可靠性、安全性和组合实用性，是一台多功能的气动气控麻醉机。配有 ISO 标准接口和高精度蒸发器等，是现代医院最理想的普及型麻醉机。

（一）主要性能及特点

（1）配有 SC-M3A 气动气控麻醉呼吸机，整机工作时无需电源。

（2）流量计采用氧化亚氮气比例控制装置（ORC），保证新鲜气体中的氧浓度不低于 0.25。

（3）具有氧化亚氮自动截断装置。

（4）气道压力表可及时监测呼吸压力变化情况。

（5）SC-M3A 气动气控定容型麻醉呼吸机输出潮气量准确，耗气省、噪声低、寿命长。

（6）顶部大搁盘可以放置各种监护仪。

（7）可选配小儿皮囊及回路，扩展使用范围。

（二）技术数据

（1）供气压力：0.27~0.55 MPa。

（2）流量调节范围：O_2：0.1~15 L/min，N_2O：0.1~10 L/min ORC：O_2 浓度大于等于 0.25（用于 O_2+N_2O 混合）。

（3）快速供氧：35~75 L/min（当 O_2 压力在 0.45 MPa 时）。

（4）缺氧报装置：当 O_2 压力低于 0.2 MPa 时，有声报警。

（5）氧化亚氮截断装置：当 O_2 压力低于 0.1 MPa 时，N_2O 自动截断。

（6）麻醉呼吸回路：限压排气阀（APL）调节范围 0~7kPa。

（7）蒸发器：输出浓度 0.2~5，有补偿。

（8）SC-M3A 麻醉呼吸机：频率 6~40 次 /min，呼吸比 1∶2（1∶1/1∶3），潮气量成人：200~1 300 ml。婴儿：50~200 ml（选配）。

（9）工作安全压力小于等于 6 kPa。

（10）监护：气道压力、潮气量、分钟通气量、气源压力、呼吸流速。

结语：我们简要介绍在我国常用的进口与国产麻醉机的主要目的是：①让国内麻醉界同道了解我们常用麻醉机的工作性能。②根据全国各地实际需要和经济条件，在选购麻醉机时提供参考。

（注：本文资料由网上查阅及各麻醉机公司提供。我们尽可能把商品宣传内容删除 ，主要介绍技术性能。）

（杨立群　杭燕南）

第十八章 麻醉与信息技术

当今计算机信息技术在麻醉学科中主要应用以下几个方面：麻醉资料的收集及统计分析、辅助教学及学术演示、麻醉监测系统、麻醉方法的制订（专家系统）、麻醉药物靶控输注技术（TCI）和疼痛治疗。今后随着物联网技术及智慧医疗的兴起，到处存在的传感器将会把病房中、手术室中、患者家中的生命体征数据通过网络传输至麻醉信息管理中心，麻醉医师从此可以承担起人类从出生至生命终止、从医院内至医院外的所有生命体征的监测及生命救护，这是物联网技术革命带给麻醉和围术期医学的又一次机遇与挑战！

第一节 医学中计算机及其运作

一、医院信息系统

现代医院信息系统组成部分包括管理、临床、档案、收费和商业系统。它是介于统一单独的综合系统和最佳模式组合的系统之间的系统。前者的优点是协同性良好，而后者在一些组件方面要好得多。近年，医疗信息技术越来越受政府调控、安全顾虑和标准的约束。标准对于系统间的协调作用至关重要，可确保各系统均使用统一的术语。HL7（health level 7）是美国医疗设备间通信的一套公认的规则和协议。全美医院 2004 年 5 月已全部使用 HL7。

现代复杂的医疗信息系统将许多不同地点的分散的系统编排为一个扩展的“内联网”。例如，一个核心医院会与地理上相距很远的门诊或同一医疗系统内的多家医院同处于一个内联网内。有的部分是通过网络“主干”物理性相连的，而有的可能通过虚拟私人网络相连，使远程用户可以出现在同一网络内。

二、电子健康记录

电子记录还被称为计算机化医疗记录、计算机化患者记录、电子医疗记录和电子健康记录（electronic health record, EHR），很明显不同情形下需要完全不同的 HER，而这些 HER 最终需要准确无误地进行交互。

HER 核心功能有 8 类：①管理患者健康信息与数据；②提供患者检查的结果；③计算机化医嘱录入；④决策支持，可自动产生提示来为医生提供信息；⑤ EHR 可装配通信工具；⑥可自动生成患者支持工具如描述疾病或出院指导的小册子；⑦管理程序可以整合入 EHR 内，包括排班系统、收费管理和保险确认；⑧将报告系统整合入 EHR 内可以简化内部和外部报告的需求。

大型服务商如 Microsoft 和 Google 现在已经采用了更实用的一种方式，即在线提供患者医疗“库”，患者可对其进行读写和存取控制。

三、计算机化医嘱录入

计算机化医嘱录入（CPOE）系统在许多医院都已建立。广义上 CPOE 指基于计算机的医嘱系统，用以使医嘱过程自动化。使用 CPOE 可以给出符合医院处方规范的标准、完整和易读的医嘱，并将医嘱自动发送至药房。CPOE 还经常配备决策支持系统（DSS）。

一个成功的 CPOE 系统的 9 个要素：第一是掌握所有执行 CPOE 所需的资源，包括政策的、地区的和内部的；第二是在执行 CPOE 过程中一直受到本单位领导阶层的支持；三是 CPOE 系统在各方面都能得到资助，包括人员的培训；第四是能预先知道 CPOE 对体系中各部分工作流程会产生何种影响；第五是确保每位使用该系统的医务人员都能通过节省时间的措施达到“性价”比的升高；第六是选择恰当的部署策略，是一步到位还是逐步进行；第七是技术方面的问题，例如如何取代过时的旧系统；综合进行培训和支持是第八个要素；第九是在开展 CPOE 系统后设计一个持续质量改进的计划。

四、决策支持系统 / 人工智能

整合 EHR 和 CPOE 的决策支持工具可以提供现有的医学知识、最佳医疗实践、收费规范信息和管理功能的快捷入路，还有利于成本控制。决策支持系统（DSS）往往介于专家系统（由专业领域专家制订规范，将其用于决策支持）和自主系统（具有学习功能，对大型数据集合进行观察研究）之间。

临床医师对 DSS 的功能会有若干要求，例如能够进入已有的国家专家共识指南，在下医嘱时能同时显示患者相关的信息，智能报警，提醒进行患者特殊的处理（如免疫治疗），能将自己的绩效与过去进行比较，这在某种程度上可以持续改进绩效。

五、HIPAA 和数据安全

HIPAA 制订于 1996 年，最初适用于保护工作人员免于在换工作的过程中失去医疗保险（便携性）、并保护他们医疗信息完整性、机密性和可利用性（可说明性）。HIPAA 涉及自动化医疗信息的三个关键方面：隐私、通用编码格式和安全。

隐私的目标是那些需要保护的医疗信息，账单确保了患者控制该信息使用的权力，因为这些信息与医疗、医疗产业和研究都有关。HIPAA 要求生成通用编码系列，这些编码覆盖了疾病分类等内容，并提供了全国医务人员和患者的身份号。对后者的很多顾虑，阻碍了它的应用。法律安全方面主要涉及了患者医疗信息得到保护的物理和电子方法。

六、远程医学

远程医疗和远程医学是医疗服务跨越空间、时间、社会和文化障碍的应用。远程医学在许多工作学科都得到了应用，包括外科、急诊医学、心脏学、皮肤病学、眼科学、神经学、消化内科学、康复医学和重症医学。但是，尽管远程医学对患者获得医学信息已产生了巨大影响，仍然有许多因素阻碍着远程临床医疗的广泛应用，包括执照、证书、渎职和赔偿等问题。

远程医学有望让医疗水平低下地区得到医疗服务，向远程专家提供接触医疗信息的机会，让无需进行身体检查的患者在家中就医。此外，现在正在研发新技术，包括远程介入和远程呈现。远程介入使地理上分散的人们能够在一个虚拟空间内协作，而远程呈现系统通过视频和机械装置与传感器远程进行“看、摸和移动”物体。

现在已经有用腹腔镜和机器人装置来远程操作的远程手术示范项目上。在其他许多医学领域还有一大批项目在开展，赔偿部门也开始建立针对远程医疗的赔偿方法。此外，还有几项进行远程医学的商业化系统，包括远程放射线片解读，有些情况下是由世界范围内的执业放射线医师来进行恰当解读，以及远程重症监护，虚拟的 ICUs。远程医学将最终在很多根本方面改变医学实践。同样可以确定的是技术发展的速度必将超过管理体制、赔偿制度以及立法的改进速度。

第二节 麻醉信息管理系统

麻醉信息管理系统（anesthesia information management system，AIMS）是一个以数学形式获取围手术期相关信息的计算机系统。其中，术中麻醉相关信息的麻醉自动记录（automated anesthesia record，AAR）是其重要组成部分。AAR 首先由杜克大学医学中心麻醉系于 1972 年开始研究，于 1980 年用于临床。AIMS 收集每一例要进行麻醉处理患者的信息，其信息的主要部分来自术中。麻醉医生在麻醉过程中工作环境常常是非常复杂的，需要同时接收多种信息并要对它们进行及时全面的分析，按照事情的轻重缓急做出适当的处理。传统的纸笔式麻醉记录单需要麻醉医生用大量的时间完成，难免分散麻醉医生对患者的注意力。AAR 的应用改变了纸笔记录手术患者术中信息的传统方式。

麻醉信息的主要内容是以患者在麻醉与围手术期相关的所有医疗信息为核心，同时涉及麻醉工作流程中人员、手术、物品等相关内容。按信息流发生的顺序，我们可以把麻醉信息分为：术前信息、术中信息和术后信息等，也可根据麻醉科手术室内的不同对象所产生的信息流分为患者信息、员工信息、手术信息和物品信息。

麻醉信息管理系统应是医院信息管理系统的一部分，但在计算机技术高度发展的今天，医院信息系统（hospital information system，HIS）已经广泛应用，至今绝大多数单位的麻醉相关信息仍游离于 HIS 系统之外，以人工记录为多，明显滞后于医疗领域其他信息的网络化。即便在美国“麻醉信息系统”已经使用了 20 多年，但是它的发展、推广仍十分缓慢，临床医师的认可程度也不尽人意，造成这种局面的关键在于，人们怀疑麻醉信息系统可能会暴露更多的医疗问题而造成医疗纠纷。但是，在信息发展时代麻醉医生越来越重视信息资源的开发与利用，同时也越来越依赖信息化带来的便利。因此，研发、选用一套适用的 AIMS 来实现麻醉及围手术期患者信息的处理、保存，加强麻醉质量控制，实现网络化管理已成为现代麻醉学科管理的必要手段。近十年来，许多医疗公司与各大医院手术室麻醉科联合开发了数字化手术室、麻醉工作站等信息系统，例如麦迪斯斯顿公司、易飞华通公司等等。AIMS 是易飞华通公司的产品，且同时与心胸外科系统相联系，现以此系统为例，阐述信息技术在麻醉中及科室管理中的应用。

一、系统配置及功能

AIMS 硬件和软件的建设，配置如简图 18-1 所示。

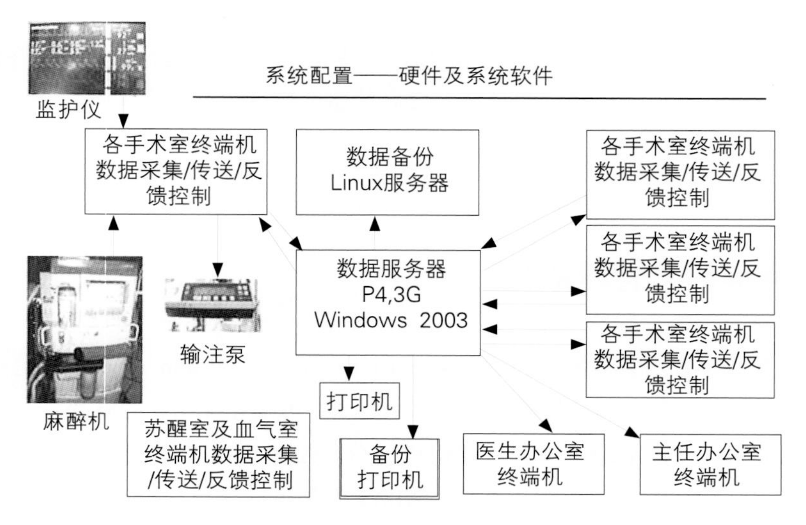

图18-1 麻醉信息管理系统

二、系统功能的临床应用

（一）术前应用

与 HIS 联动后，可以接受手术麻醉申请；麻醉科排班后，麻醉医生可以从 HIS 系统查看病史资料，制成术前访视单，然后更有针对性地进行访视、检查、评估患者，制定麻醉方案。

（二）术中应用

1. 系统提示麻醉设备检查

系统启动后首先提示实施麻醉前的设备、药品等常规检查，确认无误后点击才能进入系统运行，检查结果显示在麻醉记录单上，达到了有操作就有记录的要求。

2. 数据的自动采集

系统可以每 5~10 s 自动采集监护仪、麻醉机等设备工作所产生的数据，包括脉搏、血压、血氧饱和度、呼气末二氧化碳分压、中心静脉压等各种压力、潮气量、通气量等，在本地和服务器端备份并自动记录、存储，根据预设的时间间隔自动描记趋势曲线并生成麻醉记录单。

3. 术中事件及术后小结的模板式录入

系统实现各类模板的定制功能，术中医生采取的每项措施，如所使用药品、输液、气管插管、各种有创操作、术中各类事件等都可以方便地记录到系统中。此外，根据心胸等各类专科麻醉的特点，①选用适宜的术前评估方法，录入患者的重症计分；②优化事件列表，加强菜单式选择，将术中有意义的事件诸如：过敏、大失血、支气管痉挛等事件予以选择记录，有助于快速输入和日后分析。

4. 术中费用的记录

根据麻醉所用药物、液体、操作等可以自动产生麻醉费用信息，与麻醉过程形成同步录入，更为客观地记录、实施收费，但系统支持授权检查补录和修改功能。

5. 实现血气分析结果的联网

根据心胸等专科麻醉需要经常性血气分析的特殊性，开发血气分析仪输出结果与系统相连，通过申请-检测-结果-发送的过程将血气分析结果及时、准确无误地传输到各个麻醉工作站并显示在麻醉记录单上，避免录入错误。

6. 系统提供专家支持系统及科室管理规范查询

专家支持系统及操作规范有助于医生在有困难时随时学习与日常规范遵循。

7. 数据的中央监控和远程实时传输

上级医生可以在办公室中通过中央监控查看各个手术室内患者实时的系统记录，了解患者麻醉、手术的进程及情况，并可通过短信方式与麻醉医生交流、指导，便于质量控制与工作安排。

（三）术后应用

1. 术后交接、术后镇痛、术后随访的形成

系统在手术结束、麻醉医生完成术中小结后自动形成术后交接、术后镇痛、术后随访单。这些单子上所需观察项目如生命体征、疼痛计分等预留空白供填写，对术后交接实施交、接医生双签名，与 HIS 连通后可方便术后随访单的记录。

2. 术后麻醉恢复室管理

监护数据采集同术中或采用人工输入的方法，治疗采用模板式录入。

3. 多功能管理检索功能

根据需求查询，可实现麻醉记录单、麻醉恢复室记录单再现，用于临床麻醉质量考核、总结、教学、科研；也可快速统计手术数量、麻醉种类、麻醉医生的工作量，并可根据重症得分计算出麻醉医生所承担风险在科内的份额。

三、系统优势

麻醉信息系统能保留患者可贵的麻醉数据，尤其是麻醉过程出现威胁患者生命的情况时，信息系统使医生能够集中精力于患者的处理，更为有效地提高麻醉质量。另外，通过辅助程序的应用，可以有效提高科室的管理水平，包括手术麻醉安排、自动记录、耗材管理、术前资料、实验室随访、医疗随访、成本资料、患者随访以及质量评价等等。

随着麻醉信息系统的不断完善与发展，为麻醉医生养成良好的工作习惯、规范麻醉医疗文书的撰写、提高医疗质量提供了良好的条件，为合理利用医疗资源、共享医疗资源创造了交流的平台。今后将有更多的医院应用各种麻醉信息系统。

四、实施中存在的问题

麻醉信息的开发和使用过程中，信息质量的管理是非常重要的，从维护信息资源质量的角度看，不论是规章制度、软件设计、管理流程还是数据监控等诸多方面都缺乏统一、规范、有效的手段。如果麻醉信息的质量问题得不到重视并缺乏行之有效的解决办法，将会制约 AIMS 的进一步发展，影响麻醉质量管理的落实，也会对 HIS 整体质量环境产生不良影响。

（一）麻醉信息管理的首要问题

尽管 AAR 可以自动记录进行麻醉处理患者的大部分信息，这主要包括临床监测数据和检测数据。但对由手工输入数据信息的管理却没有引起足够的重视。核查制度的匮乏影响信息质量，数据采集过程中没有建立起相应的规章制度和核查监控机制，数据录入错误情况时有发生。因此，如何保证围手术期患者数据的准确性关键在于数据源的准确无误。对于 AIMS 主要表现在麻醉过程中如何能有效地控制和监督各种麻醉数据的录入。

（二）管理制度相对落后

尽管 2002 年国家卫生部对医院信息化建设制定了相应的规范《医院信息系统基本功能规范》（以下简称《规范》），但在软件开发设计时国家或行业没有相对完善及统一的规定和标准，对一些涉及法律问题的内容更是缺乏详细的实施细则，这样就使得 AIMS 在临床使用过程中出现了标准不统一、操作不规范、管理不严格等缺陷。

（三）软件设计存在误区

目前临床使用的 AIMS 都没有重视对人工录入数据的限制，更谈不上对各种录入数据的智能化识别。系统本身的不完善影响信息质量，系统缺乏信息自动核查、纠错功能，造成数据前后矛盾。如何能真正实现麻醉过程的真实记录是 AIMS 今后研究的重点内容。

（四）信息标准化没有得到重视

信息标准化是实现医院信息化的重要条件。对于 AIMS 同样要解决相关标准化的问题，特别是与手术相关的医疗术语及编码标准。如在实施麻醉过程中，麻醉医生对药物、事件、干预、处理等多方面的描述没有统一的标准，这直接影响了信息数据的准确性、医疗质量的管理、信息数据的交换等诸多方面。

（五）AIMS 与管理流程脱节

当前临床使用的 AIMS 只是完成了对麻醉信息的采集、存储、传输的功能，而缺乏对人流、物流、财流的综合管理的功能。目前 AIMS 都是面向功能型，只是用网络代替手术相关科室间以往纸和笔式的信息交换和传输，没有实现以信息流驱动流程，即采用工作流管理，实现信息与流程的密切融合。

（六）数据监管不健全

信息化的灵魂在于信息，准确的信息将会推动医院信息化进程的实现，因此，信息的质量至关重要。然而，目前的 AIMS 只限于完成对各种数据包括原始数据的采集、整理、存储和对终端数据的分析统计，至于对原始数据采集过程中会出现什么质量问题并没有引起高度的重视，缺乏严格的监督机制，使得 AIMS 在临床使用过程中产生许多错误的、不完整的、非标准化的、重复的信息，即所谓的“垃圾数据”。

（七）信息资源利用率不高

由于软件设计者缺乏相关的医学知识及临床实践经验，软件的设计主要模拟传统的手工记录麻醉过程的模式，缺乏创新意识，没有充分利用网络优势开发相关的信息资源及利用信息驱动工作流程。

五、麻醉信息质量管理体系的建立

（一）质量管理制度化基于 AIMS 的临床实践

研究和总结麻醉信息管理系统中的薄弱环节，按照“以人为本”、“以患者为中心”的原则从软件技术和管理角度论证、分析，提出建立基于 HIS 和 AIMS 的麻醉质量管理体系的需求，建立和制定相关的 AIMS 的管理规定和实施细则。这些规定要紧密结合临床，在保证麻醉数据完整、安全、真实的前提下，既不能影响系统的功能开发和应用，也不能增加麻醉医生的工作量。具体包括：①环节质量控制：在提高人员素质、完善 AIMS 设计的同时，要建立健全各项规章制度和措施，在“理顺数据流程，层层分工负责”的基础上，加强环节质量监控，确保信息质量。②终末质量控制：在建立规范、统一的麻醉电子病历模式的基础上，采用三级检诊的模式，对已完成的麻醉记录由上级医生核查、修改、补充，最终再由上级医生提交归档。对于部分不能通过环节质量控制的缺陷数据，采用终末数据统一核查方法和病历检查方式，对数据进行有效监控，保证数据质量的完整性、真实性。③实时质量控制：通过建立麻醉医嘱制度，推行标准化的麻醉医嘱，实现麻醉收费的自动记录过程。同时，通过建立麻醉过程与麻醉收费的关联，对麻醉信息进行动态实时质量监控，发现问题及时反馈，纠正偏差，保证动态信息质量。④系统质量控制：完善系统的核查监控及纠错功能。包括逐步建立麻醉信息录入的限制条件，实现对录入过程的自动控制；建立麻醉信息相关的逻辑数据库，实现逻辑控制；对发现质量偏差或超出标准的，通过智能分析判断，设置警报提示，实现智能控制。

（二）数据录入标准化将麻醉医嘱引入 AIMS

建立并完善麻醉医嘱的标准化。这主要包括：将 HIS 中的临床医嘱模式嵌入 AIMS 中、按照麻醉医嘱制度的规定将麻醉医生在实施麻醉过程中的行为按照医嘱的形式体现出来、对与麻醉相关的医疗术语按照有关规定标准化并编入数据公共库。

（三）信息监督智能化《规范》

第二章第一条规定：“医院信息系统是为采集、加工、存储、检索、传递患者医疗信息及相关的管理信息而建立的人机系统。数据的良好管理是医院信息系统成功的关键。数据必须准确、可信、可用、完整、规范及安全可靠”。第九章第四条《手术、麻醉管理分系统》运行要求：“手术、麻醉的实施手术、麻醉的实施事关患者健康，必须保证相关信息在录入及传输过程中的真实性，并在手术即将实施前仔细核实”。麻醉信息以围手术期手术信息为主要信息流，我们可以按照工程控制论的概念，建立麻醉工作流程模式，在临床实践中不断模拟、优化，使之最终成为 AIMS 中的核心内容。在麻醉工作流程的基础上，利用 HIS 及网络优势，加强对麻醉数据的智能监控，包括从软件设计上完善手术申请、术前准备的检查、麻醉风险评估、术中各种数据的录入监管与麻醉相关的各种电子表格的填写、术后电子表格的归档等一系列环节的智能监控功能。

（四）软件设计

合理化在麻醉工作流程优化、稳定的基础上，对 AIMS 进行功能扩展，程序按照国际和国内的通用标准进行模块化扩展，如麻醉处方的电子化管理、手术器械物品的软件开发、麻醉医嘱与麻醉收费的链接，真正实现麻醉过程的电子化管理。

第三节 麻醉与物联网技术及智慧医疗

物联网（internet of things）即“物物相连的互联网”，是通过射频识别（radio frequency identification,RFID）、红外感应器、全球定位系统，激光扫描器等信息传感设备，按约定的协议，把任何物体与互联网连接，进行信息交换和通信，以实现对物体的智能化识别、定位、跟踪、监控和管理的一种网络。物联网的概念首先于 1999 年提出，2008 年后，为了促进科技发展，寻找新的经济增长点，各国政府开始重视下一代的技术规划，将目光放在了物联网上。据报道 2014 年左右全世界将有一次物联网技术运用的高潮，医疗界也不例外，传统的医疗模式将可能发生变革。对麻醉医师来说，一些患者生命体征的管理例如日间手术患者院外管理、疼痛患者的管理、慢性疼痛的管理等将在家庭或社区完成，麻醉医生将在信息技术的带领下走出医院，走向更广阔的空间。

21 世纪的城市是智慧城市，智慧医疗是智慧城市巨大系统中的一个组成部分，是以“医疗云”数据中心为核心，综合应用医疗物联网、数据融合传输交换、移动计算等技术，跨越原有医疗系统的时空限制，实现医疗服务的医疗体系。

在智慧医疗体系中，传感器无处不在，在病房，在手术室，在病房里，在家里，甚至在服用的药品中。麻醉医师的专长就是监护各种生命体征，到处都有的传感器将会把病房中、手术室中、患者家中的生命体征数据通过网络传输至麻醉信息管理中心，麻醉医师从此可以承担起人类从出生至死亡、从医院内至医院外的所有生命体征的监护与救护！

一、麻醉与电子记录

电子健康记录（EHR）被称为计算机化患者记录、电子医疗记录和电子健康记录，是记录医疗过程中生成的文字、符号、图表、图形、数据、影像等多种信息，并可实现信息的存储、管理、传输和重现，不仅可以记录个人的门诊、住院等医疗信息，还可以记录个人的健康信息、例如免疫接种、健康体检、健康状态等。不同情况下需要不同的电子记录，例如麻醉医师需要患者的术前资料、实验室资料、过去的住院史或麻醉史等等。这些不同的电子记录最终需要准确无误地进行交互。美国于 2003 年实施的医疗保险改革的法律条文（HIPAA）承认了电子病历的法律地位，但也详细规定了实现电子病历所必须遵循的法律准则与违法罚则，主要集中在信息的安全保密性，患者隐私权的保护和电子信息交换的标准化。生命体征的监护与管理是 HER 的主要组成部分之一，所以麻醉医师今后既是 HER 的使用者又是 HER 的记录者及管理者。

二、麻醉医生工作站

麻醉医生工作站是方便麻醉医生学习、工作、科研和管理的信息系统，它可以是麻醉信息管理系统的一部分，也可以是麻醉医生的个人信息系统。有些网站上可以下载这些专业管理软件。

目前麻醉医生工作站信息系统的功能包括：①查看及录入患者的基本情况，制定患者的探视访问提纲，确定麻醉方案。②系统自动采集患者生命体症数据生成图表，实时刷新用药记录、输血及检验结果，记录术中发生的事件，如麻醉、手术开始时间、结束时间，术中用药、事件等，手术结束后能够生成标准的麻醉记录单。③手术过程中保存下来的生命体征数据可以进行时时回放，同时结合患者术中记录的事件资料进行麻醉总结，制定随访计划。还可以方便地生成麻醉记价单。④安排麻醉医师工作、学习、科研的具体日程，包括会诊与远程医疗。⑤参与智慧医疗中的快速救护系统或院内外生命体征管理系统等。

三、未来的麻醉医师

2005 年，米勒教授用信息预测学描述了 20 年后的麻醉专业，2025 年可能会出现两个极端现象。第一，将来的手术室可能没有麻醉医生，所有的麻醉可能都通过计算机监测反馈系统进行遥控，重症监护病房将由呼吸科医生管理。第二，可能是 2025 年的医院仍拥有常规、普通病床，但都是重症监护室和外科。除了外科系统，麻醉医生将承担所有的医院医疗工作，麻醉专业将控制医院重症监护病房，实施疼痛治疗及承担生物恐怖袭击的应急保护职能，从而处于绝对优势。问题是：麻醉专业将来是日渐强盛还是日渐消亡？

随着物联网技术与智慧医疗的发展，麻醉医师将逐渐转型及分工。一部分麻醉医师将做院外生命体征与疾病的管理，比如术前评估将通过类似 ATM 的机器自助进行。患者只要在 ATM 型仪器上按下手指，实验室检查和 ECG 即可完成，这些信息可以传输至该患者的责任医生。另一部分麻醉医师会参与快速救护，当有人需要医疗紧急救助时，随身定位系统会迅速定位和通知患者附近一两千米内的麻醉急救医师，以最快的速度处理病情以挽救患者生命。还有一些麻醉医师仍在医院内从事医疗工作。将来虽然所有手术麻醉将可能由计算机实施和监测，机器人可以完成气管内插管，但仍需要有一部分麻醉医师从事院内医疗，包括临床麻醉与重症监护。另外，在控制疼痛治疗、生物恐怖危机的应对以及太空生命的维持与监护方面，麻醉医生将成为主宰力量。关于受体、离子通道等分子生物学的研究、新型麻醉药物与麻醉方法的研究以及传感器方面的研究等等将由相应学科科研人员继续攻关。

21 世纪麻醉学的变化将由通信、传感器、分子生物和结果分析学来推动。例如将来的麻

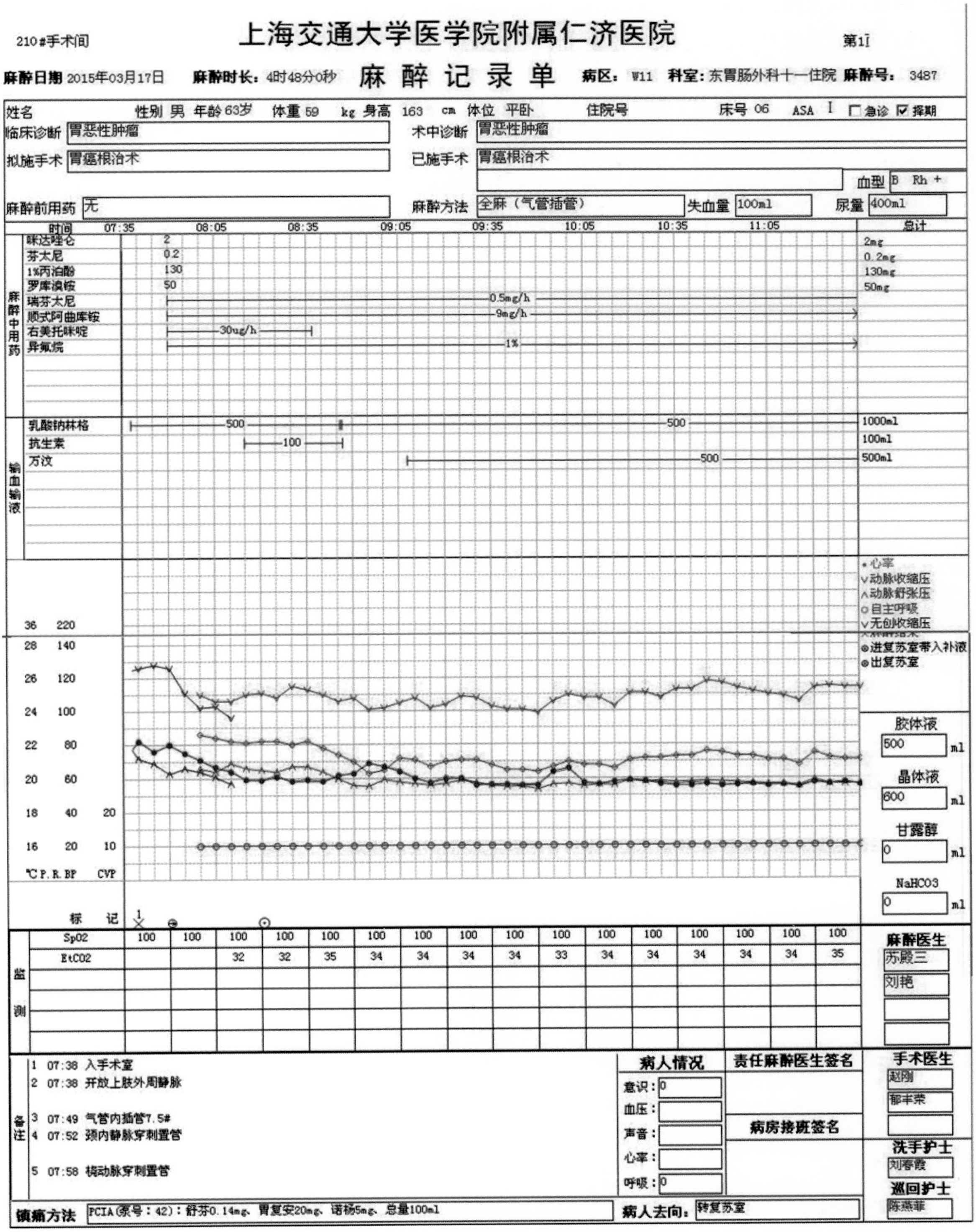

210#手术间

上海交通大学医学院附属仁济医院

第1页

麻 醉 记 录 单

麻醉日期 2015年03月17日 **麻醉时长**：4时48分0秒 **病区**：W11 **科室**：东胃肠外科十一住院 **麻醉号**：3487

姓名 性别 男 年龄 63岁 体重 59 kg 身高 163 cm 体位 平卧 住院号 床号 06 ASA Ⅰ □急诊 ☑择期

临床诊断 胃恶性肿瘤 术中诊断 胃恶性肿瘤

拟施手术 胃癌根治术 已施手术 胃癌根治术

血型 B Rh +

麻醉前用药 无 麻醉方法 全麻（气管插管） 失血量 100ml 尿量 400ml

时间 07:35 08:05 08:35 09:05 09:35 10:05 10:35 11:05 总计

麻醉中用药：

药物	用量	总计
咪达唑仑	2	2mg
芬太尼	0.2	0.2mg
1%丙泊酚	130	130mg
罗库溴铵	50	50mg
瑞芬太尼	0.5mg/h	
顺式阿曲库铵	9mg/h	
右美托咪啶	30ug/h	
异氟烷	1%	

输血输液：

液体	用量	总计
乳酸钠林格	500；500	1000ml
抗生素	100	100ml
万汶	500	500ml

·心率 ∨动脉收缩压 ∧动脉舒张压 ○自主呼吸 ∨无创收缩压 ×麻醉结束 ⊕进复苏室带入补液 ⊙出复苏室

℃ P.R. BP CVP：36 220；28 140；26 120；24 100；22 80；20 60；18 40 20；16 20 10

胶体液 500 ml 晶体液 600 ml 甘露醇 0 ml NaHCO3 0 ml

标记

监测																
SpO2	100	100	100	100	100	100	100	100	100	100	100	100	100	100	100	100
EtCO2			32	32	35	34	34	34	34	33	34	34	34	34	34	35

麻醉医生 苏殿三 刘艳

备注：
1 07:38 入手术室
2 07:38 开放上肢外周静脉
3 07:49 气管内插管7.5#
4 07:52 颈内静脉穿刺置管
5 07:58 桡动脉穿刺置管

病人情况 意识：0 血压： 声音： 心率： 呼吸：0

责任麻醉医生签名

病房接班签名

手术医生 赵刚 郁丰荣

洗手护士 刘春霞

巡回护士 陈燕菲

镇痛方法 PCIA(泵号：42)：舒芬0.14mg、胃复安20mg、诺杨5mg、总量100ml **病人去向**：转复苏室

图18-2 麻醉信息系统采样数据

醉机可以是完全自动的，能自行施行麻醉，就像无人驾驶飞机一样。它有声音识别系统，可以告诉它要做什么，它将记录下所作的每一件事。再如，对于麻醉诱导过程，将可能有一个持续的感受器和离子通道应用于临床，每个患者将有其基因图谱，以至于让你了解患者对麻醉药物的变易性、反应大小和疼痛敏感程度及更多方面。只须在皮肤上放个传感器就可以知道氧供和代谢水平，让我们决定是否要输血。

由此可见，现在就应该升级或者重新定义麻醉学的知识基础来应对以后 25 年发生在麻醉医师身上的变化，麻醉医师将从事各项医疗服务并可能成为骨干，麻醉学在信息技术的引领下将成为一个医学内涵更全面的专业。

（洪　涛　杨立群）

参考文献：

[1] 张晓峰，徐美英．麻醉信息管理系统的临床应用与拓展[J]．中华医院管理杂志，2007，23：558-559.
[2] 邓小明，曾因明译．米勒麻醉学[M]．第 7 版．北京：北京大学医学出版社，2011:71.
[3] 刘海涛．互联网技术应用（高枕无忧的智慧医疗）[M]．北京：机械工业出版社，2011:149.
[4] 吴越，裘加林，程韧．智慧医疗（智慧医疗的基石）[M]．北京：清华大学出版社，2011:38.
[5] 医院信息化工作领导小组办公室．《医院信息系统基本功能规范》2002, 11-13.
[6] 张殿勇，王炯，石学银．麻醉临床信息系统的设计与应用[J]，创新医学网，2010.
[7] Miller RD, Eriksson LI, Fleisher LA. Miller's Anesthesia [M]. 7th. ed. Philadephia: Churchill Livingstone Inc. 2009: 69-79.
[8] Reich DL. Anesthesia information systems: How to choose and how to use [J]. ASA Reflasher Course Lectures, 2012, 1-8.

附录一 | 中英文名词对照

中　　文	英　　文	页码索引
HL7协议	health level 7	
饱和蒸汽压	saturated vapor pressure	
钡石灰	baralyme	
比重	propotion	
伯努利方程	Bernoulli equation	
泊肃叶公式	Poiseuille's formula	
补偿	compensation	
部分重复吸入系统	partial rebreathing system	
参数	parameter	
残气清除系统	residual gas scavenging system	
操作系统	operating system,OS	
层流	laminar flow	
潮气量	tidal volume,V_T	
储气筒	air reservoir	
单向阀	one way valve	
氮气	nitrogen,N_2	
等温线	isotherm	
低流量循环紧闭麻醉	low-flow closed circuit anesthesia, LFCCA	
低压报警	low pressure alarm	
地氟烷	desflurane	
电源	power supply	
电子健康记录	electronic health record,EHR	
电子流量计	electronic flowmeter	
定量麻醉	quantitative anaesthesia，QA	
二氧化碳	carbon dioxide,CO_2	
二氧化碳吸收罐	carbon dioxide canister	
范德瓦尔斯方程	Van der Waals' equation	
沸点	boiling point	
废气处理系统	anaesthetic gas scavenging system，AGSS	
肺顺应性	pulmonary compliance	
沸腾	boiling	
分配系数	distribution coefficient;partition coefficient	
分钟通气量	minute volume,MV	

（续表）

中　　文	英　　文	页码索引
风箱	bellows	
氟烷	halothane	
供气接口	air interface	
鼓风轮	blower	
管径	pipe diameter	
氦气	helium,He	
后备电源	back up power supply	
呼气活瓣	expiratory valve	
呼气末CO_2分压	end-tidal partial pressure of carbon dioxide, $P_{ET}CO_2$	
呼气末正压	positive end-expiratory pressure, PEEP	
呼吸回路	breathing circuit	
呼吸囊	respiratory bag	
呼吸频率	breathing rate;respiratory frequency	
呼吸暂停	apnea	
环氧乙烷	ethyleneoxide	
回路系统	circuit system	
活瓣	valve	
机械故障	mechanical failure	
计算机化医嘱录入	computerized physician order entry,CPOE	
加热湿化器	heat humidifier	
监护仪	monitor	
间歇正压通气	intermittent positive pressure ventilation，IPPV	
决策支持系统	decision support system, DSS	
绝对温度	absolute temperature	
空气泵	air pump	
空氧混合器	oxygen/air blender	
口径安全系统	diameter index safety system, DISS	
快速充氧阀	rapid oxygen fill valve	
理想气体	ideal gas	
连续性方程	continuity equation	
流量传感器	flow sensor	
流量计	flowmeter	
流量控制阀	flow control valve	
漏气	leak	
螺纹管	screwed pipe	
氯仿	chloroformum	
滤过器	filter	
麻醉废气污染	anesthetic gas polution	
麻醉工作站	anesthesia workstation	
麻醉气体吸附器	Anesthetic gas absorber	
麻醉信息管理系统	anesthesia information management system, AIMS	
靶控输注	target controlled infusion, TCI	
麻醉意外	anesthetic accident	
麻醉自动记录	automatic anesthesia record,AAR	
美国麻醉医师学会	American Society of Anesthesiologists，ASA	
面罩	mask	
膜室	menbrane chamber	
目标控制麻醉	target control anesthesia，TCA	
钠石灰	soda lime	

（续表）

中　　文	英　　文	页码索引
排气调节器	exhaust regulator	
七氟烷	sevoflurane	
气道压力	airway pressure,AWP	
气道阻力	airway resistance,AWR	
气管导管	endotracheal tube	
汽化	gasification	
气体排出活阀	exhaust valve	
气源	air supply	
潜热	latent heat	
氢气	hydrogen,H_2	
全静脉麻醉	total intravenous anesthesia,TIVA	
热湿交换器（人工鼻）	heat and moisture exchanger，HME	
人工通气皮囊	artificial ventilation bag	
容量控制通气	volume controlled ventilation，VCV	
射频识别	radio frequency identification,RFID	
湿度	humidity	
死腔	dead space	
套囊	cuff	
体积	volume	
同步间隙正压通气	synchronous intermittent positive pressure ventilation，SIPPV	
同步间歇指令通气	synchronous intermittent mandatory ventilation, SIMV	
湍流	turbulence	
完全重复吸入系统	all rebreathing system	
无线射频识别	radio frequency identification, RFID	
无重复吸入系统	non-rebreathing systems	
戊二醇	pentanedial	
戊二醛	glutaraldehyde	
物联网	internet of things	
吸气-呼气末氧浓度差	inspiratory-expiratory end oxygen concentration difference, $F_{I-E}DO_2$	
吸气活瓣	inspiratory valve	
吸收器	absorber	
吸引器	suction apparatus	
氙气	xenon	
消毒	disinfect;sterilize	
新鲜气流代偿机制	fresh gas flow compensation	
新鲜气流脱耦联机制	fresh gas flow decoupling	
新鲜气体隔离阀	fresh gas isolation valve	
血氧饱和度	oxygen saturation,SpO2	
压力表	pressure gauge	
压力补偿器	pressure compensator	
压力传感器（压力换能器）	pressure transducer	
压力计	pressure manometer	
压力控制通气	pressure controlled ventilation，PCV	
压力释放阀	pressure relief valve	
压力调节器	pressure regulator	
压力支持通气	pressure support ventilation，PSV	
压强	pressure	
压缩气筒	compressed gas cylinder	
氧分压	partial pressure of oxygen	
氧化亚氮	nitrous oxide,N_2O	

（续表）

中　　文	英　　文	页码索引
氧气	oxygen,O_2	
氧气减压阀	oxygen pressure relief value	
液化	liquefaction	
医院信息系统	hospital information system，HIS	
乙醚	ethyl ether	
异氟烷	isoflurane	
逸气活瓣	adjustable pressure–limiting valve, APL	
远程监护	telemonitoring	
远程医疗	telemedicine	
云计算	cloud computing	
黏滞系数	coefficient of viscosity	
真空泵	vacuum pump	
蒸发	evaporation	
蒸发器	vaporizer	
蒸汽灭菌法	steam sterilisation	
正压通气	positive airway pressure	
致癌	carcinogenic	
致畸	teratogenic	
致突变	mutagenesis	
中央处理器	central processing unit, CPU	
煮沸灭菌法	boiling sterilization	
最低肺泡有效浓度	minimum alveolar concentration，MAC	

附录二 吸入麻醉气体泄漏的危害及预防
——我们的认识及措施（2014版）

王俊科　叶铁虎　许　幸　吴新民　徐建国

一、引言

吸入麻醉药物的发明标志着现代麻醉学的诞生，它极大推动了现代医学的进步和人类社会文明程度的提高。吸入麻醉药除了麻醉作用，对人体是否有危害或其程度如何一直是令人关心的问题，为此吸入麻醉药经历了不断的更新。另外，吸入麻醉药历来无例外地都是人工合成的化学品，对大气环境的影响也日益引起公众的关注。已知当今的卤族吸入麻醉药物和氧化亚氮均属于温室气体，破坏臭氧层。氧化亚氮产生温室气体效应的分子强度是CO_2的230倍，贡献了全球升温效应的0.1%，而更糟糕的是其在自然界分解的时间长达120年。

然而，吸入麻醉气体在麻醉过程中，不可避免地最终排入大气。不可避免性体现在这些气体在人体内的代谢量很少，患者麻醉后苏醒最终依赖于通过呼吸以原形全部呼出，排向大气。另外，在吸入麻醉实施过程中，或多或少总有部分麻醉气体泄漏，在目前的技术条件下，并不能杜绝此泄漏，这也成为不可避免。麻醉气体泄漏对健康的危害性如何，尤其受到麻醉科医师、手术护士、麻醉恢复室和ICU医护人员的关注。迄今国内这方面缺少系统、严谨的研究，仅在先进国家有较完整的研究，故中华医学会麻醉学分会组织专家制订了《关于处理麻醉气体泄漏的指导意见》。指导意见将参照目前现有的研究成果和公认的做法，并随相关研究的深入而不断改进。

由于有些问题迄今仍有争论，不能做出确定性的结论，指导意见对这类问题不拟采取回避态度，而是列出相关研究结果和专家意见，以求做到客观、全面，并列出相关参考文献，也为今后的研究进一步奠定基础。

指导意见的目的是澄清既往的模糊认识、制订国内需要遵循的标准和应该接受的做法，最大程度地保护暴露人群的健康和我们的生活环境。

二、常用吸入麻醉药物毒性研究结果

（一）致突变性

用吸入麻醉药对细菌和哺乳动物细胞进行了致突变性的检验。这些研究的共同结论是：氧化亚氮、氟烷、恩氟烷、异氟烷、七氟烷和地氟烷都没有潜在的致突变性。且绝大多数对DNA损害测试的结果都呈阴性。只有三氯乙烯和三氟乙基乙烯醚是致突变源，但这些药物目前已经废弃。

（二）致癌性

在啮齿类动物中进行了致癌性研究。观察了长期暴露于微量麻醉废气对机体的影响，在18个月或更长时间内每周多次给予动物麻醉药物，而且还检测了麻醉废气的最大耐受剂量（不会产生临床的和病理上毒性作用的最大剂量）。经口管饲超大剂量药物时，发现氯仿和三氯乙烯对啮齿类动物有致癌性，但这一给药途径与手术患者和工作人员的空气暴露不同。异氟烷、氟烷、恩氟烷、甲氧氟烷和氧化亚氮吸入给药时，大量的研究结果显示其致癌性均为阴性。七氟烷和地氟烷虽然没有在小型啮齿动物进行致癌性实验，但两者都经美国FDA批准，可在临床上使用。

（三）器官毒性

以长期的致癌性研究来评估吸入麻醉药的器官毒性。即使在最大耐受剂量，异氟烷、氟烷、恩氟烷和氧化亚氮都没有显示对肾、肝、生殖腺和其他器官有显著的病理损害。这些麻醉药物在长期的动物研究中，均未显示出毒性，故推测，七氟烷和地氟烷也是如此。

（四）对生育能力的影响

已发表了许多吸入麻醉药对动物繁殖力影响的研究。包括：生殖能力、交配行为、胚胎、胎儿致畸、先天异常和产后存活及行为。总体而言，氧化亚氮是唯一对实验动物有直接致畸作用的吸入麻醉药物。在器官形成期，24小时给予怀孕大鼠高浓度（50%~75%）氧化亚氮和在怀孕全程给予低浓度（0.1%）氧化亚氮都会使胎儿内脏、骨骼肌异常的发生率增高。但相同的暴露条件不太可能在人类中复制。氟烷、恩氟烷和异氟烷在大鼠中不会致畸。目前的共识是，这些药物的致畸作用都与给药途径、剂量相关，职业性暴露于微量麻醉废气和繁衍能力之间无相关性。七氟烷和地氟烷在由制造商赞助的研究中显示无致畸性和生殖毒性。

三、人类流行病学研究结果

自1967年Vaisman的报道后，开展了大量的对手术室工作人员健康的调查。这些调查的重点在麻醉废气对生殖能力和致癌变的有害影响上，少数也调查了对肝、肾和其他健康方面的危害。

1974年由美国麻醉医师学会（ASA）支持的关于微量麻醉气体对手术室工作人员健康影响的研究，由于受试者数量非常大，成为最引人瞩目、也是最具影响力的研究。来自不同职业机构的73 000位人员，包括ASA和美国儿科学院成员，接受了大约40 000个调查反应。同未暴露的妇女相比，暴露于麻醉废气的妇女的自行流产、肿瘤、肝脏疾病和肾脏疾病的风险升高，其后代的先天异常风险增高。暴露于麻醉废气的男性医师肝脏疾病风险增高，其子女先天异常的风险也增高。

其后10年中，完成了一些更严谨的研究。与早期的研究相比，结果并不一致，ASA委派了一个由流行病学家和生物统计学家组成的小组，对这些流行病学研究结果的统计学显著性进行了评估。该小组的文章刊载在1985年的*Anesthesiology*杂志上。Buring和同事对17篇发表的报道进行了荟萃分析。在排除了对那些包含牙医和牙医助手的、没有观察终点或没有采用对照组比较的研究后，共有6个研究纳入了荟萃分析中。结果显示，工作在手术室中妇女的自行流产风险增加30%，暴露于麻醉废气的医师其子女先天异常的风险也增加。另外，男性和女性肝脏疾病的风险增加了大约50%，女性的肾脏疾病风险增加了30%。最后还发现，宫颈癌的风险增加，而其他类型的肿瘤没有差异。

然而，调查者发现被荟萃分析的研究都存在缺陷，包括回应率低、对于无回应者、暴露麻醉药物浓度水平、混杂变量的信息、结果事件缺乏足够的信息。另外，回应者的偏倚总是存在，回应者多是出现问题的，而未出现问题者可能不愿意回应调查。这些问题在Axelsson和Rylander的研究中很清晰地显示出来。他们观察到，健康风险增加很小，且可能在偏倚和未对照的混杂变量所造成的范围内。即使风险存在，也不能肯定就是微量的麻醉废气而不是其他原因造成的（诸如：放射、手术室环境中工作的应激压力等）。最近一份来自瑞典的研究显示，应激似乎很有可能成为关键原因。

调查者们相信，现有的数据不足以设置暴露的限值。他们还相信，更多的回顾性研究不太可能带来显著的有用信息，而需要更多前瞻性的研究来确定危害是否存在，是否与麻醉废气有关。即使在没有麻醉气体暴露的情况下，世界育龄妇女的自行流产率平均达10%，新生儿有缺陷的发生率是3%。

1985年，Buring发表报道的同一年，Tannenbaum和Goldberg发表了独立的对流行病学文献进行的综述，这些文献都是关于暴露于微量麻醉废气后对生殖能力的影响。他们的结论实质上是相同的，也是建议开展更多详细的前瞻性研究并经常监测暴露水平和结局事件。他们强调，从结局事件得出的数据要仔细验证。几个另外的综述，包括Ebi和Rice的，也得出了相同的结论。

四、关于流行病学研究结果的认识

目前在我国已经废弃了动物试验研究证明有害的吸入麻醉药物，其中三氯乙烯和甲氧氟烷已经不在讨论范围内。国内仍然使用试验证明有致畸性的氧化亚氮。但致畸性是在高浓度、长时间接触后显示出来，这与实际工作环境中微量的气体浓度泄漏有很大不同，故结论的适用性有限。国内目前常用的吸入麻醉剂恩氟烷、异氟烷、七氟烷，在动物实验中显示是安全的。

来自所有流行病学调查综述的结论，并不能证明暴露于手术室内的微量麻醉气体会影响健康。许多调查显示一些风险有轻到中度的增高，最引人注意的是自行流产增多，但数据收集中的偏倚和无对照的混杂变量可能是其原因，至少其可能性与手术室环境一样大。即使这些风险的增高被确认是真实的，但手术室内除了微量麻醉气体之外的其他因素也极其可能成为原因。只有专门设计的用来确认暴露于微量麻醉废气对健康影响的前瞻性研究，才有可能给出确定的答案。

迄今为止，Spench和同事分析了目前仅有的前瞻性研究。他们调查了11 500位英国的

≤ 40 岁，在医院工作的医学毕业生。收集了有关职业、工作、生活方式、内科和产科病史以及个人资料的数据。中期结果显示,女性麻醉医师不育的发生率并不高于其他医师。另外，在那些受调查者中的自行流产率和其后代先天异常发生率，与他们母亲的职业、暴露于手术室环境中的小时数或是否使用废气清除系统无关。而且，肿瘤和神经病变的发生率与职业无关。没有数据提示，微量麻醉废气对那些工作在有清除系统环境中考虑怀孕和已怀孕的女性是威胁。废气清除系统应该用于所有使用吸入麻醉药物的地方。

虽然在无麻醉气体清除系统的手术室工作导致健康损害的证据不可信，但只要在麻醉废气暴露场所使用麻醉废气清除系统并合理操作，这些场合的麻醉气泄漏浓度可被认为是在管理部门推荐的范围内。而在 PACU 工作的人员微量麻醉废气暴露水平低于手术室内。

五、各国关于麻醉废气允许浓度和推荐做法

1999 年美国职业安全局（OSHA）关于麻醉废气的推荐意见

（一）关于麻醉废气的暴露浓度

按照 OSHA 的指导说明 CPL2−2.20B 上提供的对个人和区域的取样办法，任何工作人员暴露于卤化物麻醉药物的废气浓度不得超过 2 ppm，持续时间不超过 1 h；当同氧化亚氮联合使用时，不得超过 0.5ppm。当氧化亚氮作为单独使用的麻醉药物时，工作人员在麻醉给药时暴露水平不超过时间加权均值 25 ppm（荷兰也遵循此标准）。

英国推荐的职业暴露标准（OES）是 8 小时的加权平均值：

氧化亚氮：100 ppm（意大利、瑞典、挪威、丹麦也遵循此标准）

恩氟烷和异氟烷：50 ppm

氟烷：10 ppm

（二）关于麻醉废气的管理

设计良好的废气清除系统由废气溢出口收集装置、手术室通风系统和限制呼吸回路正压和负压变化的方法组成。麻醉设备应由有资质的人员每季度进行维护以保证漏气最少。机构应为职员提供培训，帮助他们确立能降低不必要的麻醉废气暴露风险的操作常规。操作常规应该能使气体泄漏减少，包括在回路连接到患者之前不要开启氧化亚氮或蒸发器，不用时关闭氧化亚氮或蒸发器，以及在废气清除以前保持氧气的流量。

评估空气中麻醉废气浓度的取样步骤应该在每个麻醉地点每季度针对氧化亚氮和卤化复合物开展。监测应该包括设备的漏气测试、职员个人呼吸区域的空气取样，以及采用气囊取样或实时取样的方法监测室内空气。物理空间使用的通风和空调系统应该在规定的期间内检查和测试以保证室内空气以至少每小时 15 次的速度完全更换。（根据美国建筑研究院的指南，新建的医疗机构需要有能够每小时换气 15~21 次的系统，而且其中 3 次必须是室外的新鲜空气）中央真空系统要每季度检查和测试一次。

（三）关于暴露于麻醉废气的医护人员的健康检查

应该对那些要接受麻醉废气职业性暴露的雇员进行预先的体检。依照1988年OSHA诠释的雇员“知晓权”的要求，雇员应该被告知暴露于麻醉废气中的有害影响，包括自行流产、小儿的先天异常和对肝肾的不良影响。每个机构都要有为每个职员报告工作相关健康问题的机制。

OSHA现在还没有规定氧化亚氮和卤化药物的暴露限值。NIOSH准则文件中推荐的水平是研究中发现并能够实现的，但并没有发布。过去，OSHA对麻醉部门进行检查，如果针对工作人员的有关雇员“知晓权”条款的教育没有执行，这些部门将会被列举出来。

（四）其他国家关于麻醉废气的管理

在1996年，英国政府健康服务咨询委员会出版了建议书，即麻醉药物：在对健康有害物质的控制管理条例下对暴露的控制（COSHH）1994版，在其中制订了职业暴露标准（OES）。OES是以8小时作为时间加权平均值的微量麻醉气浓度，如下所示。

100 ppm：氧化亚氮　　50 ppm：恩氟烷和异氟烷　　10 ppm：氟烷

因为这些浓度都低于在动物实验内出现副作用的浓度，并且没有证据表明这些浓度水平将对人体健康有影响。

六、麻醉废气的清除和防止泄漏的推荐做法

一般麻醉气体在手术室内会通过两种主要途径泄漏。一个是涉及到麻醉给药的技术，而另一个涉及麻醉药传输系统和清除系统的硬件设备。任何一个环节出问题都将导致手术室内空气的严重泄漏污染（表1）。

表1　手术室泄漏污染的原因及推荐做法

原因	推荐做法
麻醉技术	
·在麻醉结束时没有关闭流量控制阀	不用时关闭流量计和蒸发器
·不匹配的面罩	选用合适型号的面罩
·回路的氧气冲洗	减少不必要的回路冲洗
·蒸发器的填充	使用灌注器向蒸发器注药
·气管导管无套囊（例如，儿科）	选择适合型号的导管
·儿科回路	加强室内通风
·二氧化碳和麻醉气体旁路采样分析	加强室内通风
麻醉机的输送和清除系统	
·开放/紧闭系统	
医院排放系统的阻塞	定期检查
医院真空吸引系统的调节不当	定期检查
·泄漏检查	
高压系统	每天检查（<10 ml/h）
低压系统	每天检查（在30 cm压力时<100 ml/min）
钠石灰罐的安装	每天检查
氧气环路	
其他来源	
·低温外科手术室	
·体外循环回路	加强室内通风

（一）麻醉技术的问题

吸入性麻醉药发生泄漏常涉及到技术问题。最常见的情况是当患者断开麻醉回路时没有关闭所有流量控制阀（包括氧气，氧化亚氮和空气）或者蒸发器。另外，不匹配的面罩，特别是当患者存在困难气道时，特别容易使麻醉气体泄漏于室内。同样，许多医师为了让患者快速从麻醉中苏醒过来而在手术结束时以大量氧气冲洗回路。如果被冲洗出的气体是进入手术室内而不是进入清除系统，也将导致室内污染。最后，当采用吸入麻醉的患者脱开回路自主呼吸时，麻醉气体也将泄漏于手术室内。

麻醉蒸发器的填充也会导致手术室内污染。1 ml 的液体的吸入麻醉药物在室温下将挥发成近 200ml 的气体。麻醉蒸发器配有两套填充系统。“加药器引导”的系统更少发生麻醉药物的溢出，而漏斗填充式易发生麻醉液体泄漏。地氟烷蒸发器的专利填充系统可确保在填充时没有液体溢出。

麻醉机和清除系统

目前销售的麻醉机都配有清除麻醉废气的清除系统。清除系统收集经可调节压力限制阀（APL）或“瞬间排出”阀或呼吸机压力释放阀等处呼出释放的气体，并将它们送到废气处理系统（附图 1）。与清除系统相匹配的接头标准直径是 19 mm，但新的国际标准是 30 mm。新型的麻醉机有 30 mm 接口，厂家能提供将 19 mm 转换成 30 mm 的适配器（附图 1）。通常麻醉回路中泄漏的气体都通过废气清除系统清除。仅当在麻醉气体输送或清除系统中有泄漏、或输送至清除系统的气体超过能被排除的气体量时，麻醉气体将泄漏入房间。使用麻醉机前必须检查废气清除系统功能是否正常。

废气清除系统按紧闭的或开放的存储器分成两种。在紧闭存储系统中，气体将从麻醉回路中的 APL 阀或呼吸机压力释放阀进入清除系统。两者的接合处安装了一个正压释放（“瞬间排除”）阀用来将系统内过多的气体排入室内而防止压力过度升高，还安装了一个或多个负压释放阀，通过允许室内空气进入系统来防止接合处负压过大。紧闭的存储系统安装有一个存储囊来补偿气体进出清除界面时的急速变化。通过清除系统的连接处，废气进入废气处理系统（附图 2a, 附图 2b）。

清除系统的开放存储器系统是无阀门设计，使用一个通向大气的存储罐使正压或负压自由释放。另外，从麻醉回路 APL 和呼吸机 PR 阀引出的废气通向开放存储器系统，医院的废气处理系统也与存储器相接（附图 3）。

清除系统的连接处容易发生几个潜在问题。如果输送来自麻醉回路的 APL 或呼吸机 PR 阀的软管打折或阻塞，患者可能发生呼吸道气压伤。如果连接医院气体处理系统的管路受阻，而麻醉气体将会通过压力释放阀进入大气。但如果这个释放阀门无法正常工作，患者也将产生气压伤。而且，通常连接处的接口数量比用的要多，所以对这些多余接口要装上密闭的盖子，以防止麻醉气体泄漏入房间（附图 2b）。

当废气通过连接处后，将传送入医院的气体处理系统。这时的清除可由主动的或被动的机制来完成。在主动系统，废气将由真空管主动清除。在连接处有流量控制阀，可以让操作者在任何时间调节真空压力的大小。如果真空管没有被正确调节或与连接处脱开，麻醉气体将会溢入房间。在连接处的存储囊同时可作为可视指示器，来判断此系统的真空压的大小是否合适。

主动系统的真空管由医院的负压吸引系统来建立。对于废气的清除系统最好有独立的真空系统。

在被动型的气体排除系统中，软管从清除系统的连接处通到手术室的通风排出系统。废气排出到室外。如果使用这种系统，则手术室的通风系统必须是不循环的。麻醉气体趋向于从排气栅格流出，因为手术室的通风系统使室内维持轻度的负压。这种系统的危险是软管被压迫或阻塞时，气体将释放入室内。因此软管不应该放置在地板上，而且应该用不易压缩的材料制成。在被动系统中，如果医院的气体出口处被碎废片或冰块所堵塞，那样清除的气体将不能被排到室外。高风速也会导致气体在此系统中倒流。

无论气体清除系统是主动还是被动，它应该始终通过连接处进行连接。这将大大减少患者气压伤的发生，也为所有管道提供了方便的连接点。

(二)其他污染源

手术室内污染的主要原因是麻醉气体输送和清除系统中的气体泄漏。高压氧化亚氮软管和麻醉机上的氧化亚氮瓶同样可以导致大量气体泄漏，因为这些系统中的压力常超过50 lb/in^2（psig）。如果氧化亚氮瓶不能和麻醉机的接头匹配，则将有大量的氧化亚氮泄漏入空气，因为在瓶内的压力超过700 lb/in^2。麻醉机或回路系统的任何一部分接合不匹配或有漏洞都将导致麻醉气体进入室内。这常发生在那些变形或被坚硬物刺破的塑料软管，或O形环破裂。同时，如果蒸发器的填充盖子没有盖好，也是大量泄漏的原因之一。最后，在两部分用橡胶接口连接处，如橡胶破裂、磨损或接口部分没对准，泄漏也将发生。这种的典型例子是二氧化碳吸收罐。在麻醉机的低压系统的泄漏（流量控制阀的所有下游区域）常能被仔细的泄漏检测所发现。高压系统部分的泄漏可被泄漏监测或手术室内空气监测所发现。

另外两种不受麻醉医师直接控制的手术室内污染是冷冻手术和体外循环机。许多冷冻手术室用的氧化亚氮在高于90 L/min的水平。如果不被清除，手术室内严重的污染将发生。另外，强效的吸入挥发性麻醉药物常用于体外循环中。因此，从体外循环回路出来的气体必须清除，必须有独立的清除系统。

一旦任何麻醉气体溢入手术室内，气体清除就靠手术室内通风系统。新型的手术室需要有能与外界进行每小时15~21次的气体交换，其中3次是室外的新鲜气体。重要的是维护部门要定期检查每个手术室的换气是否足够。非循环型的通风系统通过每次气体交换给手术室内带来新鲜的空气。这种系统比循环型的通风系统能更快地降低了手术室空气中的麻醉药物浓度。循环系统部分交换手术室内的空气，加入新鲜空气混合。在每个小时内，也有特定数量的新鲜气体交换。循环系统在加热和空调中有明显的节能优势。

七、麻醉废气浓度测定方法

监测手术室内空气中的麻醉气体浓度可有助于发现泄漏。一些机构发现高压泄漏常发生在麻醉机的使用中。下面的方法能对手术室环境空气中的麻醉废气微量浓度进行取样。

（一）简单取样法

此方法能监测由高压系统（例如，氧化亚氮管道，机器的高压系统）泄漏造成的稳定浓度水平（未使用时）的气体水平。简单取样只能在非工作的时候，例如在没有麻醉术进行时，从手术室内提取空气样本。空气将被取样放入惰性气体的存储器内密闭，然后送入实验室分析。因为在麻醉过程中气体泄漏通常是间断的，所以对无麻醉时进行的手术室取样也许不能有效地检测使用过程中的手术室内微量气体浓度水平。另一个不足是这些结果都会有延迟。

（二）时间加权平均值取样

用来评估一段时间内平均的暴露程度。这种方法中，每小时或每 8 小时，运用一种泵来连续收集手术室内空气样本并装入袋内，供分析使用。小型时间加权平均取样泵和囊也常使用，但这用于研究的目的，而针对现实中大量人员的监测并不可行。被动放射测定仪，类似于在放射科工作人员佩戴的照射量测定徽章，可用于有效监测氧化亚氮暴露浓度。它们被放置在手术室内工作人员的呼吸地带，从 1 小时到 168 小时均可使用。放射测定仪在暴露开始时打开盖子，而在暴露结束时则盖上盖子。佩戴者将有一个暴露周期的记录，在取样结束时，徽章将标记上职员的名字和暴露时间，然后送往外部实验室。通过分析徽章里被捕捉的氧化亚氮得到结果，结果以每小时每百万分之一的浓度代表。除了监测个人暴露程度，徽章也被用于固定区域的监测。

（三）连续取样

是一种可连续取样和分析挥发性麻醉药物浓度的便携式红外分析仪，用于监测手术室内空气的最简便的方法。该仪器可连续读出空气中麻醉气体浓度，也被用来“嗅闻”设备的气体泄漏。如果在长时间内连续取样，会显示时间加权平均浓度。它能用于发现周围空气中麻醉气体浓度（N_2O：0~100 ppm，挥发性麻醉气体：0~10 ppm）。

八、七氟烷与复合物 A

七氟烷已经成为国内吸入麻醉的主流药物。七氟烷与呼吸回路中吸收 CO_2 的钠石灰（成分：氢氧化钙、氢氧化钠、氢氧化钾）接触，会产生复合物 A（compound A，fluoromethyl-2,2-difluoro-1-（trifluoromethyl）vinyl ether），尤其是在高温和干燥的环境下产生得更多，因此在低流量吸入麻醉时明显增加。复合物 A 在大鼠试验中可导致肾坏死［浓度：（25~50）ppm）］和死亡［浓度：（130~340）ppm］，但在人类并没有发现肾毒性的病理学证据（一般在临床吸入麻醉中，复合物 A 可以很容易达到［（25~50）ppm）］，仅发现有剂量相关性的蛋白尿、糖尿和酶尿，从未有过严重肾脏功能损害病例的临床报告。

目前不建议在新鲜气流量低于 1 L/min 下，使七氟烷的用量达到 2 MAC · 小时，低流量时应注意每小时定期增大流量行半关闭回路 2 ~ 3 min。世界上只有加拿大和澳大利亚规定新鲜气流量不得低于 2 L/min，大于这个流量可以无限制地使用。

为了减少复合物A的产生，除了避免低流量外，还可以使用含有氯化钙和硫酸钙的新型CO_2吸收剂，它不与七氟烷起反应，可使呼吸回路中的复合物A始终保持在3.3 ppm以下。复合物A泄露于大气中对周围工作人员的健康影响尚无研究，但由于极其微量，因而推测应无任何影响。

九、关于减少麻醉废气的推荐意见

（一）建立麻醉废气清除系统

推荐意见：麻醉废气清除系统应该广泛应用于所有麻醉废气暴露场所。每个机构都有责任制订麻醉设备的维护和检查程序，包括废气清除系统，并以文档形式证明。

推荐理由：虽然没有证据证实微量的麻醉废气会危害人体健康，但是通过废气清除系统来减少废气暴露这一保护措施已广泛受到认可。

（二）关注操作常规

推荐意见：使所有相关人员采用有效措施来减少周围空气中麻醉废气的浓度水平。

推荐理由：关注操作常规的细节对于减少麻醉废气的暴露是有效的。

（三）关于麻醉废气微量浓度的监测

推荐意见：不推荐在废气暴露场所一定要安装监测设备，没有数据证明这是必要的。

推荐理由：使用麻醉废气清除系统可以有效地减少手术室内麻醉废气的浓度，使其浓度维持在NIOSH的推荐阈值浓度下。当必要时，例如（麻醉设备仪器损坏），可按照上述办法测量麻醉废气浓度。

十、关于医护人员的健康检查的推荐意见

推荐意见：不强制规定对暴露于麻醉废气的医护人员进行常规健康检查，但是需要对相关的医护人员进行麻醉废气相关知识教育：包括以往文献结论的分析，如何改善操作常规来减少麻醉废气以及麻醉废气清除系统的检查、维护等。并且要建立一个麻醉废气危害的报告机制，一旦发现麻醉废气对人体健康产生危害，就能上报。

推荐理由：最新的数据不能表明微量的麻醉废气会对相关的医护人员的健康产生危害，尤其是在有麻醉废气清除系统的环境中。

十一、推荐做法总结

研究表明，在有废气清除系统的麻醉工作场所中，微量麻醉气体对工作人员的健康没有任何不利影响。

- 手术室应配备麻醉废气清除系统；

● 建立规范的手术室操作常规，使麻醉废气室内泄漏最小化；

● 对于相关工作人员进行教育，包括：麻醉废气对工作人员的影响，通过规范的操作常规来减少废气，麻醉废气清除系统设备维护等；

● 目前尚不推荐对手术室或PACU的麻醉气体浓度水平进行常规监测；

● 目前尚不推荐对暴露于微量麻醉气体中的工作人员的健康进行常规检查，但是每个存在麻醉废气泄漏的机构都应有相关的应对措施和制度，工作人员可随时报告可疑的、与工作相关的健康隐患问题。

十二、小结

麻醉气体泄漏对相关工作人员健康的影响还有争议，需要前瞻性、双盲对照、多中心的临床研究结果证实。

麻醉气体泄漏的清除系统应作为常规要求进行建设。

没有证据证明，在有麻醉废气清除系统的地方，微量浓度的麻醉气体会对医护人员的健康有不利的影响。在这些地方怀孕和工作是安全的。

无须因此对相关人员进行常规体检，但主张积累、统计这些人员的相关健康问题。

十三、附图

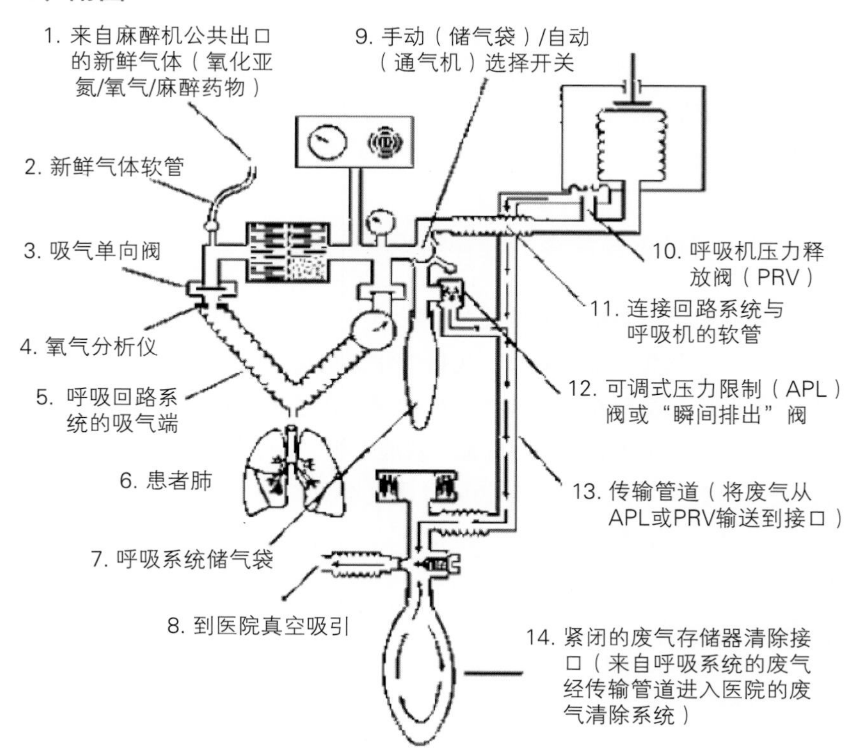

附图1　呼吸环路与密闭废气储气囊接口

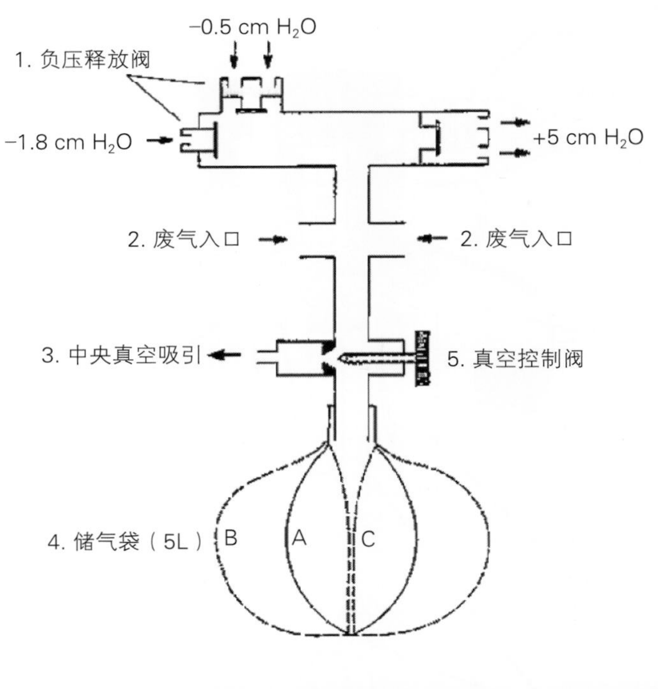

附图2a　北美Drager麻醉机的密闭储气清除接口。A位置表明储气囊膨胀度正常。B位置是过度膨胀。C位置是因真空压过大，气囊塌陷。

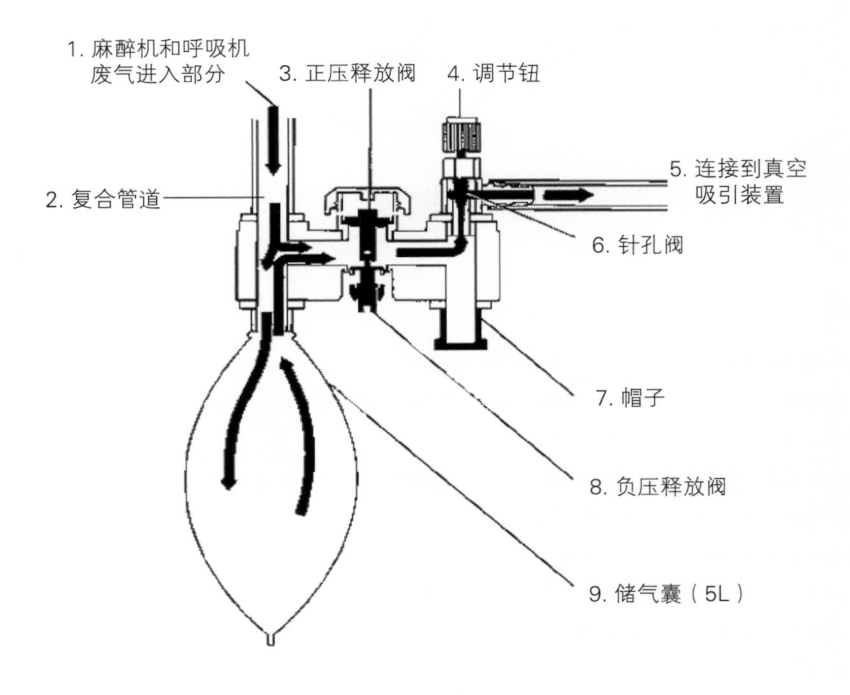

附图2b　Datex-Ohmeda 麻醉机的密闭废气储气囊与主动清除接口

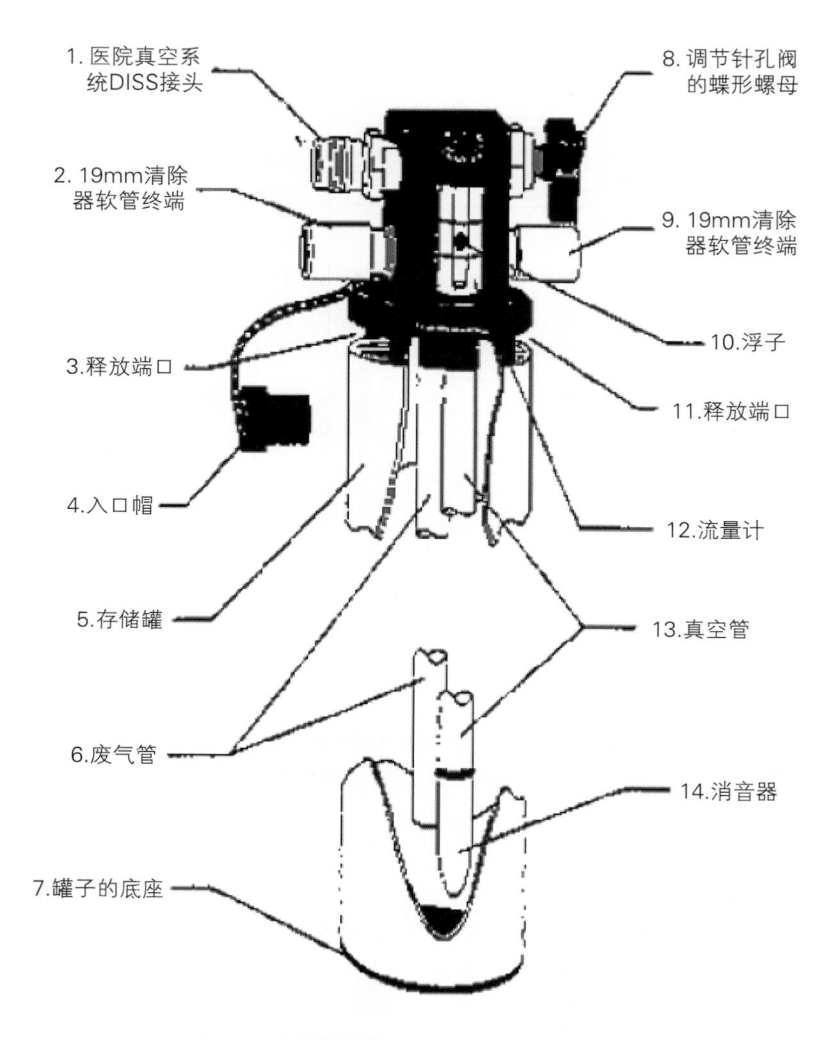

附图3　北美Drager公司的开放储气清除系统

参考文献：

[1] Eger EI II, White AE, Brown CL, Biava CG, Corbett TH, Stevens WC. A test of the carcinogenicity of enflurane, isoflurane, halothane, methoxyflurane, and nitrous oxide in mice. Anesth Analg. 1978; 57:678–694.

[2] Baden JM, Kundomal YR, Mazze RI, KosekJC.Carcinogen bioassay of isoflurane in mice. Anesthesiology. 1988; 69:750–753.

[3] Baden JM, Kundomal YR, Luttropp ME Jr, Mazze RI, KosekJC.Carcinogen bioassay of nitrous oxide in mice.Anesthesiology. 1986; 64:747–750.

[4] Baden JM, Egbert B, MazzeRI.Carcinogen bioassay of enflurane in mice.Anesthesiology.1982; 56:9–13.

[5] Baden JM, Mazze RI, Wharton RS, Rice SA, Kosek JC. Carcinogenicity of halothane in Swiss/ICR

mice.Anesthesiology. 1979.

[6] Chloroform as an ingredient of human drug and cosmetic products. Federal Register. 14:15026. DHEW, FDA, 1976.

[7] Carcinogenesis technical report series. No. 2: Carcinogenisis bioassay of trichloroethlene. CAS No. 79–01–6. National Cancer Institute, 1976.

[8] Shepard TH. Fink BR. ed. Teratogenic Activity of Nitrous Oxide in Rats. In: Toxicity of Anesthetics. Baltimore, MD: Williams and Wilkins; 1968:308–323.

[9] Vieira E, Cleaton–Jones P, Austin JC, Moyes DG, Shaw R. Effects of low concentrations of nitrous oxide on rat fetuses. Anesth Analg.1980; 59:175–177.

[10] American Society of Anesthesiologists Ad Hoc Committee on the Effect of Trace Anesthetics on the Health of Operating Room Personnel. Occupational disease among operating room personnel: A national study. Anesthesiology.1974; 41:321–340.

[11] Knill–Jones RP, Rodrigues LV, Moir DD, Spence AA.Anaesthetic practice and pregnancy. Controlled survey of women anaesthetists in the United Kingdom. Lancet.1972; 1:1326–1328.

[12] Rosenberg P, Kirves A. Miscarriages among operating theatre staff.ActaAnaesth Scand. 1973; 53:37–42.

[13] Axelsson G, Rylander R. Exposure to anaesthetic gases and spontaneous abortion: Response bias in a postal questionnaire. Int J Epidemiol.1982; 11:250–256.

[14] Spence AA, Knill–Jones RP. Is there a health hazard in anaesthetic practice? Br J Anaesth.1978; 50:713–719.

[15] Cohen EN, Bellville JW, Brown BW Jr. Anesthesia, pregnancy, and miscarriage: A study of operating room nurses and anesthetists. Anesthesiology.1971; 34:343–347.

[16] Axelsson G, Ahlborg G, Jr., Bodin L. Shift work, nitrous oxide exposure, and spontaneous abortion among Swedish midwives. Occup Environ Med. 1996; 53:374–378.

[17] Spence AA. Environmental pollution by inhalation anaesthetics.Br J Anaesth.1987; 59:96–103.

[18] Friedman JM. Teratogen update: Anesthetic agents. Teratology.1988; 37:69–77.

[19] American Institute of Architects: Guidelines for Construction and Equipment of Hospitals and Medical Facilities. Washington, DC,1992.

[20] Murray JM, Renfrew CW, Bedi A, et al: A New Carbon Dioxide Absorbent for Use in Anesthetic Breathing Systems. Anesthesiology, 91（5）: 1342–8,1999.

附录三 压力单位换算表

kPa（千帕）	mbar（毫巴）	mmHg（torr）（毫米汞柱）（托）	cmH_2O（厘米水柱）	$1b/in^2$（psi）（磅/英寸^2）	atm（大气压）
1	0	7.5	10.2	14.5×10^{-2}	9.87×10^{-2}
0.1	1	0.75	1.02	1.45×10^{-2}	0.987×10^{-2}
0.133	1.33	1	1.36	1.93×10^{-2}	1.32×10^{-2}
0.098	0.98	0.735	1	1.42×10^{-2}	0.967×10^{-2}
6.895	68.95	51.7	70.3	1	6.8×10^{-2}
101.33	1 013.3	760	1 033.6	14.7	1